Funkschau Telecom

Robert Schoblick

Handbuch der Telefoninstallation

Telefonschaltungs- und Anschlußtechnik,
Anschluß von Zubehör und Zusatzgeräten,
ISDN-Anschlußtechnik

Mit 156 Abbildungen und 27 Tabellen

Franzis'

Die Deutsche Bibliothek – CIP-Einheitsaufnahme

Schoblick, Robert:
Handbuch der Telefoninstallation : Telefonschaltungs- und
Anschlußtechnik, Anschluß von Zubehör und Zusatzgeräten,
ISDN-Anschlußtechnik / Robert Schoblick. - Poing :
Franzis, 1994
  (Funkschau : Telecom)
  ISBN 3-7723-6662-7

Titelbild:

Kräcker AG Telekommunikationstechnik

Nahmitzer Damm 30

12277 Berlin

© 1994 Franzis-Verlag GmbH, 85586 Poing

Satz: Franzis-Verlag (Autor)
Druck: Offsetdruck Heinzelmann, München
Printed in Germany • Imprimé en Allemagne

ISBN 3-7723-6662-7

Vorwort

Seit einigen Jahren ist das Telefonieren einfacher und komfortabler geworden, was in erster Linie auf die Liberalisierung des Endgerätemonopols zurückzuführen ist. Die damit in Zusammenhang stehende Trennung von Monopolbereich der Telekom und Wettbewerbsbereich von Telekom und anderen zugelassenen Herstellern sowie Montage- und Serviceunternehmen am einfachen Telefonhauptanschluß, hatte einen Ausbauboom im Endstellenleitungsnetz zur Folge. Die Zeiten, in denen das Telefon fest an einem Punkt angeschlossen war und die Anschlußschnur immer wieder als Stolperfalle durch die gesamte Wohnung gespannt wurde, sind fast überall vorbei. Es dominieren längst Dosenanlagen, automatische Umschalter und sogar kleine Telefonanlagen im privaten Haushalt.

Natürlich bleibt es nicht beim einfachen Telefon, denn wer nicht zu Hause ist, dem entgeht unter Umständen ein wichtiger Anruf. Abhilfe schafft ein automatischer Anrufbeantworter, der mittlerweile nicht nur privat eingesetzt wird, sondern immer mehr Freunde für die geschäftlichen Anwendungen findet. Rechtsanwälte, Arztpraxen etc. nutzen ein solches Gerät oftmals bereits schon über einen längeren Zeitraum. Eine weitere Verschiebung der Grenzen von Privat- und Geschäftsbereich fand hinsichtlich des Einsatzes von Telefaxgeräten statt.

Die Freiheiten im Telefonnetz erfordern - wenn man sie nutzen möchte - unter Umständen einige Umbauten am Endstellenleitungsnetz. Diesbezüglich ist man gut beraten, die rechtlichen Grenzen zu kennen, die man zu beachten hat, denn oftmals liegt die Falle im Detail, sowohl die Steckbuchse als auch die Klemmen 5 und 6 liegen im Wettbewerbsbereich. Während jedermann ein Telefon oder Zusatzgerät an die Steckbuchse anschalten darf, gelten jedoch für die genannten Anschlußklemmen bestimmte Randbedingungen.

Wer sein Endstellenleitungsnetz erweitern oder als Bauherr die Bereitstellung von Telefonanschlüssen durch Vorinstallationsarbeiten privat vorbereiten möchte, der sollte das verwendete Installationsmaterial, die Technologien und die technischen Abläufe im Telefonnetz kennen. Das vorliegende Buch führt Sie in die Grundlagen der Telefon-Endgeräte-technik, der Vermittlungstechnik und der Installationstechnik ein. Sie lernen Zusatzeinrichtungen und Zusatzgeräte für den Anschluß an das analoge Telefonnetz kennen. Dabei erfahren Sie auch, wie Sie beweis-kräftig gegen eine überhöhte Telefonrechnung vorgehen können: eine Neuentwicklung auf dem Markt, der "Phone-Recorder" (übrigens mit BZT-Zulassung) macht es möglich.

Nun ist es - wie bei jedem Fachbuch - so, daß es teilweise mit Fachbegriffen durchsetzt ist. Ich habe - im Interesse des allgemeinen Verständnisses - weitgehend umgangssprachliche Umschreibungen ge-wählt und Fachbegriffe allmählich eingeführt. Leider jedoch, werden spezielle, dem Laien selten bekannte Fachbegriffe immer wieder benö-tigt, so daß die Verwendung trotz der guten Vorsätze nicht ganz zu vermeiden ist. Ein Glossar am Schluß des Buches wird Ihnen das Verständnis erleichtern.

Bei der Verfassung des Buches bedanke ich mich bei allen Firmen, die im Quellennachweis einzeln aufgeführt sind, der Generaldirektion Tele-kom, dem Bundesamt für Zulassungen in der Telekommunikation und dem österreichischen FZA für das Informationsmaterial, welches zur Verfassung des Buches nötig war sowie Herrn Kopetzky von der Firma Telefon & Technik GmbH, Unterhaching für viele wertvolle Tips und Ratschläge sowie meiner Frau Gabi für Ihre Mithilfe bei der Textver-arbeitung, den Fotos und dem DTP und natürlich meinen Kindern, die Ihren "Papi" gelegentlich entbehren mußten.

Berlin, im Oktober 1994

Robert Schoblick

Inhalt

1 Grundlagen der Telefonschaltungstechnik

Auf der ganzen Welt gibt es mehrere Millionen Telefonanschlüsse, von denen die meisten miteinander telefonieren können, ohne daß die Leitungswege manuell gesteckt werden müssen. Damit dies möglich ist, sind jedoch mehr oder weniger aufwendige technische Einrichtungen in der Vermittlungsstelle, in den Leitungen und natürlich im Telefon selbst nötig.

In diesem und dem nächsten Kapitel werden Sie die Grundschaltungen eines einfachen Telefonapparates und dessen Zusammenspiel mit der Vermittlungsstelle kennenlernen. Sie werden in der Lage sein, die technischen Abläufe während eines Telefongespräches nachzuvollziehen und Sie werden feststellen, wie genial bereits einfache analoge Telefone mit sehr einfachen Schaltungen hervorragende Verbindungsqualitäten erzielen.

Jedes Telefon, ob es sich um ein altes Original "W 48" oder um ein modernes ISDN-Telefon handelt muß fünf grundlegende Funktionen erfüllen:

- es muß den eigenen Gesprächswunsch (Abnehmen des Hörers, Drücken der Lauthör-/Freisprechtaste) erkennen und an die Vermittlungsstelle melden,
- es muß die gewünschte Rufnummer zur Vermittlungsstelle übertragen,
- es muß die Sprache in elektrische Signale umwandeln,
- es muß in elektrische Signale gewandelte Hörtöne und Sprache wieder hörbar machen,
- es muß einen kommenden Anruf erkennen und signalisieren können.

Nicht zu den Aufgaben des Telefonapparates gehört die Kennzeichnung des Besetztzustandes. Dies wird von der Vermittlungsstelle jedem weiteren kommenden Anruf signalisiert, wenn der Hörer abgehoben bzw. die Lauthör-/Freisprechtaste gedrückt wurde.

Die Schaltungen in den Abbildungen 1.1 und 1.2 erfüllen jeweils diese Anforderungen. Darüber hinaus besitzen beide dargestellen Apparate die sogenannte "Erdtaste". Die Erdtaste verkörpert die ältere Methode zur Signalisierung an Nebenstellenanlagen. In modernen Telefonen findet sich die weniger aufwendige "Flashtaste", die an modernen (!) Nebenstellenanlagen die gleichen Funktionen erfüllt.

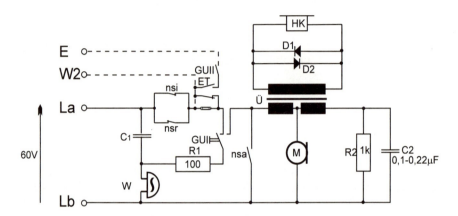

Abb.: 1.1   Grundschaltung eines Telefones mit Nummernschalter:

- a = a-Ader
- b = b-Ader
- E = Erdpotential für die "Erdtaste" (ältere Form der Signalisierung)
- W2 = Anschlußader für Zusatzwecker
- W = Wecker / Tonrufmodul
- C1 = Funklösch- (in Verbindung mit R1) und Entstörkondensator
- R1 = Widerstand im Funkenlöschkreis über Nummernschalterkontakte
- GU = Gabelumschalter
- ET = Erdtaste
- nsi = Nummernschalterimpulskontakt
- nsr = Nummernschalterruhekontakt
- nsa = Nummernschalterarbeitskontakt
- Ü = Gabelübertrager
- D1 und D2 = Dioden des Gehörschutzgleichrichters
- HK = Hörkapsel
- M = Mikrofon
- R2 = Widerstand (reale Komponente der komplexen Nachbildung)
- C2 = Kondensator (kapazitive Komponente der komplexen Nachbildung)

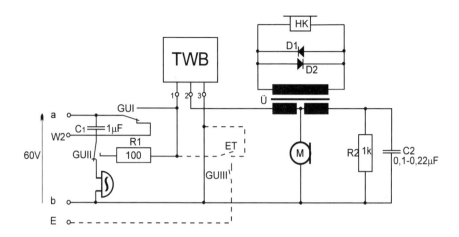

Abb.: 1.2   Grundschaltung eines Telefones mit Tastwahlblock

Bezeichnungen wie Abb. 1.1

- TWB = Tastwahlblock
- IWV = Impulswahlverfahren (entspricht dem des Nummernschalters)
- MFV = Mehrfrequenzwahlverfahren

Anhand der in Abb.: 1.1 und 1.2 dargestellen Grundschaltungen möchte ich Ihnen die Funktionen eines Telefonapparates erklären, die auch in elektronischen Geräten sinngemäß wiederzufinden sind. Die jeweiligen Komponenten werden dort jedoch mehr oder weniger durch integrierte Schaltkreise ersetzt.

1.1   Der Gabelumschalter

Der Gabelumschalter hat seinen Namen von den Telefonmodellen älterer Bauart. Obgleich der Gabelumschalter heute nicht mehr unbedingt durch Tasten in der Hörerablage realisiert werden muß (heutzutage gibt es Zugkontakte, Taster im Handapparat etc.) ist dies dennoch die klassische Form.

Der Gabelumschalter schaltet beim Abnehmen des Hörers die Gleich-stromschleife für das Mikrofon durch und schließt bei Telefonen mit Impulswahl (siehe unter 1.2.1) den Funkenlöschkreis. In älteren Geräten mit Erdtastenfunktion befindet sich noch ein weiterer Gabelumschalter-kontakt in der "E-Ader".

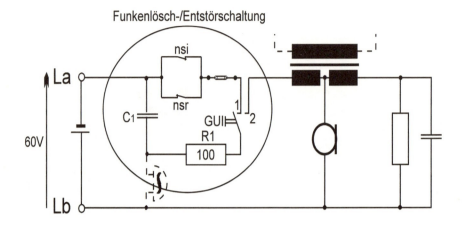

Abb.: 1.3   Die vereinfachte Darstellung zeigt das Prinzip des Gabelumschalters. Ein Kontakt (1) schließt den Stromkreis über die Unterbrecherkontakte des Nummernschalters bzw. den des Tastwahlblockes (IWV) und dem Funkenlöschkreis. Kontakt 2 schließt die Gleichstromschleife. Beachten Sie bitte, daß die a-Ader negatives Potential führt.

1.1.1   Gleichstromschleife

Wie bereits angedeutet schließt ein Kontakt des Gabelumschalters eine Gleichstromschleife zwischen der a- und der b-Ader. In dieser Gleichstromschleife befinden sich innerhalb des Telefonapparates:

- der Gabelübertrager (Der Name stammt in diesem Fall nicht von der Hörergabel ab.),
- die aktive oder passive Sprechschaltung,
- die komplexe Leitungsnachbildung.

Auch die Vermittlungsstelle ist in dieser Gleichstromschleife mit einbezogen. Die Baugruppen der Vermittlungsstelle stellen dem Anschluß eine Stromversorgung (über das Speiserelais) bereit und erkennen anhand der geschlossenen Gleichstromschleife den Anrufwunsch (bei abgehenden Gesprächen) bzw. die Annahme eines ankommenden Anrufes.

1.2 Erzeugung von Wahlinformationen

Jedes Telefon muß in der Lage sein, die Wahlinformationen in Form einer Ziffernfolge zur Vermittlungsstelle zu übertragen, in der sie ausgewertet werden. Dies gilt für beinahe historische Telefone - wie z. B. das noch heute als Replika erhältliche "W48" - genauso wie für hochmoderne digitale ISDN-Telefone.

Während ISDN-Telefone ihre Wahlinformationen mit Hilfe eines Zeichengabekanals digitalisiert übertragen, bedienen sich analoge Telefone der Signalisierung durch Schleifenunterbrechungen (IWV = **I**mpulswahlverfahren) oder durch Tonfrequenzen (MFV = **M**ehrfrequenzwahlverfahren).

1.2.1 Impulswahlverfahren

Beim **I**mpulswahlverfahren (IWV) werden die Wahlinformationen durch Unterbrechungen der Gleichstromschleife (vgl. 1.1) zur Vermittlungsstelle übermittelt. An diese Unterbrechungen werden bezüglich ihrer Impuls- und Pausendauer hohe Anforderungen gestellt:

- Dauert der Impuls (Schleifenunterbrechung) zu lange, löst unter Umständen die Verbindung aus (Das Auflegen des Hörers wird per Gabelumschalter ebenfalls durch die Unterbrechung der Stromschleife signalisiert!).
- Sind die Impulse bzw. die Pausen zu schnell, kann es zu Falschwahlen kommen.

Sie haben sicher erkannt, daß sowohl das Gesprächsende (lange Schleifenunterbrechung) als auch die Wahlinformationen (pulsierende Schleifenunterbrechung) durch die Unterbrechung der Gleichstromschleife signalisiert werden. Hierin liegt - wie Sie später noch feststellen werden - kein Widerspruch, denn gerade diese zeitlichen Verläufe erkennen die Baugruppen der Vermittlungsstelle und werten sie richtig aus.

1.2.1.1 Der Nummernschalter

Ich möchte den Ablauf der Wahl einer Ziffer am Beispiel des *Nummernschalters*, der Ihnen vielleicht auch unter dem einfachen Namen "Wählscheibe" ein Begriff ist, darstellen. Das Prinzip der Impulswahl ist beim *Tastwahlblock* ähnlich.

Der Nummernschalter arbeitet mit drei Kontakten:

- Der **Nummernschalterimpulskontakt** (nsi) liefert die Schleifenunterbrechungen (61,5 ms Unterbrechung: 38,5 ms Pause).
- Der **Nummernschalterarbeitskontakt** (nsa) schließt die a- und b-Ader vor der Sprechschaltung und der komplexen Nachbildung kurz.
- Der **Nummernschalterruhekontakt** (nsr) liegt parallel zum nsi. Er unterdrückt beim Nummernschalter die beiden letzten Impulse (Zeitverzögerung). In Tastwahlblöcken wird der Nummernschalterruhekontakt durch eine elektronische Schaltung ersetzt.

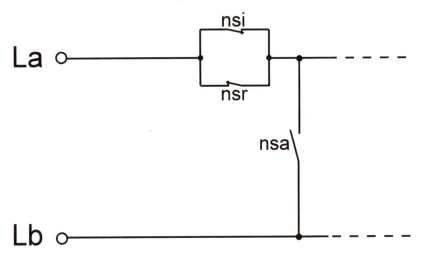

nsi = Nummernschalterimpulskontakt
nsr = Nummernschalterruhekontakt
nsa = Nummernschalterarbeitskontakt

Abb.: 1.4   Der Nummernschalter besitzt drei Schaltkontakte: die Öffner nsi und nsr sowie den Schließer nsa.

Der besseren Übersicht wegen sind die übrigen Elemente des Schaltkreises nicht dargestellt worden. Für einen vollständigen Überblick steht die Abb. 1.1 zur Verfügung.

- nsr = Nummernschalterruhekontakt
- nsa = Nummernschalterarbeitskontakt
- nsi = Nummernschalterimpulskontakt

Der Nummernschalter wird bis zur gewünschten Ziffer aufgezogen. Sobald der Nummernschalter losgelassen wird, taktet der Kontakt nsi Schleifenunterbrechungen, die innerhalb bestimmter Toleranzen liegen (Norm: 61,5 ms Unterbrechung und 38,5 ms Pause, "Faustformel":

60 ms Unterbrechung und 40 ms Pause). Die Anzahl der Impulse des nsi ist exakt um zwei größer als der Wert der gewählten Ziffer. Die beiden letzten Impulse werden jedoch durch den geschlossenen nsr-Kontakt unterdrückt. Sie dienen lediglich zur Verzögerung, um den Wahlstufen Zeit zur korrekten Einstellung (in "freier Wahl", vgl. 2.1.4.3)   zu geben.

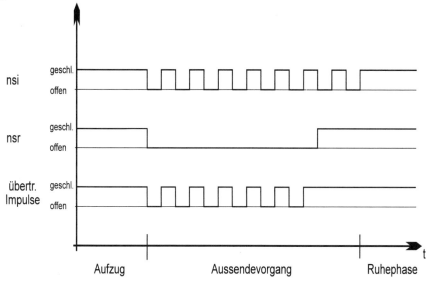

Das zeitliche Verhältnis von Öffnungs- zu Schließungszeit beträgt 61,5 ms : 38,5 ms

Abb.: 1.5   Impulsfolge der Nummernschalterkontakte nsi und nsr sowie in der Gleichstromschleife bei Wahl der Ziffer 6

1.2.2   Mehrfrequenzwahlverfahren

Nicht nur eleganter als das Impulswahlverfahren, sondern in der Regel auch bedeutend schneller ist das **M**ehr**f**requenz**w**ahl**v**erfahren (MFV). Im Gegensatz zum IWV arbeitet das MFV nicht mit Schleifenunterbrechungen, sondern mit Tönen - genauer gesagt: mit jeweils zwei überlagerten Tönen. Die Codierung für das MFV ist in der CCITT-Empfehlung Q.35 festgeschrieben (siehe Tab.: 1.1)

Das Prinzip der MFV-Wahl ist recht einfach: während des Tastendruckes werden die beiden betreffenden Frequenzen (z. B.: "5" => 770 Hz und 1336 Hz) gleichzeitig über die Telefonleitung zur Vermittlungsstelle gesendet. In der Vermittlungsstelle wird das Frequenzgemisch wieder getrennt. Die nun einzeln auswertbaren Frequenzen verkörpern die "Koordination" der gewählten Ziffer.

Das MFV-Prinzip, das Ihnen aus Ihren Kindertagen sicher vom Spiel "Schiffe versenken" bekannt ist, ist also recht einfach. MFV-Sender werden aus diesem Grund nicht nur im Telefon zur Wahl der Rufnummer eingesetzt, sondern auch in Form tragbarer Geräte mit der Größe einer Streichholzschachtel zur Fernabfrage eines Anrufbeantworters oder zur Aussendung eines Cityrufes angeboten.

Tab.: 1.1: Frequenzpaare zu MFV-Codierung

	1209 Hz	1336 Hz	1477 Hz	1633 Hz
697 Hz	1	2	3	A
770 Hz	4	5	6	B
852 Hz	7	8	9	C
941 Hz	*	0	#	D

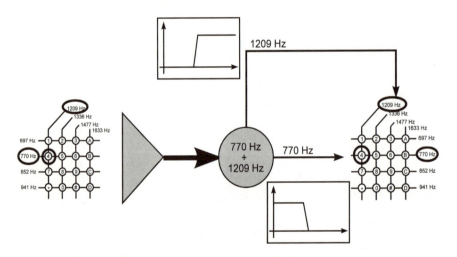

Abb. 1.6: Durch die Überlagerung zweier Frequenzen kann aus einem "akustischen Koordinatensystem" eine bestimmte Information gewonnen werden

Diese Informationen kann eine Wahlinformation, ein Steuersignal (z. B. Fernabfrage eines Anrufbeantworters) oder ein Nachrichteninhalt (Aussendung von Cityrufmitteilungen) sein.

1.3 Erd- und Flashtaste

Telefone, die für die Anschaltung an Nebenstellenanlagen vorgesehen sind, sind mit einer Signaltaste ("R") ausgestattet. Das Betätigen dieser Signaltaste leitet in der Regel eine Rückfrage oder das Umlegen eines Gepräches ein.

Die Erdtaste und die Flashtaste, die bei neueren Telefonen zu finden sind, unterscheiden sich grundlegend. Während die Erdtaste eine Ader (in der Regel die a-Ader) oder beide Adern mit Erdpotential verbindet, unterbricht die Flashtaste die Gleichstromschleife für ca. 100 ms. Der wesentliche Nachteil der Erdtaste ist jedoch, daß eine dritte Ader (E-Ader) verlegt werden muß. Ein Installationskabel mit zwei Doppeladern kann somit nur für *eine* Sprechstelle genutzt werden.

Bei den meisten Telefonen verbirgt sich hinter der Signaltaste entweder die Erd- oder die Flashtastenfunktion. Bei der Anschaltung an eine Nebenstellenanlage muß daher darauf geachtet werden, mit welchem Verfahren die Anlage arbeitet. Unter Umständen können somit moderne Telefone mit einer Flashtaste an einer älteren Nebenstellenanlage, die die Erdtastenfunktion erwartet, nicht oder nur mit großen Einschränkungen betrieben werden (keine Rückfrage, Makeln, Umlegen etc.). Analog gilt dies natürlich auch für die Anschaltung älterer Telefone mit Erdtaste an eine moderne Telekommunikationsanlage, die Telefone mit Flashfunktion erwartet.

Gute moderne Telefone sind übrigens umschaltbar. Das IQ-Tel 2, das von der Telekom vertrieben wird, kann z. B. per Programmiersequenz optimal eingestellt werden:

- Hörer abnehmen
- "Set-Taste"
- "1" wählen
- Code "1 5 9 0" eingeben
- Wahlwiederholungstaste betätigen
- Eingabe der dreistelligen Codezahl (siehe Tab.: 1.2)
- Für weitere Eingabe: Wahlwiederholungstaste;
  für Programmierende: "Set-Taste" betätigen
- Hörer auflegen

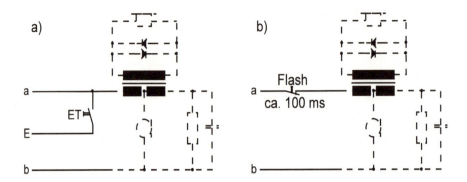

Prinzip der Erdtastenfunktion   Prinzip der Flashtastenfunktion

Abb.: 1.7   Prinzipschaltbild: Erd- und Flashtaste

1.4   Wechselstromkreis

Bei aufliegendem Hörer (Gleichstromschleife ist durch den Gabelumschalter unterbrochen) liegt schaltungstechnisch nur die Reihenschaltung
aus dem Funkenlösch-/Entstörkondensator und dem Wecker bzw. Tonrufmodul an der a- und b-Ader. Der Kondensator erfüllt hier eine
weitere Funktion, denn er stellt im Idealfall für Gleichstrom eine Unterbrechung des Stromkreises dar (eventuelle Restströme sind vernachlässigbar klein). Auch bei kurzen Distanzen zur Vermittlungsstelle (geringer Widerstand der Anschlußleitung) ist somit die Entstehung einer
ungewollten Gleichstromschleife ausgeschlossen (das Telefon wäre praktisch kurzgeschlossen). Der Kondensator hat damit auch eine ökonomi-
sche Bedeutung, denn es müßte von der Vermittlungstechnik sehr hohe
- und vor allem sinnlose - Energie bereitgestellt werden, gäbe es ihn
nicht.

Aufgrund des geringen Widerstandes des Kondensators bei Wechselspan-
nungen, bringt die sogenannte *Rufwechselspannung* den Wecker zum
Läuten.

1.4.1   Rufwechselspannung

Bei einem kommenden Anruf legt die Vermittlungsstelle die sogenannte
Rufwechselspannung an den Telefonapparat, die dann in oben beschrie-
bener Form den Wecker bzw. das Tonrufmodul aktiviert. Die Rufwechselspannung U_{Ruf} = 65 V/25 Hz wird der Gleichspannung (- 60 V an

a-Ader) überlagert. Für den zeitlichen Ablauf des Rufsignals ist die Gesamtdauer eines Rufintervalls von 5 Sekunden (1 Sekunde Rufen, 4 Sekunden Pause) festgelegt. Lediglich in einigen wenigen Anschlußbereichen der neuen Bundesländer wird noch der 10-Sekunden-Ruf verwendet. Die richtige Intervallänge ist z. B. für den Betrieb eines Anrufbeantworters sehr wichtig, denn einige Modelle interpretieren die 9-Sekunden-Pause als Abbruch des Verbindungsversuches und laufen somit nie an.

Beachten Sie bitte im Zusammenhang mit der Rufwechselspannung bei allen Arbeiten am Telefon, daß bei einem Anruf eine Spannung in Höhe von 125 V auf der Anschlußleitung vorhanden ist. Dieser Wert ist keinesfalls ungefährlich!

Tab.: 1.2: Programmiercodes des IQ-Tel 2

	Wahlpausen	Wahlverfahren und Signaltastenfunktion	Speicher löschen
AKZ / HKZ-Pause = 3 Sekunden	020		
AKZ / HKZ-Pause = 5 Sekunden	021		
IWV mit Erdfunktion		033	
MFV mit Erdfunktion		036	
MFV mit Flashtastenfunktion		037	
Löschen aller Speicher (Ergebnis: Werkseinstellung)			250
Löschen aller Zielwahlspeicher			252
Löschen aller Kennziffern			253
Löschen aller Speicher (Grundzustand bleibt)			258

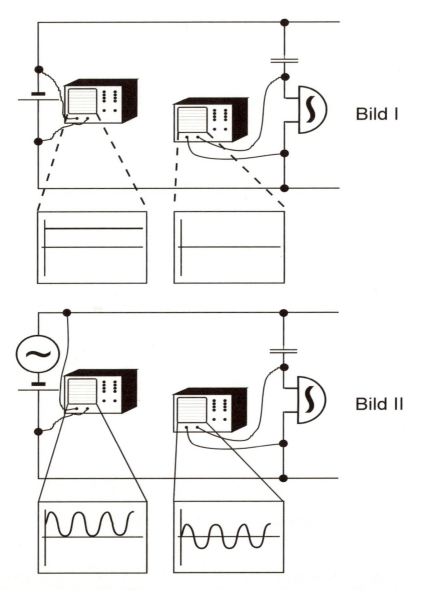

Bild I

Bild II

Abb.: 1.8   Der Weckerstromkreis ist für Gleichstrom (Bild I: kein ankommender Ruf) gesperrt. Das Telefon ist nicht kurzgeschlossen und es wird der Vermittlungsstelle nur bei Bedarf Energie abverlangt.

Bild II zeigt die Vorgänge während der Rufphase auf. Der Kondensator stellt für den Wechselstrom nur einen vernachlässigbar kleinen Widerstand dar.

Die skizzierten Oszillogramme geben den Spannungsverlauf in Abhängigkeit von der Zeit an den jeweiligen Meßpunkten wieder.

1.5 Die Sprechschaltung

In den vorangegangenen Abschnitten haben Sie gelernt, wie das Telefon mit der Vermittlungsstelle kommuniziert und wie Ihnen ein kommender Anruf signalisiert wird. Nun wollen wir die Funktionen des Telefones betrachten, wenn beide Gesprächspartner den Hörer abgenommen haben und somit eine Verbindung zustande gekommen ist. Dazu stelle ich Ihnen die einzelnen Komponenten der Sprechschaltung näher vor.

1.5.1 Hör- und Sprechkapsel

Die Begriffe Hör- und Sprechkapsel stammen noch aus Zeiten, in denen die mit Steck- oder Flächenkontakten versehenen Mikrofone (Sprechkapsel) und Minilautsprecher (Hörkapsel) noch fest im Ersatzteilbestand eines Fernmeldehandwerkers zu finden waren. Die Typenvielfalt in den modernen Telefonen ist jedoch so groß, daß sich eine Ersatzteillagerung im Gegensatz zum Gerätetausch nicht mehr lohnt.

1.5.2 Gehörschutzgleichrichter

Der Gehörschutzgleichrichter, der parallel mit der Hörkapsel in den Sekundärstromkreis des Gabelübertragers geschaltet ist, besteht aus zwei antiparallel geschalteten Dioden. Die Aufgabe des Gehörschutzgleichrichters ist es, die Hörkapsel vor zu hohen Spannungen und das menschliche Ohr vor zu lauten Knackgeräuschen zu schützen.

Die Funktion dieses einfachen aber wirkungsvollen Schaltkreises basiert auf der Eigenschaft der Diode - selbst in Durchlaßrichtung - erst ab einem gewissen Spannungspotiential (Schwellenspannung) niederohmig zu wirken (siehe Abb.: 1.10). Weil die Wirkung einer Diode natürlich gerichtet ist, müssen zwei entgegengesetzt parallel (antiparallel) geschaltete Dioden verwendet werden.

1.5.3 Gabelübertrager und komplexe Nachbildung

Der Name Gabelübertrager - das möchte ich vorweg feststellen - hat nichts mit dem Gabelumschalter zu tun. Er steht auch mit seiner Bedeutung in keinem direkten Zusammenhang mit dem Gabelumschalter. Vielmehr stammt der Name von der Bezeichnung der Schaltungsart ab, deren Hauptbestandteil der Übertrager ist: die Gabelschaltung.

Der Gabelübertrager hat zwei wichtige Funktionen:

- zum einen stellt er eine galvanische Trennung zwischen Hörkapsel und dem Telefonnetz dar, in dem - wie Sie bereits erfahren haben - Spannungen in einer Höhe von bis zu 125 V auftreten können (Schutzfunktion),

- zum anderen unterdrückt er mit Hilfe einer *komplexen Leitungsnachbildung* die Signale des Mikrofones im Stromkreis der Hörkapsel.

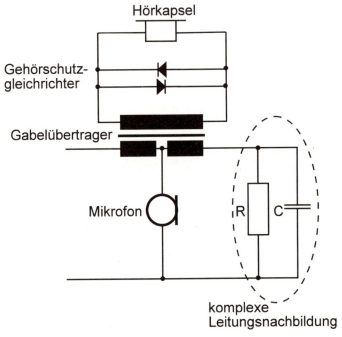

Abb.: 1.9   Komponenten einer Sprechschaltung

1.5.3.1 *Rückhördämpfung beim Sprechen*

Die Funktion der komplexen Nachbildung wird in Abb. 1.13 deutlich. Will man erreichen, daß durch beide Primärwicklungen des Übertragers nahezu der gleiche Strom fließt, so müssen diese Wicklungen die gleiche Impedanz haben. Ferner muß durch die komplexe Nachbildung, die Reihenschaltung aus Anschlußleitung und den wirksamen Einrichtungen der Vermittlungsstelle nachgebildet werden. Bedenkt man, daß eine festeingebaute komplexe Leitungsnachbildung nicht optimal auf jede mögliche Anschlußleitungslänge abgestimmt werden kann, so wird klar, daß es keine 100%ige Rückhörunterdrückung der eigenen Stimme geben

kann. Dieses ist auch keineswegs beabsichtigt, denn das Hören der eigenen Stimme beeinflußt direkt das Sprechverhalten.
- starkes Rückhören: es wird infolgedessen sehr leise gesprochen
- leises Rückhören: es wird zu laut gesprochen.

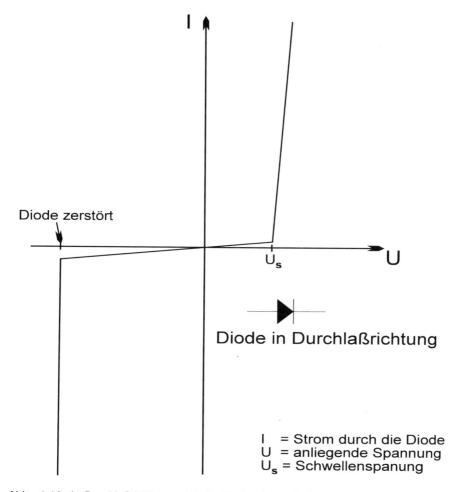

Abb.: 1.10 In Durchlaßrichtung wird die Diode niederohmig, wenn eine Spannung > Schwellenspannung anliegt. In Sperrichtung bleibt die Diode in jedem Fall hochohmig; einzige Ausnahme: die Spannung ist so hoch, daß die Diode zerstört wird.

- I = Strom durch die Diode
- U = Anliegende Spannung
- U_S = Schwellenspannung

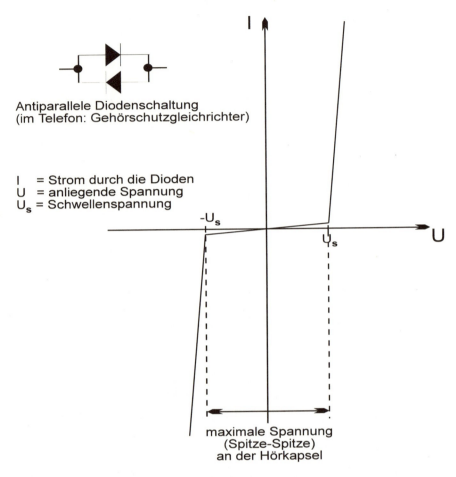

Antiparallele Diodenschaltung
(im Telefon: Gehörschutzgleichrichter)

I = Strom durch die Dioden
U = anliegende Spannung
U_s = Schwellenspannung

maximale Spannung
(Spitze-Spitze)
an der Hörkapsel

Abb.: 1.11 Prinzip des Gehörschutzgleichrichters:

Durch die antiparallele Schaltung der Dioden wird die Spitzenamplitude in beiden Richtungen auf jeweils den Wert der Schwellenspannung Us begrenzt.

- I = Strom durch die Diode
- U = Anliegende Spannung
- Us = Schwellenspannung

Sie können es selbst an einem einfachen Experiment ausprobieren. Sprechen Sie ein paar Sätze auf ein Tonband. Wiederholen Sie den Versuch mit Wattestopfen in den Ohren. Beachten Sie dabei, daß die Aussteuerung bei beiden Versuchen unverändert bleibt. Sie werden feststellen, daß die Aufnahme lauter ist, wenn Sie selbst bei der Aufnahme weniger hören.

1.5.3.2 Übertragung kommender Signale

Während die eigenen Signale im Gabelübertrager weitgehend unterdrückt werden, müssen ankommende Signale möglichst gut auf die Sekundärwicklung und somit auf den Hörkapselstromkreis übertragen werden. Auch für diesen Zweck ist die Schaltung mit dem Gabelübertrager geeignet. Während die vermittlungsseitig geschaltete 1. Primärwicklung des Gabelübertragers vollständig vom Strom des Nutzsignals durchflossen wird und somit das kommende Signal auf die Sekundärwicklung überträgt, teilt sich der Strom vor der 2. Primärwicklung auf (Knotenregel nach Kirchhoff). Der Strom fließt somit zu einem Teil durch das Mikrofon und zum anderen durch die Reihenschaltung aus der 2. Primärwicklung des Gabelübertragers und komplexer Leitungsnachbildung.

Der Strom durch die zweite Primärwicklung fließt zwar in gleicher Richtung mit dem in der ersten, jedoch ist dieser aufgrund der Widerstandsverhältnisse in der Schaltung (vgl. Abb. 1.14) vernachlässigbar klein. Bei kommenden Signalen ist daher in erster Linie die erste Primärwicklung des Gabelübertragers von Bedeutung.

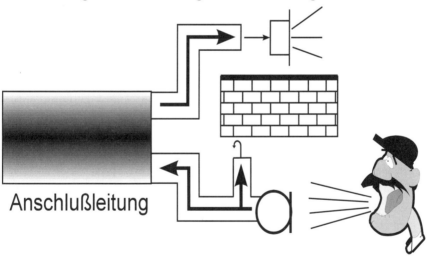

Anschlußleitung

Abb.: 1.12 Die Rückhördämpfung in Form einer Gabelschaltung aus Gabelübertrager und komplexer Leitungsnachbildung bewirkt eine Unterdrückung der Signale, die im eigenen Mikrofon erzeugt werden, im Hörkapselstromkreis. Die eigenen Worte sind daher in der Hörkapsel nicht (bzw. nur sehr schwach) hörbar. Beide Gesprächspartner können somit über eine Doppelader gleichzeitig sprechen und den jeweils anderen Partner verstehen (Vollduplexbetrieb).

Im Gabelübertrager findet eine gegenläufige Induktion durch den Strom des Mikrofones statt.

33

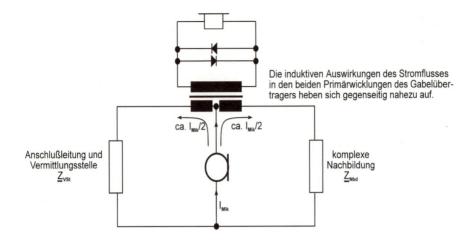

Die induktiven Auswirkungen des Stromflusses in den beiden Primärwicklungen des Gabelüber-tragers heben sich gegenseitig nahezu auf.

Abb.: 1.13 Die beiden Primärwicklungen sorgen für eine gegenläufige Induktion in der Sekundärwicklung des Übertragers. Eine völlige Auslöschung im Sekundärkreis kann es jedoch nur dann geben, wenn über beide Primärwicklungen der gleiche Strom fließt. Dieses ist allerdings normaler Weise nicht möglich und auch nicht beabsichtigt, da ein - wenn auch nur geringes Rückhören psychologische Vorteile bringt. Zu diesem Zweck wird innerhalb des Telefones die Reihenschaltung aus Anschlußleitung und Einrichtungen der Vermittlungsstelle nachgebildet.

1.5.4   Aktive Sprechschaltung

Bei einer aktiven Sprechschaltung gibt es keine galvanische Trennung des Hörkapselstromkreises vom übrigen Telefon. Die Rückhördämpfung wird in diesem Fall nicht durch einen Gabelübertrager, sondern durch eine Widerstandsschaltung realisiert. An die Stelle der einfachen Hör- und Sprechkapseln, die im vorangehenden Abschnitt direkt an den Über-trager angeschaltet wurden, treten bei der aktiven Sprechschaltung Hör- und Sprechkapseln, die über *aktive Schaltkreise* (Hör- und Sprechver-stärker) ohne Übertrager in die Schaltung integriert werden.

1.5.4.1 Aktive Sprechschaltung im Sendebetrieb

Ähnlich wie bei der Schaltung mit einem Gabelübertrager ist auch in einer aktiven Sprechschaltung eine komplexe Nachbildung der Anschluß-leitung und der Komponenten der Vermittlungsstelle vorgesehen (vgl. 1.15) Wird vorausgesetzt, daß sowohl die Widerstände R_1 und R_2 als auch die Impedanzen $\underline{Z}_{Vst}$ und $\underline{Z}_{Nbd}$ jeweils gleich groß sind (Idealfall), so ist die Spannung $\underline{U}$ am Hörverstärker V_H gleich Null (es gilt die

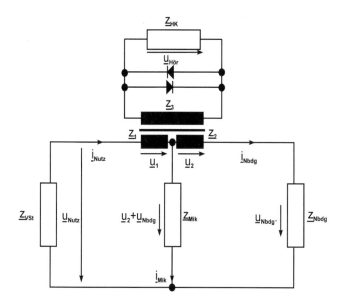

i_{Nutz} = empfangener Signalstrom
i_{Mik} = Teilstrom durch das Mikrofon
i_{Nbdg} = Teilstrom durch die komplexe Nachbildung
u_{Nutz} = Signalspannung
u_1 = Spannungsabfall an der 1. Primärwicklung des Gabelübertragers
u_2 = Spannungsabfall an der 2. Primärwicklung des Gabelübertragers
u_{Nbdg} = Spannung an der komplexen Nachbildung
$u_{Hör}$ = an der Hörkapsel wirksame Signalspannung
Z_{VSt} = Gesamtwiderstand der Komponenten der Vermittlungsstelle und der Anschlußleitung
Z_1 = Widerstand der 1. Primärwicklung des Gabelübertragers
Z_2 = Widerstand der 2. Primärwicklung des Gabelübertragers
Z_3 = Widerstand der Sekundärwicklung des Gabelübertragers
Z_{HK} = Innenwiderstand der Hörkapsel
Z_{Mik} = Innenwiderstand des Mikrofones
Z_{Nbdg} = Widerstand der komplexen Nachbildung

Abb.: 1.14 Die 2. Primärwicklung stellt für den kommenden Wechselstrom einen bedeutend höheren Widerstand dar als das Mikrofon. Die Reihenschaltung aus 2. Primärwicklung und komplexer Leitungsnachbildung ist somit vom Mikrofon nahezu kurzgeschlossen. Für die Übertragung kommender Signale ist daher nur die erste Primärwicklung von Bedeutung.

Verhältnisse der elektrischen Größen in Empfangsrichtung (stark vereinfachte Darstellung):

- $Z_{Mik} < Z_2 + Z_{Nbd}$ =>
- $i_{Mik} > i_{Nbd}$ =>
- $i_{Mik} \sim i_{Nutz}$
- $u_1 \gg u_2$

Maschenregel nach Kirchhoff), weil auch die Ströme durch R_1 und R_2 vom Betrag gleich groß, jedoch entgegengerichtet sind.

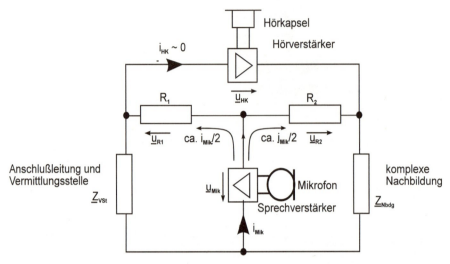

Abb.: 1.15 Im Sprechbetrieb ist unter idealen Voraussetzungen ($\underline{Z}_{vst} = \underline{Z}_{Nbd}$) die Spannung am Hörverstärker $\underline{U}_{HK} = 0$. Unter diesen Umständen fließt der halbe Mikrofonstrom durch die Anschlußleitung und die Komponenten der Vermittlungsstelle. Im Realfall sind $\underline{Z}_{vst}$ und $\underline{Z}_{Nbd}$ nicht gleich groß, so daß ein geringes Rückhören möglich (und auch gewollt) ist.

Annahme: $\underline{Z}_{vst} = \underline{Z}_{Nbd}$ und $R_1 = R_2$

- $U_1 = i_{Mik}/2 \cdot R_1$ ($i_{Mik}/2$, da $\underline{Z}_{vst} = \underline{Z}_{Nbd}$)
- $U_2 = - i_{Mik}/2 \cdot R_2$, da $R_2 = R_1$
- $U_2 = -i_{Mik}/2 \cdot R_1$
- $\underline{U_2 = U_1}$

Maschenregel nach Kirchhoff:

- $U_1 + U_2 + U_{HK} = 0$
- $U_{HK} = - U_1 - U_2$, mit $U_2 = - U_1$
- $U_{HK} = - U_1 -(-U_1)$
- $\underline{U_{HK} = 0 \text{ (Idealfall)}}$

1.5.4.2 Aktive Sprechschaltung im Empfangsbetrieb

Im Empfangsbetrieb werden die Widerstände R_1 und R_2 von Teilströmen des Nutzsignals durchflossen, so daß an ihnen Spannungen abfallen.

1.6 Ältere Telefone mit Schauzeichen

Die Parallelschaltung zweier Telefone ist unzulässig. Zum einen wäre es möglich, daß Gespräche von einem Telefon über ein weiteres Telefon in einem anderen Raum mitgehört werden können (Verletzung des Fernmeldegeheimnisses), zum anderen können die Telefone für Verbindungen untereinander verwendet werden. Die Speisung würde durch die Vermittlungsstelle erfolgen. Dabei würden Schalt- und Wahlstufen der Vermittlungsstelle unnötig belegt. Diese unnötige Belegung, wie sie auch dann gegeben ist, wenn der Hörer neben das Telefon gelegt wird, verhindert, daß die Wahlstufen für echte Telefonverbindungen genutzt werden können.

Darüber hinaus könnten die Telefone so stark gedämpft werden, daß keine vernünftige Verständigung möglich ist.

Ein Betrieb zweier oder mehrerer Telefone an einer Amtsleitung wird heutzutage mit automatischen Umschaltern oder sogar kleinen Nebenstellenanlagen (siehe Kapitel 6) realisiert. Trotz dieser Entwicklung sind noch heute Telefone mit weitergehenden Sprechadern und Schauzeichen für eine oder zwei Amtsleitungen in Betrieb. Ich möchte daher die Schaltungstechnik dieser Telefone, die im übrigen nach dem obengenannten Prinzip funktionieren, kurz vorstellen.

1.6.1   Telefon mit Schauzeichen für eine Amtsleitung

Sollte an einer Amtsleitung oder an einer Nebenstelle ein zweites Telefon angeschaltet werden, das wahlweise ohne lästiges Umstecken an einer Dosenanlage oder ohne den Einsatz eines manuellen oder automatischen Wechselschalters benutzt werden konnte, so bediente man sich früher eines Telefonapparates mit einem Schauzeichen.

Bedingt durch den speziellen Gabelumschalter war dieser Telefonapparat (Telefon A) gegenüber dem nachgeschalteten Apparat bevorrechtigt. D. h., daß beim Abnehmen des Hörers Telefon A sofort an die Leitung geschaltet wird, während der nachgeschaltete Apparat (Telefon B) von der Leitung getrennt wird. Damit vermieden wird, daß versehentlich ein - über das Telefon B - geführtes Gespräch getrennt wird, besitzt das bevorrechtigte Telefon A ein *Schauzeichen*. Damit an dieser Stelle kein Mißverständnis entsteht, sei betont, daß das Schauzeichen lediglich den abgenommenen Hörer des Telefon B anzeigt, nicht jedoch eine Gesprächsunterbrechung verhindern kann, wenn der Hörer am bevorrechtigten Telefon A (eben dem, mit dem Schauzeichen) abgehoben wird.

Durch die Trennung der weiterführenden Adern hat der nachgeschaltete Telefonapparat B keine Möglichkeit, sich in ein bestehendes Gespräch einzuschalten. Dieses Telefon besitzt kein Schauzeichen.

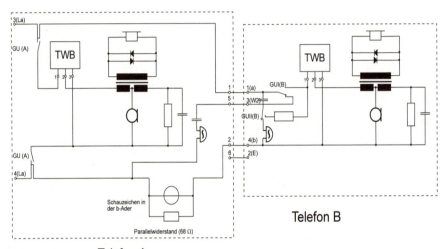

Telefon A

Telefon B

Abb.: 1.16 Die vereinfachte Darstellung beschreibt den Anschluß eines bevorrechtigten Telefones mit Schauzeichen (Telefon A) und eines nachgeordneten Telefones ohne Schauzeichen (Telefon B).

Telefon A:

Telefon A wird über eine VDo7 fest angeschaltet. Die Besonderheiten im Telefon A sind:

- der spezielle Gabelumschalter, der bei abgenommenem Hörer das nachfolgende Telefon abschaltet (Trennung a- und b-Ader),
- weiterführende Sprechadern zum nachgeschalteten Telefon B und
- ein Schauzeichen, daß einen am Telefon B abgenommenen Hörer anzeigt.

Telefon B:

Telefon B ist ein Standardtelefon ohne Schauzeichen. Wichtig ist, daß die W-Ader korrekt angeschaltet wird, da sonst am Telefon A kein Anruf signalisiert werden würde.

1.6.1.1 Schauzeichen

Ein mechanisches Schauzeichen besteht aus einem Drehanker, an dessen Ende sechs Farbsektoren aufgebracht sind. Von diesen sechs Farbsektoren sind jeweils drei sichtbar, die anderen sind verdeckt. Der Drehanker wird von einer Spule (R_i = 100 Ω) erregt, sobald der Stromkreis geschlossen wird (Hörer am Telefon B ist abgenommen; Gleichstromschleife ist geschlossen).

Parallel zur Spule wird ein Widerstand (R = 68 Ω) geschaltet, der den Strom über die Spule begrenzt und den Gesamtwiderstand herabsetzt.

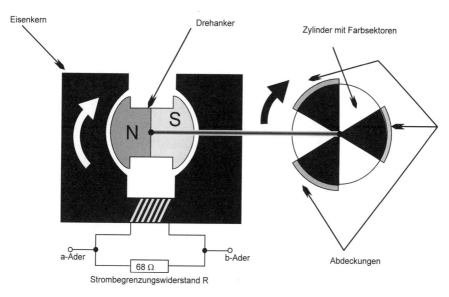

Abb.: 1.17 Prinzip eines mechanischen Schauzeichens

2 Telefon-Vermittlungstechnik

Nachdem Sie im vorausgegangenem Kapitel die Grundschaltung eines analogen Telefones kennengelernt haben, möchte ich Ihnen jetzt das Prinzip der Vermittlungstechnik im Telefonnetz vorstellen. Ich werde mich dabei weitestgehend auf die schematische Darstellung des Themas sowie auf die beispielhafte Erläuterung der Systeme 55v (elektromechanisch, analoge Vermittlungstechnik) sowie EWSD und System 12 (digitale Vermittlung und Sprachverarbeitung) beschränken. Nach der Lektüre dieses Kapitels werden Sie in der Lage sein, die technischen Vorgänge beim Telefonieren zu überblicken und gegebenenfalls auftretende Fehler im Zusammenspiel von Telefon und Vermittlungsstelle richtig zu beurteilen und zu beheben.

2.1 Das analoge Ortsvermittlungssystem 55v

Das Vermittlungssystem 55v besteht aus elektromechanischen Schaltgliedern (Relais und den **E**delmetall-**M**otor-**D**rehwählern, EMD). Unter den elektromechanischen Ortsvermittlungssystemen kann das System 55v drei herausragende Vorzüge aufweisen:

- Die Edelmetallkontakte der Schaltarme gewähren einen wartungsarmen und dennoch nahezu ungestörten Telefonbetrieb. Die Qualität der Sprechverbindung ist auch ohne permanente Kontaktpflege gut.
- Die Einstellgeschwindigkeit der EMD-Wähler ist schneller als bei HDW (**Heb**d**r**ehwähler-) Systemen. Der Lauf des Wählers ist ruhiger und erschütterungsfrei (weniger Falschwahlen!).
- Die Vermittlungssysteme 55 und 55v setzen als erste Konzentratorstufe sogenannte Anrufsucher, die durch Anrufordner gesteuert werden, ein. Auf aufwendige Vorwählerstufen, wie sie zum Teil noch heute in der ehemaligen DDR bestaunt werden können, konnte in den Systemen 55 und 55v verzichtet werden.

2.1.1   Erkennen des Anrufwunsches im System 55v

Durch das Schließen der Gleichstromschleife (beim Abheben des Hörers) wird in der Vermittlungsstelle ein Relais der "Teilnehmerschaltung" (TS) erregt. Dieses Relais wiederum veranlaßt den sogenannten Anrufordner (AO), einen freien Anrufsucher (AS) zu belegen. Dieser Anrufsucher prüft nun der Reihe nach alle seine "Ausgänge" von 00 bis 99 durch und bleibt dort stehen, wo er auf einen zu prüfenden Kontakt - dieser ist dann direkt mit der zuvorgenannten Teilnehmerschaltung verbunden - ein bestimmtes Spannungspotential vorfindet. Hat der Anrufsucher den betreffenden Anschluß durch Potentialprüfung gefunden, so schaltet er mit seinen Kontaktarmen die Verbindung vom Telefon zum *ersten Gruppenwähler* (1. GW) durch. Erst jetzt ist im Hörer der sogenannte *Wählton* zu hören und es kann die erste Ziffer der Rufnummer gewählt werden.

Die eben aufgeführten Wahl- und Schaltstufen, die lediglich dazu dienen, den Anrufwunsch (schließen der Gleichstromschleife über den Gabelumschalter durch Abnehmen des Hörers) zu erkennen, möchte ich Ihnen im Detail vorstellen.

Es handelt sich hierbei um
*   die Teilnehmerschaltung (TS),
*   den Anrufordner (AO),
*   den Anrufsucher (AS) sowie
*   den ersten Gruppenwähler (1. GW).

2.1.2   Die Teilnehmerschaltung im System 55v

Die Aufgaben der Teilnehmerschaltung sind es, das Abheben des Hörers (Schaltung der Gleichstromschleife über den Gabelumschalter) zu erkennen, bei einem abgehenden Gespräch den Anrufordner zu aktivieren (Auswahl eines freien Anrufsuchers) und die Aufschaltung kommender Gespräche zu verhindern, bei kommenden Gesprächen die zusätzliche Anschaltung einer Wahlstufe zu verhindern und darüber hinaus nach dem Abheben des Hörers (sowohl bei kommenden als auch bei abgehenden Gesprächen) die Unsymmetrie auf der a- (-60 V) und b-Ader (Erdpotential) aufzuheben. Die Teilnehmerschaltung ist die Schnittstelle der Vermittlungsstelle zum Telefonanschluß. Ich möchte die Schaltung daher etwas ausführlicher erörtern.

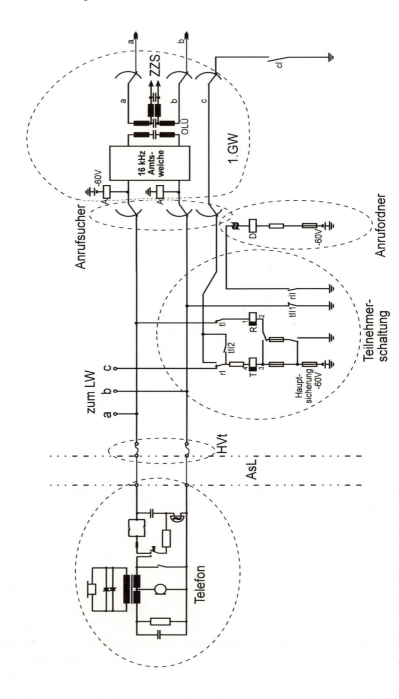

Abb.: 2.1   Zusammenspiel von Telefon und
Teilnehmerschaltung

Die wesentlichen Bestandteile der Teilnehmerschaltung (TS) sind das Rufrelais (R-Relais) und das Trennrelais (T-Relais) Die Funktion der TS ist dem Schaltbild (Abb.: 2.1) in vereinfachter Form zu entnehmen.

2.1.2.1 Funktion der Teilnehmerschaltung (TS) bei gehenden Verbindungen

Wird am Telefon der Hörer abgenommen, so schließt - wie bereits im Kapitel 1 angesprochen - der Gabelumschalter über die a- und b-Ader die Gleichstromschleife. Die Gleichstromschleife ist somit der Stromkreis des R-Relais (-60 V, Hauptsicherung, Sicherung für R-Relais, R-Relais, Öffner-Kontakt des T-Relais tI, a-Ader, Schaltkreis im Telefon, b-Ader, Öffner-Kontakt des T-Relais tIII, Erdpotential). Das R-Relais zieht an, wodurch mittels Umschalte-Kontakt rI die c-Ader zum Leitungswähler aufgetrennt und gleichzeitig Minus-Potential an die c-Ader zum Anrufsucher (Stromlauf: -60 V, Hauptsicherung, Sicherung für T-Relais, Spule des T-Relais, Widerstand, rI, c-Ader zum Anrufsucher) geschaltet wird. Das Minus-Potential auf der c-Ader dient dem Anrufsucher als "Prüfmarke".

Ein weiterer Kontakt des R-Relais, Schließer rII legt Erdpotential an das sogenannte "D-Relais" des *Anrufordners*. Über Kontakte des D-Relais im Anrufordner sowie den Schaltarm II (nicht dargestellt) des Anrufordners wird ein freier Anrufsucher angesteuert. Dieser dreht solange, bis er auf der c-Ader das Minus-Potential (liegt über Umschalte-Kontakt rI an) findet. Im Anrufsucher wird nun direktes Erdpotential auf die c-Ader geschaltet, wodurch der Stromkreis des T-Relais geschlossen wird (Stromlauf: Erdpotential, Schließer-Kontakt cI, rI, Widerstand, T-Relais, Sicherung für T-Relais, Hauptsicherung, -60 V). Das T-Relais zieht an und gleichzeitig werden die Adern a, b und c zum ersten Gruppenwähler durchgeschaltet (Die Steuerung des Schaltarmsatzes im AS ist zur Vereinfachung nicht dargestellt!).

Der Kontakt tII2 überbrückt den Kontakt rI des R-Relais. Ein Öffner-Kontakt des T-Relais (tI) unterbricht den Stromkreis des R-Relais, welches nach einer gewissen Verzögerungszeit abfällt. Die Abfallverzögerungszeit ist wichtig, damit die zuvor beschriebene Selbsthaltung des T-Relais über den Schließerkontakt tII2 unterbrechungsfrei hergestellt werden kann.

Gleichzeitig mit dem Öffner tI (Unterbrechung des Stromkreises für das R-Relais), wodurch das Minus-Potential von der a-Ader genommen wird, wird auch das Erdpotential von der b-Ader durch Öffnung des Kontaktes tII1 getrennt. Die a- und b-Adern haben nun symmetrische Spannungsverhältnisse.

Damit die gehende Verbindung nicht durch einen ankommenden Ruf gestört wird, ist es nötig, der dafür zuständigen Wahlstufe, dem Leitungswähler, eine Sperrmarke zu setzen. Diese Aufgabe übernehmen die Kontakte tII2 und rI. Nach dem Anziehen des T-Relais und damit verbunden der Schließung von tII2 fällt - zeitverzögert - rI in seine Ruhelage zurück. An die c-Ader zum Leitungswähler wird nun über den Anrufsucher (Schließer cI) Erdpotential angelegt (Stromlauf: Erdpotential, cI, tII2, rI, Leitungswähler). Versucht nun jemand den Anschluß anzurufen, so erkennt der Leitungswähler am Erdpotential auf der c-Ader, daß der Hörer bereits abgehoben wurde. Der Anrufer erhält das *"Besetztzeichen"*.

2.1.2.2 Funktion der Teilnehmerschaltung (TS) bei kommenden Gesprächen

Wird ein Anschluß angerufen, so prüft der Leitungswähler, über den die kommende Verbindung aufgebaut wird, die c-Ader der TS. Wird über den angerufenen Anschluß gerade gesprochen (c-Ader ist über die Kontakte cI, tII2 und rI der Teilnehmerschaltung direkt geerdet), so kann der Leitungswähler nicht durchschalten (Besetztzustand).

Ist der gerufene Anschluß frei, so wird über das Prüfrelais des Leitungswählers Erdpotential an die c-Ader der Teilnehmerschaltung gelegt. Das T-Relais zieht an (Stromlauf: Erdpotential vom Leitungswähler, c-Ader, rI, Widerstand, T-Relais, Sicherungen, -60 V), wodurch das Anziehen des R-Relais beim Abheben des Hörers verhindert wird (es würde sonst der Anruford ner über rII anlaufen und eine Wahlstufe für gehende Verbindungen anfordern, vgl. oben). Das Erdpotential auf der c-Ader bewirkt darüber hinaus, daß kein weiterer Leitungswähler auf den Anschluß geschaltet werden kann.

2.1.2.3 Teilsperre in der Teilnehmerschaltung

Wer seine Telefonrechnung nicht bezahlen kann oder will, der wird schnell feststellen, daß dieses vom Netzbetreiber nicht ohne weiteres hingenommen wird. Nach dem vergeblichen Versuch zu mahnen, wird

- bevor der Anschluß vollständig gesperrt oder gar gekündigt wird - eine *Teilsperre* geschaltet. Unter einer Teilsperre versteht man lediglich eine Sperre für abgehende Gespräche (in der Regel verursachen nur diese beim betreffenden Anschluß Kosten). Ankommende Rufe werden uneingeschränkt durchgeschaltet.

Die Teilsperre kann an der Teilnehmerschaltung sehr einfach eingerichtet werden, indem ein Kunststoffplättchen unter den Anker des R-Relais geschoben wird. Das R-Relais kann dadurch nicht mehr anziehen, wodurch auch der Anrufordner nicht aktiv werden kann. Das Belegen einer Wählstufe wird unmöglich. Es können keine abgehenden Gespräche (auch kein Notruf!) geführt werden.

2.1.3 Anrufordner und Anrufsucher

Sie haben bei der Erläuterung der Teilnehmerschaltung bereits den Anrufordner und den Anrufsucher kennengelernt. Der Vollständigkeit wegen möchte ich Ihnen diese beiden und natürlich auch die übrigen Komponenten des Systems 55v vorstellen.

2.1.3.1 Anrufordner im System 55v

Die Aufgabe des Anrufordners (AO) ist es, einen freien Anrufsucher zu ermitteln, diesen zu belegen und ihn für abgehende Verbindungen der Teilnehmerschaltung bereitzustellen. Angeregt wird der Anrufordner vom Schließerkontakt rII des R-Relais in der Teilnehmerschaltung.

Nach dem Aufschalten eines Anrufsuchers auf die Sprech- (a und b) sowie Prüfader (c) fällt das R-Relais in der Teilnehmerschaltung ab. Die Aufgabe des Anrufordners ist erfüllt und er steht für den nächsten Suchvorgang zur Verfügung. Sind alle Anrufsucher belegt, so kann keine weitere abgehende Verbindung hergestellt werden.

Anrufordner werden in zwei verschiedenen Varianten verwendet:
• Anrufordner mit Voreinstellung: der Anrufordner stellt sich generell auf einen freien Anrufsucher ein. Wird der Anrufordner angesteuert, so kann der Anrufsucher verzögerungsfrei durchgeschaltet werden. Nach dem Abfall des R-Relais in der Teilnehmerschaltung stellt sich der Anrufordner automatisch auf den nächsten freien Anrufsucher ein und steht für eine erneute Verbindung zur Verfügung.

• Anrufordner ohne Voreinstellung: der Anrufordner sucht erst bei Aktivierung einen freien Anrufsucher.

2.1.3.2 Anrufsucher

Der Anrufsucher ist eine Konzentratorstufe im elektromechanischen Vermittlungssystem 55v. Seine Aufgabe ist es, nach Aufforderung vom Anrufordner die Teilnehmerschaltung festzustellen, über die der Verbindungswunsch signalisiert wurde und dem entsprechenden Anschluß eine *erste Gruppenwahlstufe* zuzuordnen. Die Ausgänge der Teilnehmerschaltung sind auf das *Anrufsuchervielfach* geschaltet. Der Schaltarmsatz des Anrufsuchers ist direkt mit dem Schaltarmsatz eines *ersten Gruppenwählers* (1. GW) verbunden. Der Anrufsucher und der mit ihm gekoppelte 1. Gruppenwähler kann im einfachsten Fall von bis zu 100 Teilnehmerschaltungen erreicht werden.

Die Anzahl der Anrufsucherstufen pro 100 Teilnehmer wird nach den Verkehrswerten ermittelt. In der Regel stehen 100 Anschlüssen ca. sieben bis acht Anrufsucher zur Verfügung. Dies bedeutet, daß von den 100 Anschlüssen nur acht *abgehende* Verbindungen hergestellt werden können. Für sogenannte "*Vielsprecher*", wie z. B. große Firmen, werden entsprechend mehr Anrufsucher bereitgestellt.

Durch die Anpassung der Anrufsucherzahl an das durchschnittliche Verkehrsaufkommen werden Blockaden weitestgehend ausgeschlossen.

Zusätzliche Vorteile bringt eine weitere Konzentratorstufe (Einsparung von ersten Gruppenwahlstufen). Diese zusätzliche Konzentration wird dadurch erreicht, daß dem "Teilnehmerhundert" nur ein Teil der Anrufsucherstufen fest zur Verfügung gestellt werden. Diese Anrufsucher (ASg) stehen dem sogenannten Grundverkehr zur Verfügung. Die Schaltarmsätze der restlichen Anrufsucher (1. AS) werden auf eine weitere Teilnehmerschaltung geschaltet. Diese steuert nun genau wie eine normale Teilnehmerschaltung - einen Anrufordner und darüber weitere Anrufsucher (2. AS) an. Erst der zweite Anrufsucher ist mit dem ersten Gruppenwähler gekoppelt.

Da der zweite Anrufsucher von mehreren Hunderten angesteuert werden kann, wird eine erhebliche Anzahl von ersten Gruppenwahlstufen eingespart. Um Blockaden auszuschließen, müssen die "*Mischungen*" sehr sorgfältig durchdacht werden. Grundlage für die richtige Mischung sind Verkehrsmessungen.

2.1.4   Der 1. Gruppenwähler

Der erste Gruppenwähler ist - wie der an späterer Stelle beschriebene Leitungswähler - eine besondere Wahlstufe, denn neben der Verarbeitung der Wahlinformationen (Auswertung der ersten Ziffer und Weiterleitung der restlichen Ziffern an weitere Wahlstufen) erfüllt der erste Gruppenwähler eine Reihe zusätzlicher Aufgaben wie z. B. Speisung des Anschlusses, Aufforderung zur Wahl, Umsetzung der Wählimpulse, Abblokkung von Gleichstromanteilen zur weiteren Übertragungsstrecke, Auswertung von vermittlungsinternen Schaltzeichen (Beginn-, Schluß- und Besetztzeichen), Orts- und Fernverkehrsunterscheidung, Funktionen bei der Einheitenzählung, Einspeisung des 16 kHz-Zählimpulses für den privaten Einheitenzähler etc.

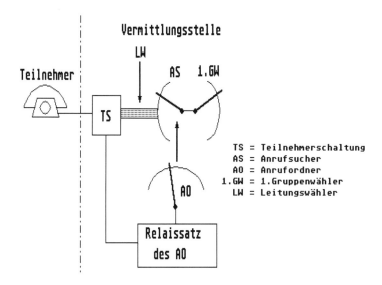

Abb.:2.2   Der Anrufsucher erkennt am -60 V Potential der c-Ader, welches über die Teilnehmerschaltung angelegt wird, den entsprechenden Teilnehmer. Ist die Teilnehmerschaltung gefunden, so schaltet der Anrufsucher zum ersten Gruppenwähler durch. Vom ersten Gruppenwähler erhält der Anrufer nun den "*Wählton*"; d. h.: der Teilnehmer hat zu diesem Zeitpunkt lediglich den Hörer abgenommen, jedoch noch nicht gewählt.

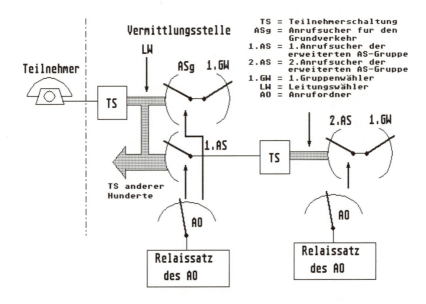

Abb.: 2.3   Durch Erweiterungen in der Anrufsucherstufe kann eine zusätzliche Konzentration im Bereich der ersten Gruppenwählerstufe erreicht werden. Durch diese Einsparung von Wahlstufen wird - bei richtiger Mischung - der Telefonverkehr nicht nachteilig beeinträchtigt, jedoch werden die jeweiligen Wahlstufen besser ausgelastet.

2.1.4.1 Aufforderung zur Wahl

Der erste Gruppenwähler (1. GW) ist die erste richtige Wahlstufe im System 55v. Bevor der 1. GW jedoch die erste Ziffer der Rufnummer verarbeiten kann, muß der Anrufer erfahren, daß er mit der Wahl beginnen kann.

Überlegen Sie sich einmal, was beim Telefonieren passiert: Sie nehmen den Hörer ab und hören nach wenigen Sekundenbruchteilen (in dieser Zeit arbeiten Teilnehmerschaltung, Anrufordner und Anrufsucher) den Wählton. Der Wählton ist ein 425-Hz-Dauerton, der Ihnen signalisiert, daß Ihnen eine Wahlstufe (der 1. GW) zugeteilt wurde und Sie mit der Wahl der 1. Ziffer beginnen können.

Der Wählton wird über einen sogenannten Ortsleitungsübertrager (OLÜ) im 1. GW in die Leitung eingekoppelt.

2.1.4.2 Ortsleitungsübertrager

Neben der Einkopplung der Hörtöne (Wählton und Besetztzeichen) erfüllt der Ortsleitungsübertrager noch eine weitere wesentliche Funktion:
der Ortsleitungsübertrager hat die Aufgabe, Gleichstromanteile (z. B.
Speisung des Anschlusses etc.) vor den weiterführenden Übertragungs-
leitungen abzublocken. Auf diese Art und Weise werden Probleme durch
Potentialunterschiede auf dem Übertragungsweg vermieden.

2.1.4.3 Wahl der ersten Ziffer

Sobald der Wählton zu hören ist, kann die erste Ziffer am Nummernschalter oder Tastwahlblock des Telefones gewählt werden. Das System
55v erkennt ausschließlich Unterbrechungen der a/b-Schleife, arbeitet
also nur nach dem *Impulswahlverfahren* (IWV). Die Gefahr eines Verbindungsabbruches durch die Leitungsunterbrechungen ist im übrigen
nicht gegeben. Sie erinnern sich, daß das T-Relais in der Teilnehmerschaltung, welches für die Belegung des Anschlusses während der Verbindung verantwortlich ist, abfallverzögert (>> 60 ms) arbeitet.

Der erste Gruppenwähler dreht nun bei jeder Unterbrechung der a/b-
Schleife um einen sogenannten *Hauptrastschritt* weiter. Je nachdem
welche Ziffer gewählt wurde, dreht der erste Gruppenwähler den Schaltarmsatz aus der Ruhestellung heraus auf den entsprechenden Hauptrast-
schritt. Man spricht von der Dekadenwahl. Jedem Hauptrastschritt sind
Teilrastschritte zugeordnet, an deren Ausgang sich jeweils eine Leitung
zu einer zweiten Wahlstufe befindet. Diese erste Phase der Wahl am 1.
GW, bei dem sich der Wähler in Abhängigkeit von der ersten gewählten
Ziffer einstellt, wird als *gezwungene Wahl* bezeichnet. Nachdem die
Impulsserie der ersten Ziffer vollständig ausgewertet wurde, fällt im
ersten Gruppenwähler das sogenannte *Wahlbegleitrelais* (V-Relais) ab.
Das V-Relais arbeitet zeitverzögert, so daß es auf die Pausen innerhalb
der Impulsserie einer Ziffer nicht reagiert. Sie erkennen jedoch an den
ausschließlich zeitlich koordinierten Wahlablauf, daß eine gewisse Pause
zwischen den Impulsserien der Rufnummer nötig ist (erinnern Sie sich
an die beiden unterdrückten "Pseudoimpulse" des Nummernschalters?
vgl. Kapitel 1.2.1.1).

Nach dem Abfall des V-Relais absolviert der 1. GW automatisch die
zweite Phase bei der Wahl der ersten Ziffer: der Schaltarm des 1. GW
wird in *freier Wahl*, d. h. unabhängig von der Impulsserie des Nummernschalters bzw. Tastwahlblockes, auf einen Teilrastschritt mit einer

freien weiterführenden Leitung eingestellt. Steht keine freie Leitung zur zweiten Wahlstufe zur Verfügung, so dreht der 1. GW weiter auf den sogenannten *Durchdrehschritt*. Der Anrufer erhält das Besetztzeichen ("Gassenbesetzt"). Wird jedoch eine freie Leitung, die mit einem zweiten Gruppenwähler (bei Ortsgesprächen!) verbunden ist, gefunden, so kann nun die zweite Ziffer gewählt werden.

2.1.4.4 Verarbeitung weiterer Ziffern

Nachdem der erste Gruppenwähler eine freie Leitung zur nächsten Wahlstufe gefunden und durchgeschaltet hat, muß er die nun folgenden Wahlimpulse aufnehmen und an die weiteren Wahlstufen weiterleiten. Diese Aufgabe wird im 1. GW vom Speise-/Impulsaufnahme-Relais (A-Relais) wahrgenommen. Das A-Relais besteht im wesentlichen aus zwei Wicklungen. Der Erregerstromkreis des A-Relais im 1. GW ist: -60 V, 1. Wicklung des A-Relais, a/b-Schleife, 2. Wicklung des A-Relais, Erdpotential. Die a/b-Schleife stellt für das A-Relais gewissermaßen einen Schalter dar (a/b-Schleife schließt: A-Relais zieht an, a/b-Schleife öffnet: A-Relais fällt ab). Ein Kontakt des A-Relais legt nun im Intervall der Unterbrechungen Erdpotential an die weiterführende a-Ader. Diese Erdimpulse werden von der nächsten Wahlstufe als Wahlinformation erkannt und am Wähler in Dekadenschritte umgesetzt (Sonderfall: Leitungswähler, s. u.).

2.1.4.5 Speisung des anrufenden Anschlusses (A-Tln)

Die Speisung des Anschlusses des A-Teilnehmers (Anschluß, von dem der Verbindungswunsch ausgeht) gehört zu den Aufgaben des 1. GW. Diese Speisung erfolgt über die symmetrischen Erreger-Windungshälften des A-Relais (siehe Abb.: 2.1 und Abb.: 2.4).

2.1.4.6 Zählfunktion

Die Unterscheidung zwischen Orts- und Ferngespräch, die Ansteuerung des Einheitenzählers in der Vermittlungsstelle und gegebenenfalls die gleichzeitige Übertragung eines 16-kHz-Zählimpulses zum privaten Einheitenzähler gehören zu den Aufgaben des 1. GW. Die an der Zählung beteiligten Komponenten sind:

- das Z-Relais des 1. GW,
- das G-Relais des 1. GW,
- der Zählzusatz (ZZS) und

- der elektronische Zeittaktgeber für den Ortsdienst (EZTGO).

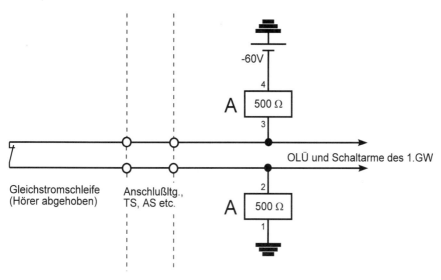

A-Relais hat angezogen

Abb.: 2.4   Über die beiden Teil-Erregerwicklungen des A-Relais wird der rufende Anschluß (A-Tln) gespeist. Die a/b-Schleife stellt gleichzeitig für das A-Relais einen Schalter dar, über den der Stromkreis in den Erregerwicklungen geschlossen oder geöffnet wird.

Das A-Relais im 1. GW erfüllt drei wichtige Aufgaben:

- Speisung des rufenden Anschlusses (A-Tln),
- Umwandlung der a/b-Schleifenunterbrechungen in Erdimpulse auf der weiterführenden a-Ader des 1. GW (Weitergabe der Wahlinformationen) und
- Erkennung des Verbindungsabbruches durch den rufenden Anschluß (aufgelegter Hörer unterbricht die a/b-Schleife dauerhaft).

Die Unterscheidung zwischen Orts- und Ferngespräch hängt von der ersten gewählten Ziffer ab. Wahl der Ziffer 2...9: Ortsgespräch, Ziffer 1: Sonderdienstrufnummer (z. B.: 110, 112 etc.), Ziffer 0: Ferngespräch.

Die Zählung bei Ortsgesprächen wird innerhalb der eigenen Ortsvermittlungsstelle (OVSt) gesteuert. Die Taktung übernimmt der *elektronische Zeittaktgeber für den Ortsdienst* (EZTGO). Der EZTGO sendet Impulse, die im Abstand eines 1/16-Ortszeittaktes ausgelöst werden, an den Zählzusatz (ZZS). Der Zählzusatz löst also nach 16 EZTGO-Impulsen über das Z-Relais einen Zählimpuls an den Einheitenzähler aus.

Der Zählzusatz erfüllt u. a. folgende Aufgaben:
- Abgabe der Zählimpulse
- Zählungsende bei Verbindungsabbruch durch den rufenden Anschluß (A-Tln)
- Blockadefreischaltung und Zählungsende bei Verbindungsabbruch durch gerufenen Anschluß (B-Tln)
- Störungssignalisierung

Warum wird nun ein Zählimpuls von 16 EZTGO-Impulsen abgeleitet?

Um den Hintergrund dieses Aufwandes zu verstehen, muß man wissen, daß der erste Zählimpuls bereits beim Zustandekommen der Verbindung ausgelöst wird. Da der EZTGO eine zentrale Baugruppe in der Vermittlungsstelle ist, könnte es also - gäbe es keine Splittung in 1/16-Impulse - kurz nach der 1. Zählung (ausgelöst durch den Beginnimpuls) zu einer weiteren Zählung (ausgelöst durch den EZTGO) kommen. Über einen Abrechnungszeitraum (zwischen zwei Zählerablesungen) könnte es somit zu erheblichen Abweichungen - zu ungunsten des Anschlußinhabers - von der Zahl der tatsächlich "vertelefonierten" Einheiten kommen.

Die erste Telefoneinheit kann also über einen kürzeren Zeitraum als der eigentliche Zeittakt dauern, jedoch stets länger als 15/16 des Zeittaktes abgerechnet werden. Diese Toleranz ist aus technischen Gründen nicht zu verringern und kann juristisch nicht angefochten werden.

2.1.4.7 Die Relais des 1. GW und deren Aufgaben

Der Relaissatz des ersten Gruppenwählers besteht aus acht Relais, die neben der Motorsteuerung und Durchschaltung des Schaltarmes auch alle bisher beschriebenen Aufgaben wahrnehmen.
- A-Relais: Speisung des rufenden Anschlusses, Aufnahme der Wahlimpulse sowie deren Umsetzung in Erdimpulse auf der weiterführenden a-Ader.
- C-Relais: Belegung des Wählers
- D-Relais: Motoreinschalterelais, Umsetzung der vom A-Relais erzeugten Impulse auf die Motorsteuerung, Abschaltung des Wähltones
- G-Relais: Einspeisung der 16-kHz-Impulse auf die Gebührenanzeige-Amtsweiche
- P-Relais: Schnelles Prüfrelais (Aufprüfen auf c-Ader zur Ermittlung einer freien Leitung innerhalb 1 ms.)

- PH-Relais: Prüfhilfsrelais (niederohmige Schaltung der c-Ader, so daß kein weiterer Wähler den gleichen Stromkreis belegen kann.)
- V-Relais: Wahlbegleitrelais (Steuerung der Umschaltungvon gezwungener zu freier Wahl)
- Z-Relais: Zählrelais, Markierung von Ferngesprächen zu Zählzwecken.

2.1.5   Die weiteren Gruppenwahlstufen im System 55v

Die weiteren Gruppenwähler haben rein vermittlungstechnische Aufgaben. Sie benötigen somit keine Schaltkreise für die Einheitenzählung, Hörtoneinkoppelung oder Gleichstromabriegelung. Der eigentliche Wähler (Motor, Schaltarmsatz und Kontaktvielfach) unterscheidet sich kaum vom 1. GW. Der Relaissatz der weiteren Gruppenwähler (2. GW, 3. GW,...) besteht aus sechs Relais, die ähnliche Funktionen wie die des ersten Gruppenwählers haben. Die Relais tragen dementsprechend die gleiche Bezeichnung. Beim Studium eines gesamten Stromlaufplanes des Systems 55v ist daher darauf zu achten, welchem Wähler die Relais und Kontakte angehören.

2.1.5.1 Relaissatz der weiteren Gruppenwähler im System 55v

Die dem ersten Gruppenwähler folgenden Gruppenwahlstufen haben kein G- und kein Z-Relais. Ferner fehlt der Ortsleitungsübertrager (OLÜ) sowie sämtliche Anschaltefunktionen zu Baugruppen mit Zählfunktion (ZZS und EZTGO). Bestandteile des Relaissatzes sind also lediglich (prinzipielle Bedeutung s. 1. GW):
- A-Relais: Impulsaufnahme sowie deren Umsetzung in Erdimpulse auf der weiterführenden a-Ader
- C-Relais: Belegung des Wählers
- D-Relais: Motoreinschalterelais, Umsetzung der vom A-Relais erzeugten Impulse auf die Motorsteuerung
- P-Relais: Schnelles Prüfrelais zum Aufprüfen auf die c-Ader einer freien Ausgangsleitung innerhalb einer Millisekunde.
- PH-Relais: Prüfhilfsrelais schaltet die abgehende c-Ader niederohmig, so daß kein weiterer Wähler den gleichen Stromkreis belegen kann.
- V-Relais: Wahlbegleitrelais zur Steuerung der Umschaltung von gezwungener zu freier Wahl.

Für die weiteren Gruppenwahlstufen (2. GW, 3. GW,...) entfallen, wie bereits angedeutet, gegenüber dem 1. GW zahlreiche Aufgaben. Neben einer vollständigen Einsparung zweier Relais haben die noch vorhanden Relais ebenfalls weniger Aufgaben gegenüber ihrem Pendent im 1. GW zu erfüllen. So z. B. muß das A-Relais der weiteren Gruppenwähler keine Anschlußspeisung vornehmen und das D-Relais schaltet keinen Hörton ab.

2.1.6   Leitungswähler im System 55v

Der Leitungswähler (LW) ist mit einem Ortsleitungsübertrager und 11 Relais zweifellos die komplizierteste Wahlstufe des System 55v. Man unterscheidet Leitungswähler für Einzelanschlüsse (LW55ve) und Leitungswähler für Sammelanschlüsse (LW55vs).

Der komplexe Aufbau des LW begründet sich in seinen umfangreichen Aufgaben:
- Der LW muß - im Gegensatz zu den anderen Wahlstufen - zwei Ziffern verarbeiten.
- Der LW muß einen erfolgreichen Verbindungsaufbau (B-Tln hebt den Hörer ab, Minuspotential an b-Ader in Richtung Gruppenwahlstufe = Beginnzeichen) oder den Besetztfall zum 1. GW melden.
- Signalisierung des Verbindungsendes (Flackerschlußzeichen) zum 1. GW.
- Der LW muß den Anschluß auf Belegung prüfen und - wenn der LW auf den Anschluß aufschalten kann - eine weitere Belegung durch einen weiteren LW sowie das Anziehen des R-Relais verhindern (Kennzeichnung durch Anlegen von Erdpotential an c-Ader zwischen LW und TS).
- Speisung des gerufenen Anschlusses
- Aufschaltung der Rufwechselspannung (65 V, 25 Hz) auf den freien Anschluß, Abschaltung der Rufwechselspannung sobald die a/b-Schleife des gerufenen Anschlusses geschlossen ist.
- Einkopplung von 425 Hz-Hörtönen (Rufton zum A-Tln, Aufschalteton und Besetzton bis zur Auslösung der Verbindung durch 1. GW)

2.1.6.1 Relaissatz des Leitungswählers im System 55v

Der Leitungswähler des System 55v besitzt mit 11 Relais einen sehr komplexen Relaissatz:

- A-Relais: Überwachung des Zustandes der a/b-Schleife des gerufenen Anschlusses, Speisung des gerufenen Anschlusses,
- C-Relais: Belegung des Leitungswählers
- E-Relais: Impulsrelais zur Aufnahme der kommenden Wahlinformation und deren Umsetzung in Steuerimpulse für das Wählerlaufwerk, Ruftontaktung
- G-Relais: Rufverzögerungsrelais; das G-Relais arbeitet anzugsverzögert und erzeugt somit eine Rückkontrollzeit von ca. 300 ms. Mit Hilfe des G-Relais kann eine kurzzeitige Belegung und damit eine überflüssige Ruftonsendung verhindert werden, wenn die Verbindung vom A-Tln abgebrochen wird (A-Tln stellt Falschwahl fest oder wird plötzlich gestört, so daß er seinen Anruf verschiebt).
- P-Relais: Prüfrelais zum Aufprüfen auf die c-Ader der Teilnehmerschaltung, Markierung der Belegung durch Anlegen von Erdpotential auf die c-Ader zur Teilnehmerschaltung.
- PH-Relais: Prüfrelais
- R-Relais: Motorsteuerrelais
- T-Relais: Prüfzeitrelais
- U-Relais: Umsteuerrelais zur Umschaltung von Dekaden- (Wahl der vorletzten Ziffer) auf Einerwahl (Wahl der letzten Ziffer)
- V-Relais: Wahlbegleitrelais
- Z-Relais: Zählrelais (Signalisierung des Verbindungsbeginns und des Verbindungsendes zum 1. GW)

2.1.6.2 Leitungswähler beim Verbindungsaufbau

Die Wahl am Leitungswähler ist ausschließlich eine gezwungene Wahl. Die erste Ziffer, die am Leitungswähler verarbeitet wird, grenzt den Teilnehmerkreis auf zehn Anschlüsse ein. Man spricht von der sogenannten *Dekadenwahl*. Die letzte Ziffer der Rufnummer wird nun ebenfalls am Leitungswähler verarbeitet und selektiert den gewünschten Anschluß (*Einerwahl*). Während der Einerwahl wird ein Wahlendezeichen (Erdpotential an der b-Ader zwischen Gruppenwahlstufen und Ortsleitungsübertrager des LW) zum 1. GW übermittelt.

Ein eventuell auftretender Besetztfall wird sowohl bei der Dekaden- als auch bei der Einerwahl dem ersten Gruppenwähler signalisiert. Gleichzeitig wird über den Ortsleitungsübertrager (OLÜ) induktiv der Besetzton eingekoppelt. Der 1. GW löst aufgrund der Besetztsignalisierung die

Verbindung durch Auftrennen der c-Ader aus (Freigabe aller folgenden Wahlstufen) und koppelt ab diesem Zeitpunkt seinerseits den Besetztton induktiv über den OLÜ (des 1. GW!) ein. Sie können diesen Effekt selbst beim Telefonieren erkennen: wenn Sie bei einem Anruf (möglichst ein Anschluß eines fremden Anschlußbereiches oder Ortsnetzes) den Besetztton hören, wird sich nach ca. einer Sekunde der Klang ändern. Sie erhalten den Besetztton nun nicht mehr über den OLÜ des LW, sondern über den des 1. GW. Besonders gravierend fallen die Klangunterschiede bei Verbindungen aus einer Vermittlungsstelle des Systems 55v zu einem Anschluß an einer digitalen Vermittlungsstelle auf.

Kann dagegen der Leitungswähler die Teilnehmerschaltung des gewünschten Anschlusses belegen, so wird Erdpotential an die c-Ader der Teilnehmerschaltung gelegt. Da nun der Stromkreis über das T-Relais der Teilnehmerschaltung (Erdpotential vom LW, c-Ader zwischen LW und TS, rI-Kontakt der TS, Widerstand R, T-Relais der TS, -60 V, bgl. Abb.: 2.1) geschlossen ist, zieht das T-Relais an und verhindert eine abgehende Verbindung durch Anzug des R-Relais der Teilnehmerschaltung. Das vom Leitungswähler auf die c-Ader geschaltete Erdpotential verhindert darüber hinaus die Aufschaltung weiterer Leitungswähler.

Nachdem das T-Relais in der Teilnehmerschaltung den Anschluß gegen eine weitere Belegung gesperrt und die Unsymmetrie auf den Sprechadern (a- und b-Ader) zum B-Teilnehmer aufgehoben hat, wird vom Leitungswähler der Rufwechselstrom mit einer Dauer von einer Sekunde in Intervallen von fünf Sekunden zum gerufenen Telefon übertragen (dort "klingelt" es in diesem Augenblick). Gleichzeitig erhält der Anrufer (A-Teilnehmer) - über den OLÜ des LW induktiv eingekoppelt - den *Rufton*.

Hebt der angerufene Teilnehmer den Hörer ab, so wird vom A-Relais des LW die durch den Gabelumschalter geschlossene Schleife erkannt. Vom LW wird das sogenannte *Beginnzeichen* zum 1. GW übertragen, welches den ersten Zählimpuls auslöst. Die Verbindung steht.

2.1.6.3 Verbindungsabbruch durch gerufenen Anschluß

Legt der gerufene Teilnehmer seinen Hörer zuerst auf, so wird vom Leitungswähler der Schlußtakt, daß sogenannte *Flackerschlußzeichen* zum 1. GW übertragen. Der erste Gruppenwähler ist es nun, der die gesamte Verbindung auslöst und damit sämtliche Wahlstufen freigibt.

Durch die Verbindungsauslösung vom ersten Gruppenwähler aus werden also Blockaden des gerufenenen Teilnehmers sowie unnötige Belegungen von Wahlstufen auf dem Übertragungsweg, die zu gravierenden Einschränkungen im Telefonverkehr führen können, ausgeschlossen.

Unter dem Flackerschlußzeichen sind Erdimpulse auf der a-Ader vom Leitungswähler in Richtung des 1. GW zu verstehen. Nach dem achten Impuls wird die Verbindung im 1. GW über den Zählzusatz (ZZS) aufgetrennt, wodurch die nachfolgenden Wahlstufen ausgelöst werden. Der 1. GW selbst bleibt solange belegt, bis der rufende Teilnehmer den Hörer auflegt.

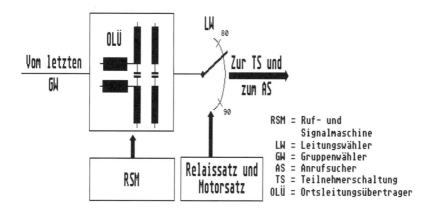

Abb.: 2.5   Der Leitungswähler ist die komplizierte Wahlstufe im elektromechanischen System 55v. Er besitzt einen Ortsleitungsübertrager zur Einkopplung von Hörtönen und zur Gleichstromabriegelung in Richtung des vorangehenden Übertragungsweges. Ferner wird der Leitungswähler von einem 11-teiligen Relaissatz gesteuert.

2.1.6.4 Aufschaltung auf bestehende Verbindungen

Eine weitere, oft nicht erwähnte, jedoch aus rechtlichen Gründen (Wahrung des Brief-, Post- und Fernmeldegeheimnisses, welches im Grundgesetz gem. Art. 10 GG verankert ist) sehr wichtige Aufgabe des Leitungswählers, ist die Einspeisung des sogenannten *Aufschaltetones*. Der Aufschalteton (425 Hz-Hörton, getaktet wie ein "Morse-i") signalisiert den Gesprächspartnern, daß sich ein Prüfbeamter der Telekom in das Gespräch eingeschaltet hat. Dies geschieht noch bevor sich der Prüfbeamte meldet, so daß das Fernmeldegeheimis in jedem Fall gewahrt bleibt.

2.1.7 Die Ruf- und Signalmaschine

Die Ruf- und Signalmaschine (RSM) im elektromechanischen Vermittlungssystem 55v erzeugt und taktet Hörtöne (425 Hz), die den Zustand einer Verbindung signalisieren. Die RSM liefert ferner Erdimpulse (Aussteuerung des E-Relais) zur Einspeisung der Rufwechselspannung an den Leitungswähler und vermittlungstechnische Steuerzeichen, wie z. B. das Flackerschlußzeichen.

Hauptbestandteil der RSM ist der Motor, auf dessen Ankerwelle ein Nockensystem aufgebracht ist. Dieses Nockensystem steuert eine Kontaktbank, über die wiederum die Impulse für Hörtöne und Signalisierung geschaltet werden.

In einer Vermittlungsstelle mit dem System 55v ist generell nur eine einzige RSM in Betrieb. Ein zweites Gerät steht jedoch als Reserve bereit.

2.1.7.1 Hörtöne über die RSM im System 55v

- Wählton (425 Hz Dauerton); Einspeisung über 1. GW
- Freiton/Rufton (425 Hz-Ton mit einer Dauer von 1 s, Pause: 4 s); Einspeisung über Leitungswähler
- Besetztton (425 Hz-Ton mit einer Dauer von 150 ms; Pause: 425 ms); die Einspeisung erfolgt zuerst über den LW und nach Auslösung der Verbindung über den ersten Gruppenwähler
- Aufschalteton (425 Hz-Tonfolge: 125 ms = Ton, 250 ms = Pause, 125 ms = Ton, Pause zwischen den Tonfolgen: 1450 ms)

2.1.8 Ein Beispiel für einen Verbindungsaufbau im System 55v

Den Exkurs in die analoge Vermittlungstechnik möchte ich mit dem Beispiel eines Verbindungsaufbaus im System 55v beschließen.

Wir nehmen an, der Teilnehmer mit der Rufnummer 999 47 11 (Tln A) ruft den Anschluß mit der Rufnummer 888 08 15 (Tln B) an:

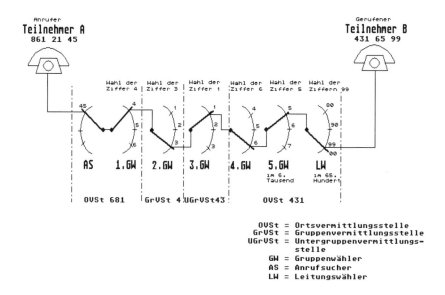

Abb.: 2.6   Beispiel eines Verbindungsaufbaus innerhalb eines Ortsnetzes. Wir wollen eine siebenstellige Rufnummer annehmen, was bedeutet, daß die Verbindung über fünf Gruppenwahlstufen geführt wird.

2.1.8.1 Teilnehmer (Tln) A nimmt den Hörer ab

Bei abgenommenen Hörer wird durch den Gabelumschalter die a/b-Gleichstromschleife über das R-Relais in der Teilnehmerschaltung geschlossen werden. Mit dem Anziehen des R-Relais wird der Anrufordner aktiviert, der einen freien Anrufsucher auf den Anschluß des Tln A schaltet. Nun zieht das T-Relais in der Teilnehmerschaltung an, wodurch die Sprechadern symmetrisch geschaltet werden und darüber hinaus die Teilnehmerschaltung gegen eine weitere Belegung gesperrt wird.

Der Schaltarmsatz des Anrufsuchers ist direkt mit einem ersten Gruppenwähler verbunden.

2.1.8.2 Wahl der ersten Ziffer

Am ersten Gruppenwähler (1. GW) wird über den Ortsleitungsübertrager der Wählton (425-Hz-Dauerton) in die Anschlußleitungen eingespeist. Dieser ist für den Tln A die Aufforderung, die erste Ziffer zu wählen. Die Schleifenunterbrechungen der a/b-Schleife werden vom A-Relais im 1. GW aufgenommen. Der Relaissatz des 1. GW setzt die vom A-Relais

59

aufgenommenen Impulse in Steuerimpulse für den Wählermotor um. Der 1. GW stellt sich nun in gezwungener Wahl auf das - zur gewählten Ziffer (hier Ziffer "8") gehörige - Leitungsbündel ein. In freier Wahl sucht sich der Wähler aus diesem Leitungsbündel eine freie Leitung zu einem zweiten Gruppenwähler heraus, womit dieser belegt wird. Der zweite Gruppenwähler muß sich nun nicht unbedingt in der gleichen Vermittlungsstelle befinden. In der Regel wird bereits die zweite Ziffer nicht mehr im eigenen Anschlußbereich gewählt.

2.1.8.3 Wahl der zweiten bis drittletzten Ziffer

Die zweite bis drittletzte Ziffer werden an wesentlich einfacher konstruierten Wählern ausgewertet und verarbeitet. Diese Gruppenwahlstufen besitzen weder einen Ortsleitungsübertrager noch Zählfunktionen. In unserem Beispiel handelt es sich um vier Ziffern: zweiter Gruppenwähler: "8", dritten Gruppenwähler: "8", vierter Gruppenwähler: "0" und fünfter Gruppenwähler: "8". Mit der Wahl am letzten Gruppenwähler wird ein freier Leitungswähler selektiert und belegt.

2.1.8.4 Wahl der vorletzten und letzten Ziffer

Der Leitungswähler "verarbeitet" zwei Ziffern der Rufnummer: die vorletzte Ziffer schränkt den Teilnehmerkreis auf zehn mögliche Anschlüsse (Dekadenwahl) ein. Mit der letzten Ziffer wird nun der gewünschte Anschluß direkt gewählt (Einerwahl). Ist der Anschluß belegt, so erhält der Anrufer einen Besetztton, ist er "frei", so wird dem Tln A der Rufton und dem Tln B die Rufwechselspannung (das Telefon "klingelt" auf den Anschluß geschaltet.

Da keine freie Wahlstufe über eventuell belegte Leitungswege gesucht werden muß, wird am Leitungswähler keine Freiwahl, sondern nur die gezwungene Wahl ausgeführt.

2.2 Digitale und analoge Vermittlungs- und Übertragungssysteme

Im vorangehenden Abschnitt haben Sie einige Grundlagen des elektromechanischen Vermittlungssystems 55v kennengelernt. Das System 55v arbeitet zwar relativ zuverlässig, hat jedoch - wie auch jedes andere analoge Vermittlungssystem - einige bedeutende Nachteile:

- weder Wahlstufen noch Leitungswege werden mehrfach ausgenutzt; sie stehen jeweils nur einer Verbindung zur Verfügung,
- Die Verständigung kann durch Geräusche beeinträchtigt werden,
- für die Überbrückung großer Entfernungen sind große Leitungsquerschnitte und/oder aufwendige Übertragungssysteme erforderlich (z. B. Trägerfrequenzübertragungssysteme).

Digitale Systeme arbeiten generell nur mit zwei Signalzuständen (0 oder 1, Low oder High, wahr oder falsch, ein oder aus etc.). Zwei Signalzustände sind wesentlich störungsunanfälliger, da sie - auch bei Überlagerung durch Störsignale - leichter regeneriert werden können. Ferner ermöglicht die digitale Signalverarbeitung eine mehrfache Ausnutzung von Leitungswegen und Vermitttlungseinrichtungen, was sich nicht zuletzt auf die Betriebskosten auswirkt. Zukünftig - bei einem 1998 erwarteten Fall des Telefonmonopols der Telekom - hat dieser Faktor mit Sicherheit einen großen Einfluß auf die Gestaltung der Verbindungspreise.

Im folgenden Abschnitt möchte ich Ihnen nun den Unterschied zwischen digital und analog sowie die Umsetzung der analogen in digitale Signale, deren Verarbeitung und die Rück-Umwandlung der digitalen Informationen in analoge Signale erläutern.

2.2.1   Analog und digital

Um die folgenden Ausführungen auch für einen Laien verständlich zu gestalten, möchte ich zuerst auf die Bedeutung der Begriffe "analog" und "digital" eingehen.

2.2.1.1 Analog

Analoge Vorgänge zeichnen sich durch einen - zeitlich abhängigen - kontinuierlichen Verlauf aus. Betrachten wir beispielhaft den Wurf eines Steines bzw. den Verlauf der Flugbahn des Steines (Abb.: 2.7): die Höhe, die Geschwindigkeit und die Entfernung vom Ursprung sind zu jeder Zeit exakt zu bestimmen. Analoge Vorgänge sind "wert- und zeitkontinuierlich"!

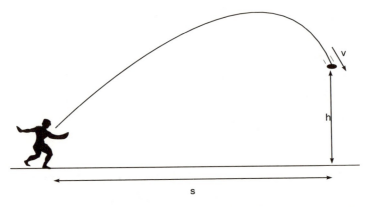

Abb.: 2.7 Der Verlauf der Flugbahn eines geworfenen Steines ist ein analoger Vorgang

2.2.1.2 Digital

Die *"wert- und zeitdiskrete"* Darstellung von Vorgängen, wie z. B. die Ziffernanzeige einer Uhr ist eine digitale Darstellung. Der Begriff *"digital"* leitet sich vom lateinischen "Digitus" (= Finger, Finger zum Zählen) ab.

Für das Beispiel mit dem Steinwurf bedeutet dies, daß der Flugverlauf des Steines in bestimmten Zeitintervallen (Zeitdiskretion) betrachtet wird. Diese "Probe" des Flugverlaufes - wir betrachten z. B. die Höhe - wird nun innerhalb eines bestimmten Rasters bewertet; Zwischenwerte, die sicherlich eine höhere Präzision hätten, werden nicht mehr betrachtet (Wertdiskretion). Für jeden Betrachtungszeitraum ergibt sich somit ein - zum Bewertungsraster gehörender - Zählwert für die Flughöhe. Je nachdem, wie eng das Zeit- und Bewertungsraster bemessen sind, entspricht die digitalisierte Darstellungsform mehr oder weniger genau der ursprünglichen analogen Darstellung.

2.2.2 Digitalisierung von Sprachsignalen

Vom Prinzip her ähnlich, wie der zuvor beschriebene Flugverlauf eines Steinwurfes, ist die wert- und zeitkontinuierliche (analoge) Darstellungsform eines Sprachsignals, das mit dem Telefon übertragen werden soll. Bei der Übertragung der Sprachsignale in digitaler Form kommt es darauf an, das ursprüngliche (analoge) Signal möglichst exakt rekonstruieren zu können, damit eine gute Verständigungsqualität gewährleistet ist.

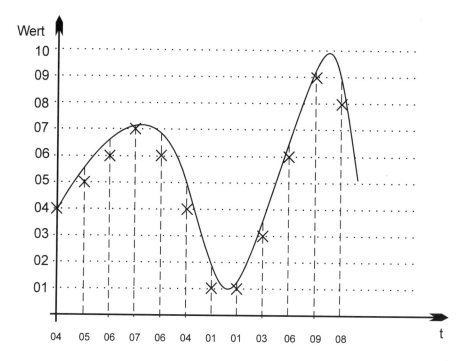

Abb.: 2.8   Die Kreuzchen im Raster ergeben den Zählwert pro Zeitintervall. Bei der digitalen Darstellung wird schnell deutlich, daß der Vorteil einer relativ zuverlässigen Übertragung der Werte mit dem Nachteil eines Informationsverlustes (Rundungsfehler) verbunden ist.

Je enger also das Zählraster ist, desto besser lassen sich die Werte "digitalisieren" und später wieder rekonstruieren.

Die Umwandlung eines analogen Signals in digitale Informationen (Digitalisierung) erfolgt in drei Stufen:

- Abtastung (Umwandlung des zeitkontinuierlichen Signals in zeitdiskrete Abtastproben)

- Quantisierung (Umwandlung der zeitdiskreten, aber noch wertkontinuierlichen Abtastproben in wert- und zeitdiskrete Signalproben)

- Codierung (Codierte Darstellung - z. B. in Zahlen - der wert- und zeitdiskreten Signalproben)

2.2.2.1 Das Abtasttheorem von Shannon

Um eine möglichst genaue Rekonstruktion des analogen Ursprungssignals aus digitalen Informationen zu gewährleisten, muß das "Raster" in dem die Signalzustände beschrieben werden, möglichst eng sein. Der ideale Zustand wäre ein unendlich enges Raster, das jedoch wieder dem analogen Zustand (Wert- und Zeitkontinuierlichkeit) entsprechen würde.

Übertragungs- und vermittlungstechnisch sind Signale mit möglichst geringem Informationsinhalt am besten zu handeln. Dieses würde keinerlei Informationsübertragung entsprechen; das System wäre sinnlos.

Die Dimensionierung des Rasters muß also so gewählt werden, daß die ursprüngliche Information im ausreichenden Maße rekonstruiert werden kann und dabei der übermittelte Informationsanteil auf ein Minimum begrenzt wird. Dieses beginnt bei der Optimierung des Zeitrasters.

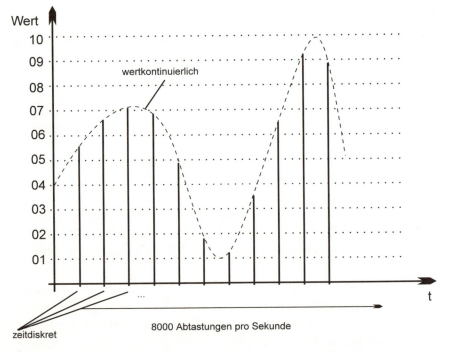

Abb.: 2.9   Nach dem Abtasttheorem von Shannon muß das Sprachsignal, das im Telefonnetz übertragen werden soll, mindestens 6800 mal pro Sekunde abgetastet werden. In der Praxis wird eine Abtastfrequenz von 8000 Hz verwendet.

Das Ergebnis der Abtastung ist ein zeitdiskretes aber noch immer wertkontinuierliches Signal, das für die digitale Übertragung nach wie vor ungeeignet ist. Es handelt sich um ein sogenanntes "PAM-Signal" (PAM = **P**uls-**A**mpliduten-**M**oduliert).

Das Zeitraster wird durch die Anzahl der Abtastungen des Ursprungs-signals festgelegt. Die Anzahl der Abtastungen innerhalb einer Sekunde wird durch die Abtastfrequenz (f_A) ausgedrückt.

Nach dem *Abtasttheorem von Shannon* muß die Abtastfrequenz (f_A) mindestens doppelt so hoch sein, wie die höchste zu übertragende Nutzfrequenz (f_N), damit eine ausreichende Rekonstruktion des Signals gesichert ist. Im öffentlichen Telefonnetz werden Sprachsignale im Fre-quenzbereich von 300 Hz bis 3400 Hz sicher übertragen. Für die re-konstruierbare Überführung des analogen Ursprungssignals im Telefon-netz in übertragbare digitale Informationen errechnet sich die mindeste Abtastfrequenz wie folgt:

$f_A = f_{N(max)} * 2$ (Theorem von Shannon)

$f_A = 3400$ Hz $* 2$

$\underline{f_A = 6800 \text{ Hz}}$

Damit ein digitales Sprachsignal nach der Übertragung im ausreichenden Maße rekonstruiert werden kann, sind mindestens 6800 Abtastproben pro Sekunde erforderlich. In der praktischen Anwendung wird eine Abtast-frequenz von 8000 Hz verwendet.

Ergebnis der Abtastung ist ein PAM-Signal (PAM = **P**uls-**A**mplituden-**M**oduliert). Dieses PAM-Signal ist zwar ein zeitdiskretes Signal, auf-grund seiner Wertkontinuierlichkeit (die Signalamplitude kann nach wie vor *jeden* Wert annehmen, vgl. Abb.: 2.9 und Abb.: 2.10) jedoch noch nicht für eine digitale Codierung geeignet.

2.2.2.2 Quantisierung

Nach der Abtastung des analogen Nutzsignals muß nunmehr das zeit-diskrete aber immer noch wertkontinuierliche PAM-Signal in ein wert- und zeitdiskretes Signal umgewandelt werden. Die wertkontinuierlichen Signalamplituden müssen also bestimmten Rasterwerten zugeordnet wer-den. Diese Zuordnung wird als *Quantisierung* bezeichnet.

Auch für die Quantisierung gilt, daß das Quantisierungsraster einerseits eine ausreichende Rekonstruktion des Signales gewährleisten muß, ande-rerseits mit so wenig Rasterstufen wie möglich auskommen muß. In der

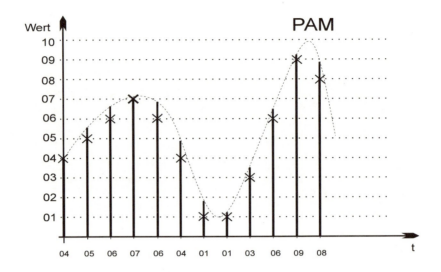

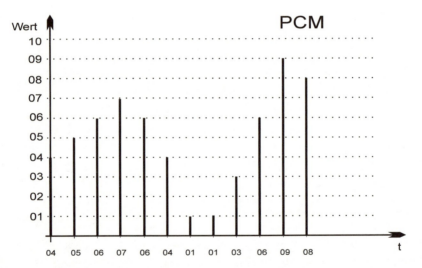

Abb.: 2.10   Bei der Quantisierung, d. h. der Zuordnung der Signalamplituden zu festen Rasterwerten entstehen Informationsverluste.

Man bezeichnet diese - durch Informationsverluste bedingten - Signalverzerrungen als "*Quantisierungsverzerrung*".

Die Quantisierungsverzerrung ist umso geringer, je enger das Quantisierungsraster ist.

Die Abbildung läßt übrigens einen erheblichen Nachteil der linearen Quantisierung erkennen: kleine Signalamplituden werden - verhältnismäßig - stärker verfälscht (oder gar unterdrückt) als große Signalamplituden.

Praxis sind 256 Quantisierungsstufen für den gesamten Amplitudenbereich gebräuchlich.

Die einfachste Form der Quantisierung ist die lineare Quantisierung: der gesamte Amplitudenbereich wird vom negativen Maximalwert bis zum positiven Maximalwert in 256 gleich große Abschnitte unterteilt.

Die lineare Quantisierung ist für den praktischen Einsatz ungünstig, da besonders schwache Signalamplituden stark verzerrt werden. Um die Quantisierungsverzerrungen (so wird der Informationsverlust, der durch "Rundungsfehler" bei der Quantisierung entsteht, bezeichnet) so gering wie möglich zu halten, wird die Quantisierung in der Praxis nach der *13-Segment-Kompanderkennlinie* durchgeführt.

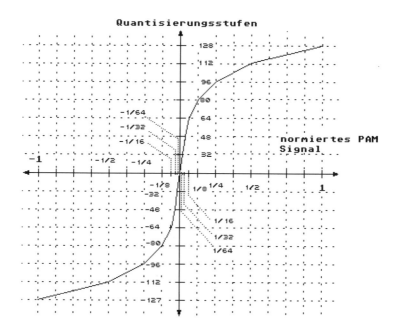

Abb.: 2.11 Die 13-Segment-Kompander-Kennlinie definiert 13 Quantisierungsbereiche mit unterschiedlicher Steigung. In diesen Quantisierungsbereichen wird eine lineare Quantisierung vorgenommen.

Die Bedeutung dieser Kennlinie wird bei der Betrachtung der Quantisierung kleiner Signalamplituden deutlich. Besonders in diesem Bereich wird eine wesentlich feinere Quantisierung als im Bereich großer Signalamplituden vorgenommen.

Tab.: 2.1: Zahlen -8 bis +7 aus Dualzahl

Dezimalzahl	Dualzahl
-8	1000
-7	1001
-6	1010
-5	1011
-4	1100
-3	1101
-2	1110
-1	1111
0	0000
1	0001
2	0010
3	0011
4	0100
5	0101
6	0110
7	0111

Der Begriff Kompanderkennlinie ist ein, aus *Kompression* und *Expansion* gebildetes Kunstwort. Nach dieser Kennlinie werden kleine Signalamplituden feiner quantisiert als größere, wodurch eine erhebliche Reduzierung der Quantisierungsverzerrung erreicht wird.

Die 13-Segment-Kennlinie ist in 13 Teilbereiche mit jeweils unterschiedlicher Steigung unterteilt. Innerhalb dieser Teilbereiche erfolgt eine lineare Quantisierung. Über alle 13 Quantisierungsstufen hinweg bietet die 13-Segment-Kompanderkennlinie eine Auflösung von 256 Quantisierungsstufen (Darstellung von -128 bis +127).

Selbstverständlich gibt es auch bei der Quantisierung nach der 13-Segment-Kompanderkennlinie Verzerrungen, jedoch sind die später rekonstruierten Informationen von besserer Qualität, als analog übertragene und durch den Einfluß von Störsignalen etc. verfälschte Signale.

Regeln zur Umwandlung von Dezimal in Dual:

Zur Umwandlung in eine Dualzahl wird die Dezimalzahl und anschließend der jeweils ganzahlige Quotient solange durch die Basis einer Dualzahl (=2) geteilt, bis der Qoutient null ergibt.

Weil der Quotient immer ganzzahlig sein soll, ergibt sich ein Rest (0 oder 1). Diese Reste ergeben die Ziffern der gesuchten Dualzahl. Die zuerst ermittelte Ziffer ist die niederwertigste, die zuletzt ermittelte Ziffer die höchstwertigste Stelle.

Ein Beispiel:

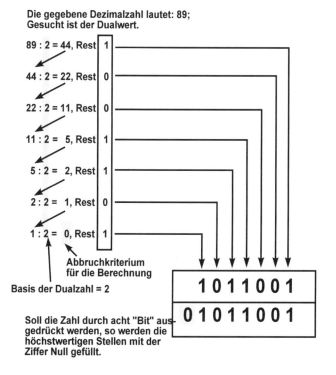

Abb.: 2.12 Darstellung der Rechenregel zur Codierung Dezimal => Dual

2.2.2.3 Codierung

Nachdem nun durch Abtastung des Nutzsignals ein Zeit- und durch Quantisierung der Signalproben eine Wert-Rasterung vorgenommen wurde, müssen diese Informationen in interpretierbare Zahlenwerte umgesetzt werden.

Da die Abtastfrequenz mit 8 kHz als Konstante definiert wurde und somit auch die Abtastzeiträume stets konstant sind, müssen diese Informationen nicht mehr codiert übertragen werden. Die Ergebnisse aus der

Quantisierung der Signalamplitude sind jedoch keineswegs konstant, da jede Abtastprobe nur einen von 256 Rasterwerten zugeordnet sein kann. Die Codierung bezieht sich nun ausschließlich auf die quantisierten Amplitudenwerte.

Regeln zur Umwandlung einer Dualzahl in eine Dezimalzahl

Eine Dualzahl wird in eine Dezimalzahl umgewandelt, indem jede Ziffer mit Ihrem Stellenwert multipliziert wird. Die Summe aus den einzelnen Produkten ergibt den Dezimalwert der Dualzahl.

Ein Beispiel:

Die gegebene Dualzahl lautet: 1011001;.
Gesucht ist der Dezimalwert.

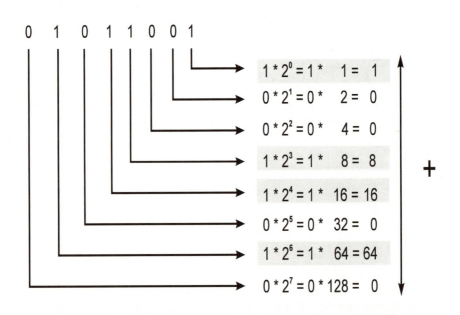

2^7	2^6	2^5	2^4	2^3	2^2	2^1	2^0
128	64	32	16	8	4	2	1

Stellenwerte im Dualsystem

0 1 0 1 1 0 0 1

$$1 * 2^0 = 1 * \quad 1 = 1$$
$$0 * 2^1 = 0 * \quad 2 = 0$$
$$0 * 2^2 = 0 * \quad 4 = 0$$
$$1 * 2^3 = 1 * \quad 8 = 8$$
$$1 * 2^4 = 1 * 16 = 16$$
$$0 * 2^5 = 0 * 32 = 0$$
$$1 * 2^6 = 1 * 64 = 64$$
$$0 * 2^7 = 0 * 128 = 0$$

+

Ergebnis: __89__

Abb. 2.13: Ermittlung des Dezimalwertes aus einer Dualzahl

2.2.2.4 Grundlagen eines dualen Zahlensystems

In elektronischen Schaltkreisen lassen sich die Zustände "ein" (z. B. = 1 und "aus" = 0) am einfachsten darstellen. Es liegt also nahe, die 256 möglichen Werte im dualen Zahlensystem (auch: binäres Zahlensystem) darzustellen. Das duale Zahlensystem kennt nur zwei Ziffern: 0 und 1. Eine Ziffer, die lediglich "0" oder "1" darstellen kann, ist die kleinste Informationseinheit im dualen Zahlensystem. In der Digitaltechnik wird diese kleinste Informationseinheit als ein "*Bit*" bezeichnet.

Für die Darstellung der 256 möglichen Werte werden genau acht Bit benötigt. Nun sollen mit dem dualen Zahlensystem sowohl positive als auch negative Signalamplituden codiert werden. Dazu ist es notwendig eine Vereinbarung zu treffen, die eine Codierung von negativen Zahlen mittels der Ziffern "0" und "1" bzw. der einzig möglichen elektrischen Zustände "ein" und "aus" zuläßt. Nach einer solchen Vereinbarung wird das höchstwertigste Bit (MSB = **M**ost **S**ignificant **B**it) als Vorzeichen definiert (MSB = "0": positive Zahl, MSB = "1": negative Zahl).

Aus allgemeinen technischen Gründen (in der allgemeinen Digitaltechnik wird mit dualen Zahlen auch gerechnet) muß die Darstellung der negativen Zahlen im sogenannten *Zweier-Komplement* erfolgen. Um eine - im Zweier-Komplement codierte Dualzahl interpretieren zu können - muß von diesem Zweier-Komplement der Wert "1" subtrahiert werden. Man erhält das sogenannte *Einer-Komplement* der negativen Dualzahl. Durch Invertierung (aus "0" wird "1" und aus "1" wird "0") der zählenden Stellen des Einer-Komplements (also nicht das Vorzeichen) erhält man eine interpretierbare Dualzahl, deren MSB dem Vorzeichen entspricht.

Beispiel: Welche Zahl des Dezimalsystems verbirgt sich hinter der negativen Dualzahl (MSB = "1"!) 1010?
- Bildung des Einer-Komplements durch Subtraktion des Wertes "1":
  1010 - 1 = 1001
- 2. Schritt: Umwandlung in eine interpretierbare Zahl durch Invertierung der zählenden Stellen:
  1001 => **1**110
- 3. Schritt: Wertung der Stellen der Dualzahl
  1110 => 1: negative Zahl, **1**: 1 * 4, **1**: 1 * 2, **0**: 0 * 1
- 4. Schritt: Summenbildung:
  1 * 4 + 1 * 2 + 0 * 1 = 6

- 5. Schritt: Auswertung des MSB
  MSB = 1 => Vorzeichen ist negativ

Ergebnis: $1010_2 = -6_{10}$

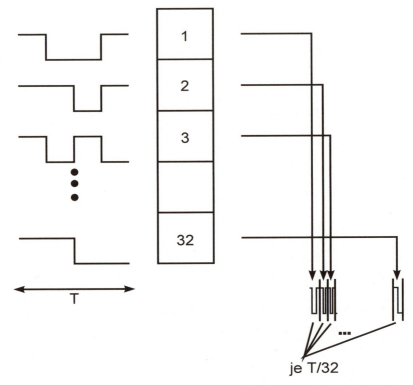

Abb.: 2.14   Ein Multiplexer speichert die relativ langsamen Nachrichteninhalte der Eingangsseite in einem Zwischenspeicher und liest diese auf der Ausgangsseite erheblich schneller aus.

Durch die - zeitlich koordinierte - Übertragung mehrerer solcher zwischengespeicherter Nachrichteninhalte kann der Übertragungsweg mehrfach ausgenutzt werden.

Es entsteht weder ein Informations- noch Qualitätsverlust.

2.3   Das PCM 30-System

Ein wesentlicher Nachteil der elektromechanischen Fernsprechtechnik und -vermittlung ist die unwirtschaftliche Leitungsausnutzung. Auf jeder geschalteten Leitung kann jeweils nur ein Gespräch abgewickelt werden. Mit Hilfe der Digitaltechnik kann eine Leitung bzw. Vermittlungseinrichtung unter dem Einsatz von *Multiplexern* und *Demultiplexern* für mehrere Verbindungen gleichzeitig genutzt werden, ohne daß diese sich gegenseitig beeinflussen oder stören.

Ich habe Ihnen bisher erläutert, wie ein wert- und zeitkontinuierliches analoges Signal durch Abtastung, Quantisierung und Codierung in ein wert- und zeitdiskretes, digitales Signal umgewandelt wird. Dieses Signal ist - in der richtigen Reihenfolge - eine Serie von im dualen Zahlensystem codierten Impulsen. Es wird daher als *Puls-Code-moduliertes* Signal oder als *PCM-Signal* bezeichnet.

Sowohl in digitalen Übertragungs- als auch Vermittlungssystemen werden zur mehrfachen Ausnutzung mehrere Puls-Code-modulierte Signale ineinander "verschachtelt", man sagt: "gemultiplext", und der Nachrichteninhalt quasi gleichzeitig übertragen. In der Praxis werden 30 Nachrichtenkanäle und zwei Signalisierungskanäle in einem Multiplex-System zusammengefaßt. Dieses Multiplexsystem heißt "PCM 30-System".

2.3.1   Multiplexer

Ein Multiplexer ist eine Konzentratorstufe, mit deren Hilfe eine Leitung oder ein Koppelpunkt in der Vermittlungsstelle gleichzeitig von mehreren - im Fall des PCM 30-Systems: von 30 - Verbindungen genutzt werden kann, ohne daß eine gegenseitige Beeinflussung entsteht.

Wie sieht nun das Prinzip eines Multiplexers im PCM 30-System aus?

Wie Sie bereits erfahren haben, wird das analoge Sprachsignal in jeder Sekunde 8000 mal abgetastet und die Amplitude dieser daraus entstehenden Impulse mit jeweils acht Bit binär codiert. Das bedeutet, daß in einer Sekunde 64000 Bit Nachrichteninhalt entstehen, die zum Gesprächspartner übertragen werden müssen. Jedem Bit stehen also 15,6 ms zur Verfügung; oder anders ausgedrückt, jeder Sprachprobe (acht Bit) stehen 125 ms Systemzeit zur Verfügung.

Nun ist die Übermittlung dieser PCM-Signale nicht besonders zeitkritisch. Werden Informationsproben von 32 dieser PCM-Signale (davon sollen nur 30 für Verbindungen nutzbare Kanäle sein) innerhalb der Zeit einer Abtastung zwischengespeichert, so können sie von einem schnelleren System ausgelesen werden, noch bevor die nächste Abtastprobe in den Speichern geschrieben wird.

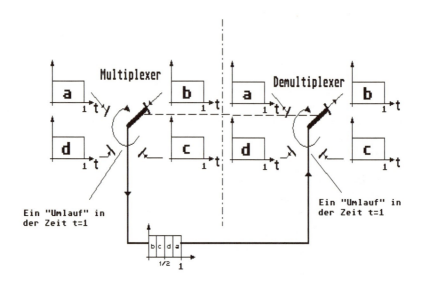

Abb.: 2.15 Der Demultiplexer löst die Verschachtelung der gemultiplexten Signale auf und stellt deren ursprünglichen Zustand (wie am Multiplexer-Eingang) wieder her. Es ist sehr wichtig, daß Multiplexer und Demultiplexer synchron arbeiten.

2.3.1.1 Ein Beispiel aus dem Leben gegriffen

Auf einer Startbahn eines Flughafens kann innerhalb einer bestimmten Zeit nur ein Flugzeug starten. Es ist dabei ganz egal, ob es sich um ein einsitziges Sportflugzeug oder um einen Jumbo handelt. Die Benutzung eines Jumbos stellt für die Fluggäste ebenfalls eine Art Multiplexing dar, denn innerhalb der Startzeit *einer* Maschine können mehrere Reisegäste gleichzeitig abfliegen.

2.3.2 Demultiplexer

Das Gegenstück des Multiplexers ist der Demultiplexer. Der Demultiplexer ist eine Expansionsstufe, d. h. er verteilt die - auf einer Leitung kommenden - verschachtelten Informationen unterschiedlicher Kanäle auf die entsprechenden Ausgangsleitungen oder Vermittlungsstufen. Ferner stellt der Demultiplexer die ursprünglichen zeitlichen Verhältnisse wieder her.

Erinnern Sie sich an das Beispiel mit dem Flughafen. Ein Zeitgewinn bei der Abfertigung und beim Transport wurde dadurch erreicht, daß viele Fluggäste in einem Jumbo flogen. Nach der Landung jedoch - jeder hat schließlich ein eigenes Reiseziel - wartet jeder für sich auf ein Taxi.

2.3.3 Die PCM 30-Rahmenstruktur

Im PCM 30-System werden stets die acht Bit einer Abtastprobe hintereinander und vor allem: zusammenhängend übertragen. Diese Konstellation aus acht Bit, wird als *PCM-Wort* bezeichnet.

Beachtet man, daß für die Übertragung eines Telefongespräches 8000 Abtastproben in der Sekunde benötigt werden und insgesamt 32 Kanäle über das PCM 30-System übertragen werden können, so verbleiben für die Übertragung eines PCM-Wortes gerade einmal 3,91 µs (0,4887 µs pro Bit!).

Das eigentliche Multiplexing wird also auf der Ebene der PCM-Worte durchgeführt, denn während der Zeit der Entnahme einer Abtastprobe vom analogen Ursprungssignal wird jeweils ein PCM-Wort jeden Kanals übermittelt. Der Abstand zweier PCM-Worte des *gleichen Kanals* wird als *Pulsrahmen* bezeichnet. Innerhalb einer Sekunde werden 8000 Pulsrahmen im PCM 30-System übertragen.

2.3.3.1 Kanäle im PCM 30-System

Nur 30 der 32 PCM 30-Kanäle werden für die Übertragung von Nutzinformationen verwendet. Die beiden restlichen Kanäle (Kanal 0 und Kanal 16) dienen der Rahmensynchronisation sowie der Übertragung von Systemmeldungen und vermittlungstechnischen Kennzeichen.

Der Kanal 0 überträgt abwechselnd das *Rahmenkennwort* (Bitfolge: X0011011) und das *Meldewort* (Bitfolge: X1011011).

Im Kanal 16 werden vermittlungstechnische Informationen und Kennzeichen übertragen. Der Kanal 16 wird daher auch als *Zeichengabekanal* bezeichnet. Der Zeichengabekanal benötigt jedoch für die Unterbringung aller Informationen mehr als die acht Bit, die von einem PCM-Wort zur Verfügung gestellt werden. Abhilfe schafft die Zusammenfassung der Information von 16 Kennzeichenworten aus 16 aufeinander folgenden Pulsrahmen. Die Zusammenfassung der Informationen aus 16 Kennzeichenworten wird als *Überrahmen* bezeichnet. Mit dem ersten der 16 Kennzeichenworte werden das *Kennzeichen-Rahmenkennwort* und das *Kennzeichen-Meldekennwort* übertragen, die jeweils vier Bit des PCM-Wortes benötigen. Die Kennzeichenworte der 15 folgenden Pulsrahmen (des Kanal 16!) beinhalten die vermittlungstechnischen Kennzeichen von jeweils zwei Sprechkanälen.

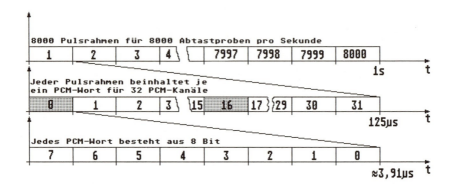

Abb.: 2.16   Rahmenstruktur des PCM 30-Systems

2.4   Grundlagen digitaler Vermittlungssysteme

Die wichtigsten Komponenten eines digitalen Vermittlungssystemes sind Anschlußgruppen, Koppelfeld, Steuerungsbaugruppen, Multiplexer und Demultiplexer.

Das Prinzip der Multiplexer und Demultiplexer haben Sie mit dem PCM 30-System kennengelernt. Über die Anschlußgruppen werden die analogen und digitalen Telefonanschlüsse, Verbindungsleitungen etc. an die Vermittlungsstelle angeschaltet. In den Koppelfeldern findet die eigentliche Vermittlungstätigkeit statt. Während es in analogen Vermittlungssystemen (vgl. System 55v) nur Raumstufen (Wähler) gibt, kennt die digitale Vermittlungstechnik zusätzlich Zeitstufen. Koordiniert werden alle Komponenten von mehreren zentralen und/oder dezentralen Steuerungsbaugruppen.

2.4.1   Koppelfelder digitaler Vermittlungsstellen

Die allgemeine Aufgabe eines Koppelnetzes besteht darin, den Übertragungsweg zum gewünschten Ziel durch das Vermittlungssystem hindurch bereitzustellen. Die Grundelemente eines Koppelnetzes sind Raum- und Zeitstufen. In digitalen Vermittlungsstufen kommen sowohl Raum- und/oder Zeitstufen als auch kombinierte Raum-/Zeitstufen zum Einsatz.

Die vermittlungstechnische Aufgabe einer Raumstufe besteht darin, eine Eingangsleitung auf eine bestimmte Ausgangsleitung zu schalten. Raumstufen können mehr Eingänge als Ausgänge haben (Konzentratorstufe) oder umgekehrt (Expansionsstufe).

Bei der der Zeitstufe findet kein Wechsel der Raumlage statt. Es wird lediglich die Reihenfolge gemultiplexter Kanäle verändert.

2.4.2   Das System 12

Das System 12 besteht aus einem Koppelfeld und diversen Anschlußgruppen, die jeweils durch eine Modulsteuereinheit kontrolliert werden sowie Funktionssteuereinheiten, welche ausschließlich auf das Koppelfeld der Vermittlungsstelle einwirken.

Die Anschlußmodule, bestehend aus einer Modulsteuereinheit und einem Anschlußteil, verleihen dem gesamten Modul seine spezifischen Eigenschaften. So gibt es Anschlußteile für analoge Teilnehmer (ASM), Anschlußteile für Anschlüsse mit Durchwahlmöglichkeit (ASM-ABX), Anschlußteile für ISDN-Basisanschlüsse (ISM), Anschlußteile für ISDN-Primärmultiplexanschlüsse (ITM) u. v. m. Die Modulsteuereinheit (TCE) ist eine selbständige Steuereinheit, deren Aufgabe u. a. darin besteht, den Verbindungswunsch eines Teilnehmers zu erkennen sowie die optimalen Einstellbefehle für das Koppelfeld zu generieren.

Das Koppelfeld im System 12 besteht aus einem Zugangskoppelfeld und einem Hauptkoppelfeld. Je nach der Größe der Vermittlungsstelle werden eine (nur Zugangskoppelfeld) bis vier Koppelstufen verwendet. Das Koppelfeld ist aus Sicherheitsgründen gedoppelt, das Hauptkoppelfeld kann aus maximal vier Ebenen bestehen.

Für den Aufbau einer Verbindung durch das Koppelfeld stehen im System 12 unterschiedliche Einstellbefehle zur Verfügung. Für jede Koppelstufe, über die die Verbindung aufgebaut wird, ist ein Einstellbefehl erforderlich. Nach der Einstellung eines Koppelpunktes werden

über diesen ggf. weitere Einstellbefehle zur nächsten Koppelstufe übertragen. Die Wegesuche erfolgt somit - ähnlich wie bei einem mechanischen System - nacheinander. Hierbei wird jedoch nicht für jeden
Koppelpunkt eine Rufnummer ausgewertet. Es steht vielmehr fest, von
welchem Eingangs-Anschlußmodul und zu welchem Ausgangs-Anschluß-
modul die Verbindung aufgebaut werden soll.

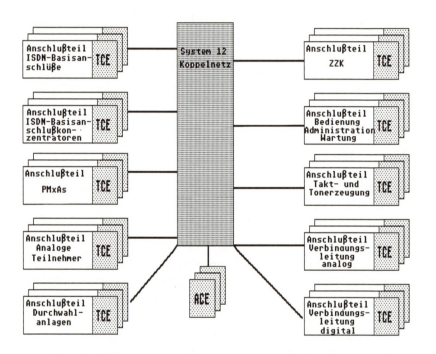

Abb.: 2.17   Das System 12 ist überwiegend dezentral aufgebaut.

2.4.3   Das System EWSD

Im Gegensatz zum System 12 der Firma Alcatel ist das digitale Vermittlungssystem EWSD der Firma Siemens ein teilzentrales System. Das
Herzstück des EWSD ist der *Koordinationsprozessor*, der die zentrale
Steuerung der Vermittlungsstelle übernimmt. Zu den Aufgaben des Ko-
ordinationsprozessors gehört u. a. auch die Wegesuche für die Durchschaltung der Verbindung im digitalen Koppelfeld. Um diese Aufgabe
erfüllen zu können, bedient sich der Koordinationsprozessor eines soft-
waremäßigen Abbildes des Koppelfeldes sowie der Anschlußgruppen

(LTG = Line/Trunk Group) Dieses "Koppelfeld-Abbild" ist im sogenannten Wegezustandsspeicher abgelegt.

Obwohl der Koordinationsprozessor - der aus Sicherheitsgründen gedoppelt ist - die zentrale Steuerinstanz der Vermittlungsstelle darstellt,
werden einzelne lokale Aufgaben in den Anschlußgruppen und Koppelstufen auf sogenannte Gruppenprozessoren delegiert.

Die Struktur des Koppelfeldes besteht aus Zeitstufen am Ein- und
Ausgang des Koppelfeldes sowie aus ein bis drei (je nach Größe der
Vermittlungsstelle) Raumstufen. Das Koppelfeld ist - wie auch der
Koordinationsprozessor - aus Sicherheitsgründen gedoppelt.

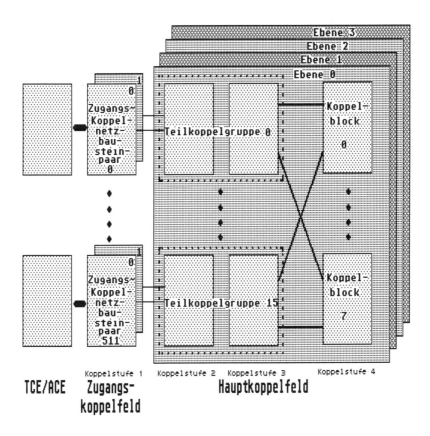

Abb.: 2.18 Koppelfeldstufen im System 12

Wie auch beim System 12 verwendet EWSD für die Anschaltung der Vermittlungsstellenperipherie spezielle Anschlußbaugruppen (LTG = Line/Trunk Group).

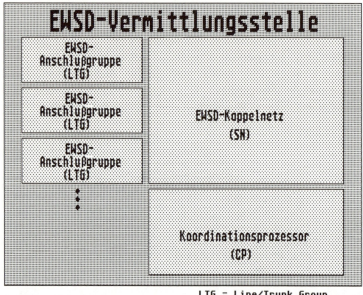

Abb.: 2.19 Die wichtigsten Komponenten des EWSD sind der Koordinationsprozessor, das Koppelnetz und die Anschlußbaugruppen.

3 Gesetze und Vorschriften des Fernmelderechts

Bevor mit der Installation am Telefonanschluß begonnen werden kann, sind neben den allgemeinen technischen Grundlagen auch diverse Gesetze und Vorschriften zu beachten.

Die gesetzlichen Regelungen des Fernmelderechts reichen bis zum Grundgesetz. Auf den Artikeln des Grundgesetzes basieren detaillierte Einzelgesetze, die die Installation, den Betrieb und die Instandhaltung von Fernmeldeanlagen regeln.

3.1 Fernmelderechtliche Bestimmungen des Grundgesetzes

Das Grundgesetz regelt im...

- ...Artikel 10 die Unverletzlichkeit des Fernmeldegeheimnisses und legt darüber hinaus fest, daß dieses elementare Grundrecht nur aufgrund eines Gesetzes aufgehoben werden kann (Gesetz zur Beschränkung des Brief-, Post- und Fernmeldegeheimnisses).
- ...Artikel 79 Nr. 7 bestimmt, daß der Bund die ausschließliche Gewalt über das Post- und Fernmeldewesen ausübt. Realisiert wird dieses im Gesetz über Fernmeldeanlagen (FAG).
- ...Artikel 123 besagt, daß Gesetze aus der Zeit vor dem ersten Zusammentritt des Bundesrates fortbestehen, sofern Sie nicht dem Grundgesetz wiedersprechen. Dieses trifft z. B. auf das Telegrafenwegegesetz (TWG) zu.

3.2 Gesetze des Fernmelderechts

Wie bereits angedeutet wird das Fernmelderecht in einer Vielzahl von Gesetzen geregelt. Die wichtigsten Gesetze sind hierbei das "Gesetz über Fernmeldeanlagen" (FAG), das "Telegrafenwegegesetz" (TWG) und das "Gesetz zur Beschränkung des Brief-, Post- und Fernmeldegeheimnisses".

3.2.1 Telegrafenwegegesetz (TWG)

Das Telegrafenwegegesetz regelt die Inanspruchnahme öffentlicher und privater Grundstücke und Straßen für die Unterbringung von Fernmeldeanlagen.

Wichtig ist besonders, daß Eigentümer privater Grundstücke deren Benutzung durch eine sogenannte Grundstückseigentümererklärung (GEE) erlauben müssen, wenn sie einen Telefonanschluß wünschen. Mit der Grundstückseigentümererklärung gestattet der Grundstückseigentümer gleichzeitig die Verlegung weiterer Kabel.

Verweigert der Grundstückseigentümer die Abgabe einer Grundstückseigentümererklärung, so kann über sein Grundstück kein Fernmeldekabel verlegt werden. Allerdings kann zu diesem Grundstück auch kein Telefonanschluß geschaltet werden. Hierin liegt eine Problematik, die besonders häufig in den neuen Bundesländern auftritt, denn dort war bis zum 03. Oktober 1991 eine Grundstückseigentümererklärung unbekannt. Gibt nämlich der Eigentümer eines Mehrfamilienhauses *keine* Grundstückseigentümererklärung ab, so bekommen dessen Mieter - auch auf nachdrücklichen Wunsch - keinen Telefonanschluß. In diesem Fall hilft nur ein Funktelefon oder aber der Rechtsweg gegen den Grundstückseigentümer. Eine Beschwerde oder Klage gegen den Netzbetreiber (Telekom) hat aus den obengenannten rechtlichen Gründen keinerlei Erfolgsaussichten.

3.2.2 Gesetz zur Beschränkung des Brief-, Post- und Fernmeldegeheimnisses

Das Gesetz zur Beschränkung des Brief-, Post- und Fernmeldegeheimnisses regelt die möglichen Ausnahmefälle, die eine legitime Aufhebung der Grundrechte nach Artikel 10 des Grundgesetzes erlauben.

Dieses Gesetz hat einen sehr brisanten Inhalt und sollte jedem, der mit Arbeiten an Fernmeldeanlagen betraut ist und erst recht dem, der versucht, sich durch Manipulation auf einen fremden Telefonanschluß aufzuschalten, bekannt sein. Verstöße gegen das Gesetz werden nach § 354 StGB mit Freiheitsstrafe bis zu fünf Jahren Gefängnis geahndet.

Ausnahmen, die das Recht auf ein unversehrtes Brief-, Post- und Fernmeldegeheimnis einschränken sind:

- Einschränkung des Fernmeldegeheimnisses auf Anordnung durch den Richter oder in besonderen Fällen durch den Staatsanwalt bei strafrechtlichen Untersuchungen wenn die Nachricht an den Beschuldigten gerichtet ist oder vom Beschuldigten herrührt.

- Einschränkung des Fernmeldegeheimnisses auf richterlicher Anordnung zur Überwachung verdächtiger Personen bei Kapitalverbrechen oder staatsgefährdenden Handlungen.

- Telegramme müssen in Konkursfällen ausgehändigt werden.

- Für die See- und Luftfahrt gelten besondere Regelungen.

- Das Fernmeldgeheimnis gilt auch dann als gewahrt, wenn *einer*, der an der Verbindung beteiligten Parter die Weitergabe ansonsten geschützter Informationen gestattet.

Neben den obengenannten Ausnahmefällen besteht sogar eine Anzeigepflicht, wenn jemand glaubhaft vom Vorhaben eines schweren Verbrechens Kenntnis erlangt (beim Telefon kann dies geschehen durch: Übersprechen infolge schlecht abgeglichener Leitungen; vgl. bzw. eines Kontaktfehlers oder wenn ein Monteur bzw. Servicetechniker die Leitung prüft). Die Telekom bzw. ein anderer Netzbetreiber hat gemäß § 12 FAG die Auskunftspflicht über den abgewickelten Fernmeldeverkehr in strafrechtlichen Untersuchungen.

Was wird nun mit dem Begriff Fernmeldegeheimnis definiert? - Nun, nicht vom Fernmeldegeheimnis gesetzlich geschützt sind Informationen darüber, ob jemand...

- ...eine Fernmeldeanlage oder eine fernmelderechtliche Genehmigung besitzt,

- ...eine "Geheimnummer" (Rufnummer ohne Eintrag ins "Amtliche Fernsprechbuch" bzw. in die Unterlagen der Telefonauskunft) besitzt und wie diese Rufnummer lautet.

Das Fernmeldegeheimnis schützt jedoch:

* den Inhalt einer übermittelten Nachricht bzw. den Inhalt des Telefongespräches sowie
* Informationen darüber, ob und zwischen welchen Personen der Fernmeldeverkehr stattfand.
* Es ist ferner verboten, Telegramme zu öffnen, zu verfälschen oder zu unterdrücken.
* Wer jemanden wissentlich gestattet, Handlungen entgegen des Art. 10 GG vorzunehmen und/oder sogar dabei "behilflich" ist, macht sich ebenfalls strafbar!

Wenn Sie nun vielleicht annehmen, daß dieses Thema nichts mit der Installation von Telefonen zu tun hat, dann irren Sie. Dies wird deutlich, wenn man sich den, von diesem Gesetz betroffenen Personenkreis näher betrachtet. Hierbei handelt es sich nämlich nicht nur um Angehörige der Telekom bzw. eines anderen Netzbetreibers, sondern auch um Personen, die mit Arbeiten an öffentlichen Fernmeldeanlagen betraut sind. Dies trifft somit auch für private Fernmeldefirmen und deren Mitarbeiter zu. Selbst Privatpersonen haben dieses Gesetz zu beachten.

3.2.3 Gesetz über Fernmeldeanlagen (FAG)

Das *Gesetz über Fernmeldeanlagen* (FAG) regelt die Rechte und Pflichten des Bundes in bezug auf die hoheitlichen Belange des Fernmelderechts. Dazu gehören Regelungen zu den Netzmonopolen und zu den Genehmigungskompetenzen.

Einige Paragraphen möchte ich Ihnen kurz vorstellen.

3.2.3.1 § 1 und § 1 a FAG

Der § 1 FAG besagt:

* Der Bund hat das Netzmonopol
* Der Bund hat das Recht, Fernmeldeanlagen zu errichten und zu betreiben.
* Jedermann darf zugelassene Endeinrichtungen betreiben.
* Sofern kein Widerspruch zum Netzmonopol besteht, darf jedermann Telekommunikationsdienstleistungen über Fest- und Wählverbindungen der Telekom erbringen.

- Die Befugnis für die Umsetzung der obengenannten Befugnisse hat im Normalfall der Bundesminister für Post- und Telekommunikation, der diese Aufgaben auf die Telekom delegiert hat.
- Entgegen dem Vorgenannten, unterstehen Fernmeldeanlagen, die der Verteidigung des Bundes dienen, dem Bundesminister für Verteidigung.

Nach dem § 1 regelt der § 1a die Anzeigepflicht bei Aufnahme, Änderung und Aufgabe von Telekommunikationsdienstleistungen.

3.2.3.2 § 2 und § 2 a FAG

Der § 2 des FAG beschreibt Fälle, in denen Genehmigungen für Fernmeldeanlagen erteilt werden müssen, sofern den Betriebsinteressen des Monopolbetriebes Telekom nichts entgegenstehen. Solche Genehmigungen sind zu erteilen für:
- Satellitenfunkanlagen zur Datenübermittlung mit niedrigen Bitraten und für
- Fernmeldeanlagen und Netze, die für betriebsinterne Kommunikation in Energieversorgungsunternehmen eingesetzt werden.

Die §§ 2a und 3 FAG enthalten wesentliche Regelungen zu den Genehmigungsgrundsätzen. In § 2a FAG wird u. a. festgelegt, daß das Verfahren für die Zulassung von Endeinrichtungen und Funkanlagen durch das Bundesministerium für Post- und Telekommunikation geregelt wird. Die Durchführung der Prüfungs- und Zulassungsaktivitäten ist auf das Bundesamt für Zulassungen in der Telekommunikation (BZT) delegiert worden.

Die Rahmenbedingungen für die Zulassung von Endgeräten sind:
- keine Beeinflussung von Übertragungswesen der Telekom
- keine Gefährdung von Personen
- Einhaltung des geltenden Fernmelderechts

Der § 2a FAG regelt jedoch nicht nur die Voraussetzungen für die Zulassung von Endeinrichtungen; auch die Voraussetzungen für die Zulassung privater Personen, die diese zur Errichtung, Änderung und Instandhaltung privater Endeinrichtungen erbringen müssen, werden definiert:

- ein - wie es im § 2 FAG heißt - *geeigneter* Berufsabschluß,
- Nachweise geeigneter praktischer Tätigkeiten in diesem Berufsfeld,
- grundlegende Kenntnisse der Technik und des Netzes der Deutschen Bundespost Telekom,
- Kenntnisse des Fernmelderechts,
- sachgerechte Ausstattung mit Geräten und Ersatzteilen, die für die Ausführung der Arbeiten notwendig ist.

Wer die Rahmenbedingungen erfüllt - Details werden vom Bundesamt für Zulassungen in der Telekommunikation (BZT) festgelegt - dem ist nach § 2a Abs. 3 FAG die entsprechende Zulassung zu erteilen. Ich möchte jedoch davor warnen, sich nur auf Formalitäten zu berufen, denn neben den Zulassungsvoraussetzungen regelt § 2 a FAG die Möglichkeit, eine erteilte Genehmigung zu widerrufen, "...wenn sich aus der Ausführung der Arbeiten die Unzuverlässigkeit der zugelassenen Person ergibt." (Zitat: § 2 Abs. 2 FAG, letzter Satz).

Im Klartext heißt das: wer aus "wirtschaftlichen" Gründen unqualifizierte Arbeitskräfte mit der Ausführung von Arbeiten an Endeinrichtungen betraut, läuft Gefahr, seine Zulassung zu verlieren. Von den vertraglichen Konsequenzen sowie Regreßforderungen durch den Auftraggeber ganz zu schweigen.

3.2.3.3 § 3 FAG

Neben den streng regelementierten Fernmeldeanlagen gibt es eine Reihe genehmigungsfreier Fernmeldeanlagen. Unter Umständen ist selbst für die Errichtung, den Betrieb und die Instandhaltung keine Genehmigung für Personen, die diese Arbeiten ausführen, nötig.

Als genehmigungsfrei anzusehen sind beispielsweise:
- die private Haustelefonanlage, die keinerlei Verbindung zum öffentlichen Netz hat und sich in ihrer Gesamtheit innerhalb der Grenzen eines Grundstückes erstreckt. Sofern darüber hinaus galvanische Trennung zum 220 V/50 Hz-Lichtnetz besteht und die maximalen Spannungswerte im Bereich der sogenannten "Schutzkleinspannung" (bis zu 42 V) liegen - eine Personengefährdung sowie eine Störung des Telefon- und Starkstromnetzes also ausgeschlossen ist - dürfen diese Anlagen von jedermann - also auch fachlich gesehen: berufsfremden Personen wie z. B.: Bäcker oder Arzt etc. - installiert werden.

- Fernmeldeanlagen für einzelne Behörden der Länder und Gemeinden, die ausschließlich für den innerdienstlichen Gebrauch bestimmt sind.
- Fernmeldeanlagen auf den Linien der Transportanstalten (z. B. Bundesbahn), die ausschließlich zu betrieblichen Zwecken verwendet werden,
- Fernmeldeanlagen, deren Übertragungsmedium eine Ultraschall- oder Infrarotverbindung ist.

Der Begriff "genehmigungsfrei" berührt lediglich die Bestimmungen des FAG! Richtlinien des DIN/VDE, Regelungen und Gesetze zum Thema "elektromagnetische Verträglichkeit" (EMV) etc. werden in keinster Weise vom FAG und dessen Bestimmungen tangiert oder gar außer Kraft gesetzt.

3.2.3.4 § 6 FAG

Im § 6 FAG wird die Überwachungsmöglichkeit hinsichtlich der Einhaltung der Bedingungen, die zur Erteilung der Betriebsgenehmigung einer Fernmeldeanlage die Voraussetzung sind, geregelt.

Im § 6 FAG wird der obengenannte § 2 FAG genannt. D. h., daß auch Personen, denen eine Zulassung für Arbeiten an Fernmeldeanlagen erteilt wurde daraufhin überwacht werden können, ob die Voraussetzungen für eine Zulassung noch gegeben sind.

3.2.3.5 § 10 bis §12 FAG

In diesen Paragraphen wird noch einmal ausdrücklich auf die Wahrung des Fernmeldegeheimnisses hingewiesen.

3.2.3.6 § 15 FAG

Die Konsequenzen, die sich aus Verstößen gegen das Gesetz über Fernmeldeanlagen ergeben, sind hier klar definiert. So wird z. B. die Errichtung und der Betrieb einer illegalen Fernmeldeanlage mit Freiheitsstrafen bis zu fünf Jahren oder mit Geldstrafe geahndet.

Es sollte dabei beachtet werden, daß selbst der Versuch, eine illegale Fernmeldeanlage zu errichten oder zu betreiben, strafbar ist!

3.2.3.7 § 20 bis § 22 FAG

In diesen Paragraphen werden die Voraussetzungen zur Beschlagnahmung illegaler Fernmeldeanlagen sowie die Kompetenzen der Polizei und durch die Telekom beauftragte Personen bei Durchsuchungen definiert.

3.2.3.8 § 23 FAG

Im § 23 FAG wird die Kostenverantwortung im Störungsfalle festgelegt. Die Kostenverantwortung und somit die Haftpflicht trägt derjenige, der für den Betrieb der störenden elektrischen Anlage verantwortlich ist.

Für den Betreiber einer - zugelassenen - Telekommunikationsanlage bedeutet dies z. B., daß er verpflichtet ist, die erforderlichen Änderungen an seiner Anlage auf eigene Kosten durchzuführen, wenn infolge einer technischen Änderung im öffentlichen Netz ein störungsfreier Betrieb nicht mehr möglich ist.

3.2.3.9 Die übrigen Paragraphen des FAG

Auf eine Erläuterung der bisher nicht genannten Paragraphen des FAG möchte ich verzichten, da deren Inhalte zu weit vom Thema des Buches abweichen. Sie betreffen u. a. die Errichtung, den Betrieb und die Instandhaltung von Funkanlagen sowie Fernmeldeanlagen der See- und Luftfahrt.

3.3 DIN-Normen und VDE-Bestimmungen

Die Festlegungen des *Deutschen Institutes für Normung* (DIN) und des *Verbandes Deutscher Elektrotechniker e. V.* (VDE) gelten als *anerkannte Regeln der Technik*. Obgleich es sich weder bei den DIN-Normen noch bei den VDE-Bestimmungen um Gesetze handelt, werden diese Druckwerke im Zweifelsfalle auch in rechtlichen Fragen herangezogen. Vorsätzliche oder grob fahrlässige Verstöße gegen DIN-Normen oder VDE-Bestimmungen können somit in Strafverfahren zur Verurteilung beitragen. Sie sollten aus diesem Grunde die wichtigsten VDE-Richtlichen (VDE 0100, VDE 0800) kennen (vgl. Tab. 3.1).

Tab. 3.1: Auswahl einiger VDE-Bestimmungen

Vorschrift	Bezeichnung
VDE 0100	Errichten von Starkstromanlagen mit Nennspannungen bis 1000V
VDE 0105	Betrieb von Starkstromanlagen
VDE 0165	Errichten elektrischer Anlagen in explosionsgefährdeten Räumen
VDE 0250	Isolierte Starkstromleitungen
VDE 0604	Elektroinstallationskanäle
VDE 0605	Installationsrohre und Zubehör
VDE 0800, Teil 1	Fernmeldetechnik: Errichtung und Betrieb von Fernmeldeanlagen
VDE 0800, Teil 2	Fernmeldetechnik: Erdung und Potentialausgleich
VDE 0800, Teil 6	Fernmeldetechnik: Zusatzfestlegung für Errichtung und Betrieb von Fernmeldeanlagen
VDE 0800, Teil 10	Übergangsfestlegungen für Errichtung und Betrieb von Fernmeldeanlagen
VDE 0804	Besondere Sicherheitsanforderungen an Geräte zum Anschluß an Fernmeldenetze
VDE 0815	Installationskabel und -leitungen für Fernmelde- und Informationsverarbeitungsanlagen

3.4 Sonstige Verordnungen und Richtlinien

Neben den gesetzlichen Grundlagen gibt es eine Reihe von Verordnungen, Vorschriften und Empfehlungen, die die Errichtung, den Betrieb und die Instandhaltung regeln. So gibt es z. B. die *Allgemeinen Geschäftsbedingungen der Deutschen Bundespost Telekom* (AGB), die den Charakter einer *Nutzungsverordnung* haben. Die AGB definieren die Leistungen der Telekom und die Preise für diese Leistungen. Die AGB sind stets Vertragsbestandteil zwischen Telekom und Kunde.

Für die Installation von Fernmeldeanlagen gelten eine Reihe von DIN-Normen, VDE-Vorschriften und technischen Richtlinien des FTZ sowie die Fernmeldebauordnung (vgl. Tab. 3.1 bis 3.3).

Ich möchte im folgenden auf zwei Vorschriftenwerke, die Regelungen für Montagearbeiten im Endstellenbereich beinhalten, detailliert eingehen:

*   731 TR 1: "*Rohrnetze und andere verdeckte Führungen für Fernmeldeleitungen in Gebäuden*"
*   Fernmeldebauordnung, Teil 8 (FBO 8): "*Endstelleneinrichtungen*"

3.4.1   Technische Richtlinie: 731 TR 1

Die technische Richtlinie 731 TR 1 "Rohrnetze und andere verdeckte Führungen für Fernmeldeleitungen in Gebäuden" beschreibt die Art, die Beschaffenheit und die Kapazitäten von Vorinstallationen für Fernmeldeleitungen. Unter dem Begriff Fernmeldeleitung ist in diesem Zusammenhang zu verstehen:

*   Fernsprech- (Telefon-) Leitungen,
*   Leitungen für die Datenkommunikation,
*   Leitungen für Alarm- und Signaleinrichtungen,
*   Endstellenleitungen an privaten Nebenstellenanlagen,
*   Rundfunk- und Fernsehantennenleitungen (inkl. Breitbandkabelanschluß)

Starkstromleitungen dürfen nicht im selben Rohr oder gemeinsam im selben Kanal ohne Trennsteg geführt werden.

Berechtigt für die Herstellung solcher Rohr- und Kanalsysteme sind alle für die Ausführung von Arbeiten an elektrischen Anlagen zugelassenen Installateure.

Die technische Ausführung der Installation von Rohr- und Kanalsystemen sowie deren Planung wird im Kapitel 4 eingehend beschrieben.

3.4.2   Fernmeldebauordnung, Teil 8

Die Fernmeldebauordnung Teil 8 (FBO 8) definiert detailliertere Regelungen als die technische Richtline 731 TR 1. In der FBO 8 geht es dabei nicht nur um die Installation von Leernetzen (Rohr- und Kanalnetze), sondern auch um die direkte Installation von Endstelleneinrich-

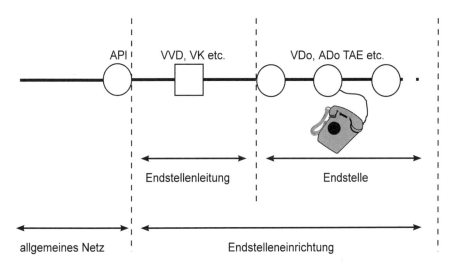

Abb. 3.1: Begriffsdefinitionen nach der Fernmeldebauordnung Teil 8 (FBO 8)

- API = Abschlußpunkt des allgemeinen Leitungsnetzes bzw.
  Abschlußpunkt der Linientechnik
- VDo = Verbinderdose
- ADo = Anschlußdose
- TAE = Telekommunikations-Anschluß-Einheit
- VVD = Verbinder- und Verteilerdose
- VK = Verteilerkasten

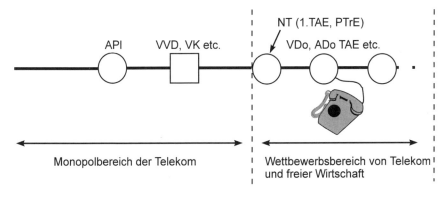

Abb. 3.2: Abgrenzung von Monopolbereich der Telekom und Wettbewerbsbereich für Telekom und private Wirtschaft.

NT = Network-Terminal (Netzabschluß)

tungen und das zu verwendende *Fernmeldezeug* (hinter diesem Begriff der "Amtssprache" verbergen sich: Kabel, Rohre, Kanäle, Dosen, Telefone etc.) sowie Regelungen für die Arbeitsabwicklung.

Eine der wesentlichen Definitionen in der FBO 8 ist die Abgrenzung der Begriffe *Endstelle, Endstellenleitung* und *Endstelleneinrichtung* (vgl. Abb. 3.1):

- *Endstelle* ist das Telefon, Modem, Telefaxgerät etc. sowie die Anschluß-schnur und die Anschalteeinrichtung wie z. B.: Verbinderdose (VDo), Anschlußdose (ADo) oder Telekommunikations-Anschluß-Einrichtung (TAE).
- *Endstellenleitung* ist die Leitungsverbindung inkl. aller Schalt- und Verteilerpunkte zwischen dem Abschlußpunkt des allgemeinen Liniennetzes (APL) und der ersten Anschalteeinrichtung (VDo, ADo, TAE o. ä.). Weder der APL noch die Anschalteeinrichtung sind Bestandteil der Endstellenleitung!
- *Endstelleneinrichtung* ist die Gesamtheit aus Endstelle und Endstellenleitung.
- Der Abschlußpunkt des allgemeinen Leitungsnetzes bzw. der Abschlußpunkt der Linientechnik, APL (beide Bezeichnungen werden verwendet) gehört nicht zur Endstelleneinrichtung, sondern zum allgemeinen Netz.
- Die FBO 8 definiert nicht die Begriffe *Monopolbereich* und *Wettbewerbsbereich* (vgl. Abb.: 3.2).

3.5 Befugnis zu Arbeiten am Telefonnetz

Die Aufgabe des Endgerätemonopols und die Einführung der Telekommunikations-Anschluß-Einheit (TAE) brachten eine Reihe von Neuerungen mit sich. Zu diesen Neuerungen gehören u. a. die unterschiedlichen Voraussetzungen für die Durchführung von Arbeiten am Telefonanschluß. Hierzu gehören:

- die Anschaltung zugelassener Endgeräte an die TAE-Dose (Steckbuchse),
- die Herstellung eines Endstellenleitungsnetzes im Wettbewerbsbereich ab Klemme 5 und 6 des NTA (= **N**etwork **T**ermination **A**nalog) wie die Monopol-TAE und die **P**ost**tr**enneinrichtung (PTrE),
- Instandhalten von Endeinrichtungen,

- Errichten, Ändern und Instandhalten eigener Telekommunikationsanlagen,
- Durchführung von Arbeiten im Monopolbereich der Telekom

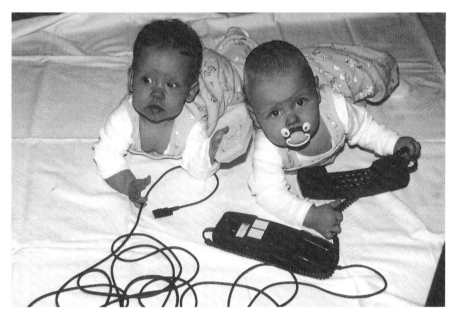

Abb. 3.3: Selbst dieses Pärchen darf Endgeräte für das analoge Telefonnetz anschalten, wenn sie eine allgemeine Anschalteerlaubnis besitzen. Die Anschaltung erfolgt dabei ausschließlich durch die Steckverbindung der TAE. Wer an den Klemmen 5 und 6 der TAE arbeiten möchte oder muß, der muß bestimmte berufliche Qualifikationen erworben haben.
Foto: Gabi Schoblick

3.5.1 Anschalten zugelassener Endgeräte an die TAE

An eine vorhandene und fachgerecht installierte TAE (Steckbuchse) darf jeder Telefonkunde zugelassene Telefone und Zusatzgeräte ohne Genehmigung und irgendwelche Formalitäten anschließen.

3.5.2 Arbeiten an den Klemmen 5 und 6 der Monopol-TAE

Die Monopol-TAE aufzuschrauben und an den Klemmen 5 und 6 Schaltarbeiten auszuführen ist, für den fachlichen Laien verboten. Zu Arbeiten an den Klemmen 5 und 6 sind folgende Personengruppen berechtigt:

- Angehörige der Berufsgruppen Elektro- und Nachrichtentechnik,
- Personen mit Personenzulassung der Klasse A (erteilt das BZT) und
- Personen mit Personenzulassung der Klasse B (erteilt das BZT)

3.5.3 Personenzulassungsverordnung

Wer eine sogenannte Personenzulassung erhalten kann, zu welchen Tätigkeiten sie den Inhaber befugt und was die Voraussetzungen für die Erteilung der Personenzulassung sind, geht aus der "Verordnung über die Personenzulassung zum Ändern und Instandhalten von Telekommunikationsendeinrichtungen" (Personenzulassungsverordnung - PersZuIV) vom 19. Juli 1994 hervor. Diese regelt ferner die Rechte und Pflichten des Inhabers einer Personenzulassung zum Errichten, Ändern und Instandhalten von Telekommunikationsendeinrichtungen.

3.5.3.1 Personenzulassung der Klasse A

Die Personenzulassungsklasse A berechtigt zum Anschluß von Telekommunikationsendeinrichtungen zur Anschaltung an das öffentliche Netz über Anschlüsse mit max. vier Kanälen, die nicht im Durchwahlbetrieb arbeiten.

Ferner berechtigt die Klasse A zum Errichten, Ändern und Instandhalten von Verbindungsleitungen zwischen den obengenannten Telekommunikationsendeinrichtungen auf einem oder auf benachbarten Grundstücken.

3.5.3.2 Personenzulassungen der Klasse B

Die Personenzulassung der Klasse B ist für Arbeiten erforderlich, die den obengenannten Umfang übersteigen.

3.5.3.3 Tätigkeiten für die keine Personenzulassung erforderlich ist

Eine Personenzulassung ist nicht erforderlich für das Errichten von Telekommunikationsendeinrichtungen
- die mittels Steckvorrichtung direkt an den Abschlußpunkt der Telekom anschaltbar sind,
- nur über Anschlüsse mit insgesamt maximal zwei Telekommunikationskanälen betrieben werden
- und nicht im Durchwahlbetrieb arbeiten.

Die Befreiung von einer Personen-Zulassungspflicht bezieht sich lediglich auf das Errichten, nicht jedoch auf das Ändern und Instandhalten der Anlagen.

Verbindungsleitungen dürfen von Angehörigen der Berufsgruppen Nachrichten- und Elektrotechnik auch ohne Personengenehmigung errichtet, geändert und instandgehalten werden.

3.5.3.4 Anforderungen an die berufliche Qualifikation

Gesellen oder Facharbeiter der Berufe
* Fernmeldehandwerker,
* Kommunikationselektroniker,
* Fernmeldeanlagenelektroniker

erfüllen die beruflichen Voraussetzungen für die Personenzulassung der Klasse A und B. Dies ist auch für die Klasse A bei den folgenden Berufsgruppen der Fall, wenn der Nachweis über Schulungen im Fachgebiet "Kommunikationstechnik" an anerkannten Berufsbildungsstätten der Elektrohandwerker erbracht werden kann.
* Elektroinstallateure,
* Elektrogerätemechaniker,
* Elektrogeräteelektroniker,
* Nachrichtengerätemechaniker,
* Radio- und Fernsehtechniker,
* u. s. w.

Ferner erfüllen Meister und Techniker in den obengenannten Fachgebieten sowie Ingenieure die Voraussetzungen.

3.5.3.5 Anforderungen an die gerätetechnische Ausstattung

Für den Erwerb der Personenzulassung der Klasse A genügt die folgende Ausstattung:
* Vielfachmeßgerät,
* Schnittstellentester,
* Schnittstellenprotokoll-Prüfgerät,
* Bitfehlerratenmeßgerät,
* Ersatzteile und Ersatzbaugruppen.

Tab. 3.2: FTZ-Richtlinien

Richtlinie	Inhalt
1 R 57	Arbeiten an unter Spannung stehenden Teilen
1TR 2	Technische Forderungen an Endeinrichtungen zur Anschaltung an Anschlüssen mit analogen Anschaltepunkten
1 TR 212	Betriebliche Forderungen für die Anschlüsse und Endstellen im ISDN
1 TR 217	Betriebliche Forderungen für die Anschlüsse und Endstellen im Euro-ISDN
1 TR 800	Richtlinie für die übertragungstechnische Planung des öffentlichen Fernsprechnetzes der Deutschen Bundespost
1 TR 820	Richtlinie für die übertragungstechnische Planung von Standard-Telefonanschlüssen für den einfachen Telefondienst
118 1 A B 311.14	Automatische Wahl bei Modems nach der CCITT-Empfehlung V.25bis
12 R 7	Bestimmung für Wahlverfahren auf Amtsleitungen zwischen Teilnehmerendeinrichtungen und den Einrichtungen der Vermittlungsstelle
12 TR 1	Elektromagnetische Verträglichkeit von Einrichtungen der Informationsverarbeitungs- und Telekommunikationstechnik bei der Deutschen Bundespost
12 TR 21	Messen von Teilnehmerendeinrichtungen
123 AB 20	Bestimmung für die Anschließung privater Fernsprechnebenstellenanlagen
18 TR 2	Technische Vorschriften für Zusatzeinrichtungen: Anrufbeantworter
18 TR 53	Bedingungen für die Zulassung von Endeinrichtungen der Gruppe 3 für den Telefaxdienst
711 R 1	Regellängen und Lieferart von Schalt- und Installationsdrähten
727 R 2	Bestimmungen zum Schutz gegen Gefährdung bei Arbeiten an Kabelanlagen, die mit ferngespeisten Übertragungssystemen betrieben werden
731 TR 1	Rohrnetze und andere verdeckte Führungen für Fernmeldeanlagen in Gebäuden
733 573 R1	Anweisung für das Einrichten von Anschaltestellen
	Auszug aus dem Gesamtverzeichnis des FTZ

Tab. 3.3: Teile der Fernmeldebauordnung der Telekom

Teil der FBO	Bezeichnung
Teil 1	Planung von Ortsliniennetzen
Teil 2	Planen von Fernmeldenetzen und von Liniennetzen für den sonstigen Fernmeldeverkehr
Teil 3	Vorbereiten von Baumaßnahmen
Teil 4	Durchführen von Baumaßnahmen
Teil 5	Oberirdische Fernmeldelinien
Teil 6	Statistik für das Fernmeldeliniennetz
Teil 7	außer Kraft gesetzt
Teil 8	**Endstelleneinrichtungen**
Teil 9	Programme in der Linientechnik
Teil 10	Kabelkanalanlagen
Teil 10A	Tiefbauarbeiten für Gräben und Baugruben, Auslegung von Erdkabeln
Teil 10B	Bauarbeiten an Kabelkanalanlagen
Teil 11	Verlegen und pneumatisches Überwachen von Fernmeldeaußenlinien
Teil 12	Verbinden und Abschließen von Fernmeldeaußenkabeln
Teil 13	außer Kraft gesetzt

Für den Erwerb der Personenzulassung der Kasse B sind neben dem Obengenannten noch zusätzliche Geräte erforderlich:
- Impulskennzeichenprüfgerät,
- spezielle Meßgeräte zur Ermittlung übertragungstechnischer Parameter.

Tab. 3.4: DIN-Normen in der Fernmeldetechnik

Norm	Bezeichnung
DIN 18012	Planungsgrundlagen für Hausanschlußräume
DIN 18015	Planungsgrundlagen für elektrische Anlagen in Wohngebäuden
DIN 47615	Verteilerkästen für Fernmeldeanlagen
DIN 49016-19	Elektroinstallationsrohre und Zubehör
DIN 49020	Stahlpanzerrohre, Steckrohre und Muffen
DIN 49075	Installationsmaterial

4 Installationstechnik am Telefonanschluß

Nachdem Sie einen kleinen Einblick in die komplizierte Gesetzes- und Vorschriftenlage des Fernmelderechts bekommen haben, sollten wir uns wieder den rein technischen Themenschwerpunkten widmen. Sie werden im folgenden Kapitel die wichtigsten Installationsmaterialien wie Anschlußdosen, Installationskabel und sowie Installationsrohre und Kabelkanäle kennenlernen. Praktische Tips zur Vorinstallation erleichtern Ihre Planung und helfen bei der Beurteilung und Erstellung von Rechnungsaufmaßen.

4.1 Abschlußpunkte im Telefonnetz

Das öffentliche Telefonnetz ist in einzelne Abschnitte untergliedert. Diese Gliederung ist sowohl aus organisatorischer wie auch aus technischer Sicht sinnvoll, da für jeden Netzabschnitt bestimmte fachliche Kenntnisse und Erfahrungen notwendig sind, um die anfallenden Arbeiten auszuführen. Zu den wichtigsten Abschnitten gehören u. a.:

- die Vermittlungsstellen,
- das allgemeine Liniennetz,
- das Endstellenleitungsnetz.

Beim allgemeinen Liniennetz ist für die Einrichtung von Telefonanschlüssen in erster Linie das Ortsanschlußleitungsnetz (Liniennetz zwischen Vermittlungsstelle und Endstelle) interessant. Die Schaltung eines Telefonanschlusses im Bereich der Ortsverbindungskabel (Liniennetz zwischen den Vermittlungsstellen) kommt relativ selten vor:

- Sonderanschaltung aus einem fremden *Anschlußbereich* (Versorgungsbereich einer Vermittlungstelle) auf Wunsch des Kunden; diese Anschaltungsart ist für den Kunden mit erheblichen Mehrkosten verbunden!
- Sonderanschaltung zur vorübergehenden Versorgung von Anschlußbereichen mit Vermittlungsstellen, deren Kapazitäten nicht genügen.

4.1.1 Abschlußpunkt der Linientechnik (APL)

Der APL - oft auch als **A**bschluß**p**unkt des allgemeinen **L**eitungsnetzes übersetzt - bildet die Schnittstelle zwischen dem Ortsanschluß - und Endstellenleitungsnetz. Der APL ist in einer wettergeschützten Bauform für die Außenmontage und - heutzutage Standard - für die Innenmontage im Einsatz.

Betrachtet man die Anzahl der Adern, die vom und zum APL geführt werden, so stellt der APL eine Art Konzentratorstufe dar:

- vom Ortsanschlußnetz werden dem APL in der Regel etwas mehr Aderpaare zugeliefert als für die Versorgung aller Wohnungen des Hauses mit je einer Doppelader nötig wären.
- Jede Wohnung des Hauses wird in der Regel mit mindestens zwei Doppeladern versorgt. Bei Bedarf kann in einzelnen Wohnungen ein Zweitanschluß realisiert werden.

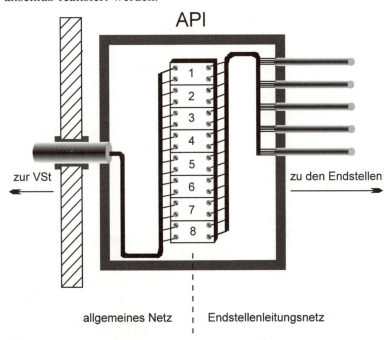

Abb.: 4.1   Beschaltung eines APL

- APL =Abschlußpunkt der Linientechnik
- ASL= Anschlußleiste

Die Abgrenzung: allgemeines Netz - Endstellenleitungsnetz bezieht sich auf die Anschaltepunkte. Der APL gehört als Bauteil vollständig zum allgemeinen Netz!

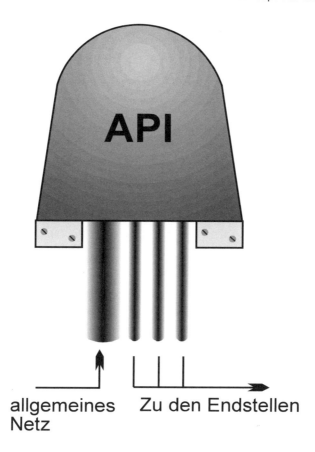

allgemeines   Zu den Endstellen
Netz

Abb.: 4.2   Die "Glockenform" des APL für Außenmontage und die Kabelzuführung
von der Unterseite schützen den Verteiler vor Witterungseinflüssen.

4.1.1.1 APL für Außenmontage

In älteren Häusern wurde die Versorgung der einzelnen Wohnungen
oftmals über die Fassade vorgenommen. Der Abschlußpunkt des allgemeinen Liniennetzes mußte also wetterfest ausgelegt sein. Etabliert hat
sich ein Metallgehäuse, das einer "Kuhglocke" zum verwechseln ähnlich
sieht. Die Kabeleinführung erfolgte stets von unten.

4.1.1.2 APL für die Montage innerhalb des Gebäudes

Für die Montage des APL innerhalb eines Gebäudes wird an das
Verteilergehäuse keine große Anforderung an die Wettersicherheit gestellt. Innerhalb von Gebäuden können jedoch andere Kriterien eine

wichtige Rolle spielen, die bei der Auswahl und Montage des Verteilers beachtet werden müssen:

- Beachtung von Brandschutzbestimmungen,
- Sicherung gegen unbefugtes Öffnen des Verteilergehäuses,
- Je nach Montageort werden an das Gehäuse optische Anforderungen gestellt.

Wichtig für die Montage des APL ist, daß der Verteiler jederzeit vom Service- und Montagepersonal des Netzbetreibers erreichbar sein muß. Günstige Montageorte stellen beispielsweise

- das Treppenhaus,
- der Kellerraum von dem jeder Mieter bzw. der Hauswart über einen Schlüssel verfügen,
- der Hausanschlußraum (Schlüssel beim Hauswart)

dar.

Die Bedingung, daß der APL äußerlich allgemein zugänglich sein sollte, gilt allerdings nicht für die - innerhalb des Verteilers - befindliche Anschlußleiste. Um zu verhindern, daß sich "nette Nachbarn" in die Telefonleitung einschalten und somit fremde Gespräche abhören können (wer dies vorhat, erfährt in Kapitel 3 was auf ihn zukommt, wenn er erwischt wird!), muß der APL in Mehrfamilienhäusern abschließbar sein. *Abschließbar* heißt, daß ein spezielles Schließsystem verwendet wird, so daß der Verteiler ausschließlich durch Personal des Netzbetreibers bzw. vom Netzbetreiber beauftrage Firmen geöffnet werden kann.

Ein APL, der mit Hilfe eines *Vierkantschlüssels* o. ä. geöffnet werden kann, gilt als nicht verschließbar.

Mein Tip:

Wenn Sie in einem Mehrfamilienhaus wohnen und der APL nicht verschließbar oder sogar offen ist, benachrichtigen Sie bitte umgehend Ihre Entstörungsstelle (1171 oder 01171). Von dort aus wird alles weitere veranlaßt. Besonders dann, wenn sie die Telefonrechnung für zu hoch halten, sollten Sie auf den Zustand des APL hinweisen.

Sofern Sie Besitzer eines Eigenheimes sind, der installierte APL ausschließlich in Ihrem Haus installiert ist und keine Nachbarn darüber versorgt werden, so ist ein verschließbarer Verteiler unnötig.

4.1.1.3 APL-Verlegung von außen nach innen

Wie bereits angedeutet, ist die *auf-Putz-Verlegung* auf der Hausfassade nicht besonders schön. Der APL wirkt wie eine umgedrehte "Kuhglocke" und die übrige Installation hängt oftmals sehr unförmig an der Hauswand. Neben dem unschönen Aussehen hat die Außenmontage weitere erhebliche Nachteile:

- höheres Unfallrisiko bei Arbeiten an der Installation
- höhere Störungshäufigkeit durch Wettereinflüsse (Wind, Regen, Kälte etc.)

Werden Fassadenrenovierungsarbeiten geplant, so empfielt es sich gleichzeitig, eine Verlegung des Endstellenleitungsnetzes von der Fassade in das Gebäude vorzusehen. Die Verlegung des APL und der Leitungen selbst führt Telekom kostenlos durch. Voraussetzung ist jedoch das Vorhandensein eines geeigneten Leerrohrnetzes. Ist kein Leerrohrnetz vorhanden oder genügt es nicht den Mindestanforderungen nach der technischen Richtlinie 731 TR 1, kann die Telekom die Benutzung ablehnen. Die Verlegung innerhalb des Gebäudes wird dann - wie es heißt - in der wirtschaftlichsten Art und Weise durchgeführt. Im Klartext heißt dies in der Regel: auf-Putz-Montage!

Bitte merken Sie sich:

Für die Installation eines geeigneten Leerrohrnetzes ist stets der Hauseigentümer, nicht der Netzbetreiber verantwortlich und trägt die anfallenden Kosten. Das Leerrohrnetz muß von *"für die Ausführung von Arbeiten an elektrischen Anlagen zugelassenen Installateuren"* verlegt werden.

4.1.2 Abschluß des Monopolbereichs

Noch bis 1998 gibt es ein Netzmonopol für die Sprachkommunikation. Durch die teilweise Aufhebung des Monopols im Bereich des Endstellenleitungsnetzes mußte eine Schnittstelle zwischen dem Monopolbereich der Telekom und dem Wettbewerbsbereich der allgemeinen privaten Wirtschaft definiert werden. Der Monopolabschluß für das analoge Telefonnetz, der auch als NTA (= **N**etwork **T**erminal **A**nalog) bezeichnet wird, ist im Allgemeinen die 1. Telekommunikations-Anschluß-Einheit (TAE) bzw. eine Posttrenneinrichtung (PTrE).

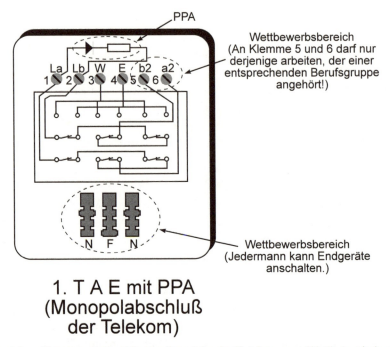

PPA

Wettbewerbsbereich
(An Klemme 5 und 6 darf nur
derjenige arbeiten, der einer
entsprechenden Berufsgruppe
angehört!)

La Lb W E b2 a2
1 2 3 4 5 6

N F N

Wettbewerbsbereich
(Jedermann kann Endgeräte
anschalten.)

1. T A E mit PPA
(Monopolabschluß
der Telekom)

Abb.: 4.3 Abgrenzung des Monopolbereichs der Telekom vom Wettbewerbsbereich der privaten Wirtschaft in der TAE.

Die Abgrenzung bezieht sich auf die Anschaltepunkte; die 1. TAE - als Bauteil gesehen - gehört vollständig zum Monopolbereich!

4.1.2.1 Telekommunikations-Anschluß-Einheit als NTA

Für den Abschluß des Monopolbereichs an einen einfachen Anschluß des analogen Telefonnetzes wird in der Regel eine Telekommunikations-Anschluß-Einheit (TAE) mit einem passiven Prüfabschluß verwendet.

Die Schnittstelle zwischen Monopolbereich der Telekom und dem Wettbewerbsbereich bilden zum einen die Steckbuchsen, an denen jedermann ein zugelassenes Endgerät anschalten darf und die Klemmen 5 und 6 (in Dosenanlagen gehören natürlich auch die Klemmen 3 und 4 dazu, vgl. 5.1), an denen die Anschaltearbeiten nur von Personen, die den Berufsgruppen Elektro- und Nachrichtentechnik angehören, angeschaltet werden dürfen.

integrierter PPA   achtpolige Klemmenleiste

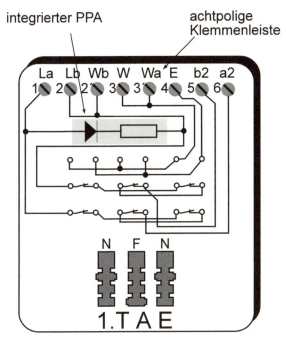

Abb.: 4.4   Das Schaltbild der neuen "Monopol-TAE" der Berliner Fritz Kuke KG zeigt die Besonderheiten der neuen Anschlußdose:

- die Anschlußleiste wird 8polig statt - wie gewöhnlich - 6polig ausgeführt. Die Leitungen werden nicht mehr angeschraubt, sondern schnell und einfach mit der LSA-Plus-Schneidklemmentechnik angelegt.
- der passive Prüfabschluß (470 kΩ Widerstand und Diode) ist bereits auf der Grundplatine integriert.

4.1.2.2 Posttrenneinrichtung als NTA

Telekommunikationsanlagen werden häufig mit mehr als einem Telefonanschluß betrieben. Ab einer bestimmten Anzahl von Anschlußleitungen wirkt jedoch nicht nur die Montagestelle unfotogen, die Montagearbeit selbst ist aufwendig und unwirtschaftlich.

Anstatt nun mehrere TAE nebeneinander zu setzen, wird in der Regel eine Posttrenneinrichtung (PTrE) eingesetzt. Die Posttrenneinrichtung stellt im Prinzip einen Schaltstreifen dar, dessen Ein- und Ausgänge jeweils mittels einer Brücke verbunden oder getrennt werden können.

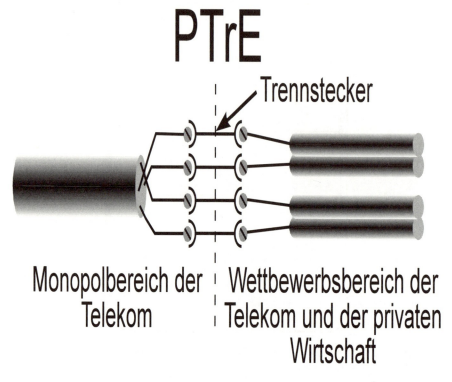

Abb.: 4.5   Die Posttrenneinrichtung stellt den Monopolabschluß für mehrere einfache Telefonanschlüsse eines Kunden dar.

Auch hier gilt: die Abgrenzung bezieht sich lediglich auf Anschaltepunkte. Das Bauteil Posttrenneinrichtung gehört zum Monopolbereich!

4.2   Installationskabel am Telefonanschluß

Für Installationen am Telefonanschluß werden spezielle Kabeltypen verwendet, die durch ihren speziellen Aufbau - bei richtiger Beschaltung - das störende Übersprechen unterbinden. Da im Gegensatz zum Starkstromnetz für jeden Anschluß in der Regel eine *Doppelader* benötigt wird (von Mehrfachausnutzungen der Leitungen durch PCM-Technik, Wählsternschalter oder Gemeinschaftsumschalter einmal abgesehen), muß eine gewisse Ordnung - besonders bei hochpaarigen Kabeln - eingehalten werden. Die spezielle Verseilung, unterstützt durch Farbmarkierungen und Ringkennzeichnungen der einzelnen Adern, ermöglicht es - auch aus Kabeln mit 100 Doppeladern und mehr - in Sekundenschnelle das richtige Leitungspaar herauszufinden.

Natürlich werden an Telefonkabel - abhängig vom Einsatzort und der Verlegungsart - unterschiedliche Ansprüche (spezielle Mantelwerkstoffe, Zugentlastung etc.) gestellt.

4.2.1 Aufbau eines Telefonkabels

Für jeden Telefonanschluß werden, sofern keine Mehrfachausnutzung der Leitungen durch PCM-Systeme, Wählsternschalter oder Gemeinschaftsumschalter etc. betrieben wird, zwei Drähte - eine sogenannte *Doppelader* - von der Vermittlungsstelle bis hin zum Telefon geschaltet. Zwei Doppeladern werden zu einem sogenannten *Sternvierer* zusammengefaßt, der die kleinste verseilte Einheit eines Telefonkabels darstellt. Das dünnste Telefoninstallationskabel enthält somit zwei Doppeladern; es können also mit diesem Kabel maximal zwei Telefonanschlüsse geschaltet werden.

Für die Versorgung mit mehreren Telefonanschlüssen in Häusern oder ganzen Straßenzügen werden hochpaarige Kabel benötigt, die wesentlich mehr als nur zwei Doppeladern führen. Damit diese Kabel schaltungstechnisch gehändelt werden können, werden die einzelnen Drähte auf der Basis des Sternvierers gebündelt:
* fünf Sternvierer werden zu einem Grundbündel,
* fünf oder zehn Grundbündel zu einem Hauptbündel und
* die Hauptbündel in hochpaarigen Kabeln zu Kabelsektoren

zusammengefaßt.

Die maximalen Aderzahlen eines Telefonkabels werden durch den Ader- und den Kabelaußendurchmesser beeinflußt. Dies begründet sich mit den Durchmessern der Kabelkanal- und Rohrsysteme durch denen die Kabel schnell und einfach im Erdreich verlegt werden können. Als Beispiel: die Kapazitäten der sehr hochpaarigen Hauptkabel betragen maximal:
* ...bei einem Aderdurchmesser von 0,4 mm 2000 Doppeladern (= mögliche Telefonanschlüsse)
* ...bei einem Aderdurchmesser von 0,6 mm 1200 Doppeladern (= mögliche Telefonanschlüsse)
* ...bei einem Aderdurchmesser von 0,8 mm 800 Doppeladern (= mögliche Telefonanschlüsse)

107

4.2.1.1 Markierung innerhalb des Telefonkabels

Sowohl in den umfangreichen Hauptkabeln wie auch im einfachen Installationskabel mit zwei Doppeladern gilt es, schnell und sicher das richtige Adernpaar zu finden und mit der richtigen Belegung zu verschalten.

In den Sternvieren haben die *einzelnen* Adern eine Ringcodierung:
- 1. Paar, a-Ader (1a), kein Ring,
- 1. Paar, b-Ader (1b), ein Ring, Markierungsintervall: großer Abstand,
- 2. Paar, a-Ader (2a), zwei Ringe, Markierungsintervall: großer Abstand
- 2. Paar, b-Ader (2b), zwei Ringe, Markierungsintervall: kleiner Abstand

Jeder, der Arbeiten am Endstellenleitungsnetz durchführt, sollte diese Leitungsbezeichnung kennen, um folgende Schaltungsfehler zu vermeiden:
- Vertauschung von a- und b-Ader mit der Folge, daß einige Zusatzgeräte nicht funktionieren oder gar beschädigt werden können,
- Verschaltung zwischen zwei Telefonanschlüssen mit der Folge, daß entweder beide Anschlüsse nicht funktionieren oder aber die Anschlüsse vertauscht werden.

Im Grundbündel, zu denen insgesamt fünf Sternvierer zusammengefaßt sind, werden die jeweiligen Sternvierer durch unterschiedliche Farben gekennzeichnet:
- 1. Sternvierer: rot
- 2. Sternvierer: grün
- 3. Sternvierer: grau
- 4. Sternvierer: gelb
- 5. Sternvierer: weiß

Das jeweils richtige Grund- oder Hauptbündel und ggf. der Sektor wird durch Zählung im "Uhrzeigersinn", beginnend vom rot markierten Bündel bzw. Sektor, ermittelt. Um sich dies etwas leichter zu merken, möchte ich an dieser Stelle zwei "Eselsbrücken" nennen.

Die Regel mit dem "unternehmerischen Beigeschmack" lautet:

"*Der erfolgreiche Techniker hat stets den Kunden (Betrachtung des Kabels in Richtung der Endstelle) und die Uhr (Zählung im Uhrzeigersinn) vor Augen.*"

Etwas netter, eindeutiger und wohl einprägsamer finde ich dies kleine Sprüchlein:

"*Lieber Löter sein nicht dumm, Amt im Rücken, rechts herum!*"

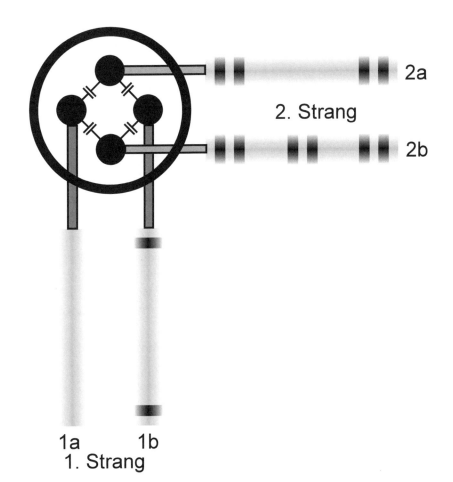

Abb.: 4.6   Das Grundprinzip des Sternvierers entspricht einer abgeglichenen kapazitiven Brückenschaltung. Damit diese Funktion gewährleistet ist, müssen die Adern des Kabels richtig beschaltet werden. Die Kennzeichnung der Adern mit Ringen in unterschiedlichen Abständen hilft dabei.

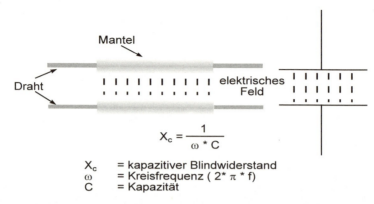

$$X_c = \frac{1}{\omega * C}$$

X_c = kapazitiver Blindwiderstand
ω = Kreisfrequenz (2* π * f)
C = Kapazität

Abb.: 4.7   Zwei parallel geführte Adern wirken wie ein Kondensator, denn zwischen den Drähten bildet sich - wie zwischen den Kondensatorplatten - ein elektrisches Feld aus.

4.2.1.2 Das Prinzp des Sternvierers

Die jeweils benachbarten Adern innerhalb eines Kabels wirken wie ein Kondensator (siehe Abb.: 4.7), der für Wechselspannungen/-ströme einen relativ geringen Widerstand darstellt. Die Folge ist, daß die Sprachsignale (Frequenz im Telefonnetz zwischen 300 Hz und 3400 Hz) in den jeweils benachbarten Leitungskreis eingekoppelt werden (Nebensprechen).

Dieser unerwünschte Effekt kann jedoch kompensiert werden. Werden nämlich die einzelnen Adern abwechselnd innerhalb des Kabels verseilt, so heben sich die Störungen gegenseitig auf (Abb.: 4.8). Der Sternvierer entspricht im Idealfall einer abgeglichenen kapazitiven Brückenschaltung.

4.2.1.3 Telefonkabel für die oberirdische Verlegung

In sogenannten *Stangenlinien*, wie die Verkabelung über Telefonmasten bezeichnet wird, werden spezielle zugentlastete Kabel verwendet. Der Einsatz von normalen Installationskabeln für die oberirdische Verlegung wäre eine nahezu 100 %ige Garantie für das Auftreten einer Störung!

Als Zugentlastung für *Luftkabel* werden entweder Glasfaserseile oder Stahlseile verwendet. Beide Arten haben für bestimmte Einsatzbereiche Vorteile:

- Kabel mit Glasfaserzugentlastung sind leichter und einfacher zu verarbeiten als Kabel mit einem Stahlseil,
- Kabel mit einer Stahlseilzugentlastung werden auch mit Leitungskapazitäten von mehr als 30 Doppeladern angeboten.

4.2.1.4 Bezeichnung der Telefonkabel

Aus der Bezeichnung eines Fernmeldekabels können Informationen zur Kabelart und dem Einsatzbereich entnommen werden. Ferner sind der Kabelbezeichnung weitere wichtige Daten zu entnehmen:

- Leiterdurchmesser
- Anzahl der Adern bzw. Doppeladern
- Verseilungsart
- Werkstoffe für Mantel- und Aderisolation
- Hinweise zu Abschirmungen und mechanischem Schutz

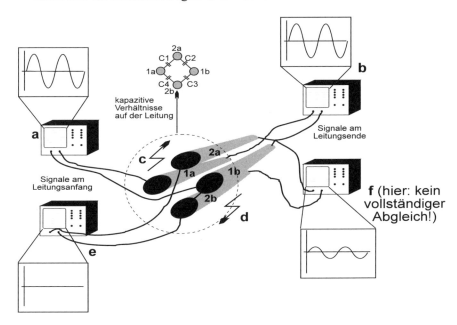

Abb.: 4.8   Prinzip der Auslöschung der Störsignale in Sternvierern:

Über das erste Aderpaar wird ein Gespräch geführt. Durch die kapazitiven Einflüsse (C1: 1a - 2a, C2: 2a - 1b, C3: 1b - 2b und C4: 1a - 2b) kommt es zum Übersprechen auf die jeweilige Nebenader.

Die Oszillogramme symbolisieren die Verhältnisse:

- a: Eingangsnutzsignal am ersten Adernpaar (1a, 1b),
- b: Ausgangsnutzsignal am ersten Adernpaar,
- c: Störsignaleinkopplung der Ader 1a auf zweites Adernpaar (2a, 2b),
- d: Störsignaleinkopplung der Ader 1b auf zweites Adernpaar; negativ gegenüber c!
- e und f: keine Störeinflüsse am Ein- und Ausgang des zweiten Adernpaares wenn C1 = C2 = C3 = C4

111

Die Kabelbezeichnung setzt sich wie folgt zusammen (siehe hierzu. Tab 4.1 bis 4.3):

- Kabelart,
- Aufbauelemente des Kabels,
- Anzahl der Adern/Doppeladern, Angabe des Leiterdurchmessers,
- Art der Verseilung

Tab.: 4.1: Bezeichnung der Kabelart

Bezeichnung	Erläuterung
A-	Außenkabel
AB-	Außenkabel mit Blitzschutzforderungen
AJ-	Außenkabel mit Induktionsschutzforderungen
G-	Grubenkabel
GJ-	Grubenkabel mit Induktionsschutzforderungen
J-	Installationskabel
JE-	Installationskabel für Industrie-Elektronik
L-	Schlauchleitungen für Fernmeldeanlagen
S-	Schaltkabel für Fernmeldeanlagen
Quelle: VDE: Lexikon der Kurzzeichen für Kabel und isolierte Leitungen, 4.Aufl. 1993	

Einige Beispiele:

A - 2Y(St)2Y 2x2x0,6 St III Bd

Es handelt sich hierbei um ein

- Außenkabel (A-) mit einem
- Mantel aus Voll-Polyäthylen (2Y).
- Das Kabel ist mit einem Schirm aus Metallband bzw. kunststoffbeschichtetem Metallband versehen ((St)).
- Die Adern besitzen eine Isolier- oder Schutzhülle aus Polyätylen (2Y).
- Das Kabel führt zwei (2x) Doppeladern (2x) mit einem jeweiligen Leiterdurchmesser von 0,6 mm (0,6).
- Die Adern werden als Sternvierer (St III) geführt und sind "bündelverseilt" (Bd). Diese Bezeichnungen sind bei höherpaarigen Kabeln des gleichen Typs von Bedeutung!

Tab.: 4.2: Bezeichnung der Kabelaufbauelemente

Bezeichnung	Erläuterung
P	Papierisolierung
Y	Polyvinylchlorid- (PVC) Isolation
Yv	verstärkte PVC-Isolation
2Y	Polyäthylen-(PE) Isolation
2Yv	verstärkte PE-Isolation
02Y	Zell-PE-Isolation
3Y	Styroflex-Isolation
4Y	Polyamid- (PA) Isolation
5Y	Polytetraflouräthylen- (PTFE) Isolation
6Y	Perflouräthylenpropylen- (FEP) Isolation
7Y	Äthylen-Tetraflouräthylen- (ETFE) Isolation
H	Isolation und Mantel aus halogenfreiem Werkstoff
FE	Isolationserhalt bei Flammeinwirkung
M	Bleimantelkabel
Mz	Bleimantel mit Erhärtungszusatz
C	Schirmung aus Kupferdrahtgeflecht
(C)	Schirmung aus Kupferdrahtgeflecht über Paar
(K)	Kupferbandschirmung
L	Aluminiummantel
LD	Aluminiumwellmantel
(L)2Y	Schichtenmantel
F(L)2Y	Schichtenmantel, Kabelseele mit Petrolatfüllung
W	Stahlmantel
B bzw. b	Bewehrung
Q	Bewehrung aus Stahldrahtgeflecht
(St)	Metallbandschirm
(Z)	Stahldrahtgeflecht über PVC-Innenmantel
E	Masseschicht mit eingebettetem Kunstoffband
T	Zugentlastungselemente
(Zg)	Glasfaser-Zugentlastung
Quelle: VDE: Lexikon der Kurzzeichen für Kabel und isolierte Leitungen, 4.Aufl. 1993	

Tab. 4.3: Bezeichnung der Verseilungselemente

Bezeichnung	Erläuterung
Bd	Bündelverseilung
DM	Dieselhorst-Martin-Vierer
F	Sternvierer in Fernmeldekabeln der Eisenbahn
St	Sternvierer mit Phantomkreis
St I	Sternvierer in Fernkabeln
St III	Sternvierer in Ortskabeln
S	Signalkabel der Eisenbahn
Quelle: VDE: Lexikon der Kurzzeichen für Kabel und isolierte Leitungen, 4.Aufl. 1993	

Ich möchte mit einem - für die Inhouse-Verkabelung geeignetem Installationskabel - ein weiteres Beispiel anführen. Dieses Kabel wird für die Installation im Endstellenleitungsnetz eingesetzt.

J-2Y(St)Y 2x2x0,6 St III Bd

Es handelt sich bei diesem Kabel um ein

- Installationskabel (J-) mit einem
- Mantel aus Polyäthylen (2Y).
- Das Kabel ist mit einem Schirm aus Metallband bzw. Kunststoffbeschichtetem Metallband versehen ((St)).
- Die Aderisolation besteht aus Polyvinylchlorid (Y).
- Das Kabel führt zwei (2x) Doppeladern (2x) mit einem jeweiligen Leiterdurchmesser von 0,6 mm (0,6).
- Die Adern werden als Sternvierer (St III) geführt und sind "bündelverseilt" (diese Bezeichnung ist bei höherpaarigen Kabeln des gleichen Typs von Bedeutung!)

Bitte verwechseln Sie den obengenannten Schirm aus Metallband nicht mit einer Zugentlastung oder gar einem Schutz gegen äußere mechanische Einwirkungen. Das "Metallband" ist so dünn wie eine Folie!

Abb.: 4.9   Mehrpaariges Telefonkabel J - Y .... 2 x 0,6 Lg (Quelle: Betefa, Berlin)

4.2.2   Betriebsdaten von Telefonkabeln

Für die Auswahl und Installation eines Telefonkabels ist es wichtig, einige Kenndaten des Installationsmaterials zu kennen. Neben dem Kabelmantelwerkstoff, dem Kabeldurchmesser, der nach Beanspruchung und brandschutztechnischen Grundsätzen ausgewählt werden sollte, ist es ferner wichtig,

*   den kleinst möglichen Biegeradius,
*   den zulässigen Temperaturbereich,
*   den Isolationswiderstand,
*   den Leiterschleifenwiderstand und
*   die Betriebskapazitäten

zu kennen.

4.2.3   Installationskabel für feuergefährdete Räume

Die Eigenschaften von PVC-Kabeln sind im Brandfall nicht besonders gut. Zum einen enthalten der Rauch und die Dämpfe giftige Substanzen die sowohl die menschliche Gesundheit schädigen als auch vom Brand nicht direkt betroffene Anlagen und Gebäudeteile durch Korrosion stark beschädigen können. PVC-isolierte Kabel können zudem im Brandfall die Funktion der Anlage innerhalb kürzester Zeit gefährden.

Eine Abhilfe schaffen Kabel mit halogenfreiem Isolationsmaterial. Unter Beibehaltung der elektrischen und mechanischen Eigenschaften haben halogenfreie Kabel im Brandfall erhebliche Vorteile:

*   relativ geringe Brandlast,
*   flammenwidrige Isolation (das Kabel brennt nicht selbständig weiter und neigt nicht zur Selbstentzündung),
*   raucharme Verbrennung
*   Rauch und Dämpfe enthalten relativ wenig gesundheitsgefährdende Schadstoffe,
*   es werden keine korrosionsfördernden Substanzen abgesondert.

Die Verwendung halogenfreier Kabel garantiert selbst bei einem Brand noch eine gewisse Zeit die Funktion der Anlage. In DIN 4102 Teil 12 wird eine Mindestdauer des Funktionserhaltes von 30 Minuten vorgeschrieben.

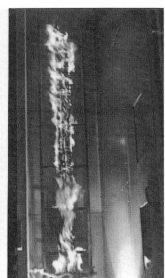

Abb.: 4.10 Der Versuch im Schachtofen zeigt deutlich, daß halogenfreie Kabel (linkes Bild) schwerer zu verbrennen sind, als PVC-isolierte Kabel (rechtes Bild). Quelle: Betefa GmbH, Berlin

Eine weitere wichtige Kenngröße für halogenfreie Leitungen und Kabel ist - neben der Dauer des Funktionserhaltes - die Dauer des Isolationserhaltes.

Wegen der guten Brandschutzeigenschaften werden halogenfreie Kabel überwiegend in
• Räumlichkeiten mit großen Menschenansammlungen,
• Fluchtwegen,
• Krankenhäusern,
• Kraftwerken (speziell Kernkraftwerken),
• Räumen mit EDV-Anlagen,
• Vermittlungsstellen u. v. m

eingesetzt.

Leider sind halogenfreie Kabel jedoch ziemlich teuer, so daß der Einsatz in der Regel auf das Notwendigste beschränkt bleibt. Im Interesse der Sicherheit sollte jedoch jeder, der eine Installation plant (und vor allem auch bezahlen muß) darüber nachdenken, ob sich die Mehrkosten nicht vielleicht auch in Bereichen lohnen, in denen die Bau- und Brandschutzverordnung nicht ausdrücklich die Verwendung halogenfreien Installationsmaterials fordert.

4.2.4   Das allgemeine Kabelnetz

Im allgemeinen Kabelnetz unterscheidet man das
• Fernkabelnetz,
• Ortsverbindungskabelnetz,
• Ortsanschlußkabelnetz

4.2.4.1 Fernkabelnetz

Über das Fernkabelnetz werden die Ortsnetze untereinander verbunden. Besonders bedeutungsvoll sind dabei die Verbindungskabel zwischen den Zentralvermittlungsstellen. Das Fernnetz (Fernvermittlungsstellen und Fernkabelnetz) ist weitestgehend digitalisiert. Für die Übertragung werden gern Glasfaserkabel verwendet.

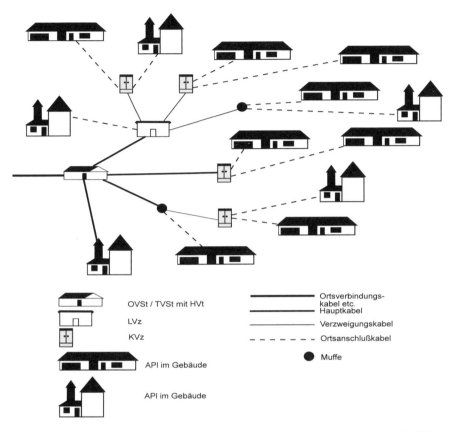

Abb.: 4.11 Das Ortsanschlußleitungsnetz ist vielseitig: es wird in unterschiedlichen Hierarchien über diverse Verteilerstufen geführt.

4.2.4.2 Ortsverbindungskabelnetz

In großen Ortsnetzen (Berlin, Frankfurt/M., Hamburg, München etc.) gibt es zahlreiche Ortsvermittlungsstellen (Anm.: die neue Bezeichnung lautet Teilnehmervermittlungsstelle). Diese Vermittlungsstellen werden - ortsnetzintern - über Ortsverbindungskabel verbunden.

4.2.4.3 Ortsanschlußkabelnetz

Über das Ortsanschlußkabelnetz werden die Telefone (Betrachtung ab APL) an die Vermittlungsstellen angeschlossen. Das Ortsanschlußkabel-netz ist hierarchisch gestaffelt:

• Hauptkabel,
• Verzweigungskabel
• Ortsanschlußkabel

119

Das Ortsanschlußkabelnetz hat im wesentlichen die Aufgabe, die Telefonanschlüsse *flächendeckend* bereitzustellen. Für diesen Zweck werden Verteiler eingesetzt:

- Hauptverteiler (HVt): Im Hauptverteiler werden die einer "Rufnummer" zugeordneten Leitungen (HVt-waagerecht) der Vermittlungsstelle auf die Adernpaare des Hauptkabel (HVt-senkrecht) geschaltet.

- Linienverzweiger (LVz): Verbindungspunkt mit sehr großen Schaltkapazitäten, der Linienverzweiger benötigt zur Unterbringung ein kleines Häuschen. Es gibt allerdings auch unterirdische Ausführungen, die mit dem Landschaftsbild besser zu vereinbaren sind. In der Regel werden die Leitungen des Hauptkabels im Linienverzweiger auf die Verzweigungskabel verteilt. In Ortsnetzen mit sehr hohen Anschlußdichten ist man jedoch dazu übergegangen, die Verzweigung von Haupt- auf Verzweigungskabel star in Muffen durchzuführen. Der sehr kostenintensive Linienverzweiger kann eingespart werden.

- Kabelverzweiger (KVz): Die Verteilung vom Verzweigerkabel auf die Ortsanschlußkabel wird im Kabelverzweiger realisiert.

- Für den Übergang vom unterirdischen zum überirdischen Kabelnetz werden spezielle Übergabepunkte (ÜPL) eingesetzt.

4.2.4.4 Überwachung des Kabelnetzes

Sehr hochpaarige Hauptkabel sowie Ortsverbindungs- und Fernkabel werden mit Druckluft gegen Wassereintritt geschützt und auf Mantelbeschädigungen überwacht.

Wird das Kabel beschädigt, so wird ein Wassereintritt durch die Druckluft verhindert. Die Kabelbeschädigung hat einen Druckabfall im System zur Folge, der über eine Warneinrichtung angezeigt werden kann.

4.2.5 Der Dämpfungsplan nach 1 TR 800 und CCITT P.79

Um eine ausreichende Qualität der Sprachverständlichkeit bei einem Telefongespräch zu gewährleisten, muß die Dämpfung der gesamten Verbindungsstrecke (inkl. Mikrofon und Hörkapsel!) auf ein bestimmtes Maß begrenzt werden. Die technische Richtlinie 1 TR 800 schreibt eine maximale *Gesamtbezugsdämpfung* (GBD) von 29 dB vor. Von diesen 29 dB dürfen maximal 7 dB Dämpfung auf die Einrichtungen der

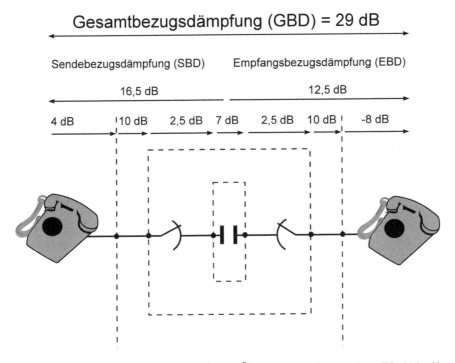

Gesamtbezugsdämpfung (GBD) = 29 dB

Sendebezugsdämpfung (SBD)　　　Empfangsbezugsdämpfung (EBD)

16,5 dB　　　　　　　　12,5 dB

4 dB　　10 dB　　2,5 dB　7 dB　　2,5 dB　10 dB　　-8 dB

Abb.: 4.12 Maximale Dämpfungswerte im Übertragungsplan nach 1 TR 800, Abschnitt 2
Quelle: FTZ 1 TR 800

Vermittlungs- und Übertragungstechnik (von der Sekundärseite des Ortsleitungsübertragers im 1. Gruppenwähler bis zur Primärseite des Ortsleitungsübertragers im Leitungswähler) entfallen.

Von der Sprechkapsel (Mikrofon) bis zur Vermittlungsstelle ist eine maximale Dämpfung von 14 dB zulässig. Den Dämpfungsbereich vom Mikrofon bis zur Vermittlungstelle bezeichnet man als *Sendebezugsdämpfung* (SBD).

Weniger großzügig sieht es auf der Empfangsseite aus. Zwar sind die Dämpfungswerte der Anschlußleitungen in Sende- und Empfangsrichtung identisch, doch kann durch den Einsatz verstärkender Hörkapseln die Dämpfung erheblich reduziert werden. Die maximale *Empfangsdämpfung* (EDB) darf 3 dB vom Ausgang der Vermittlungsstelle bis einschließlich der Hörkapsel nicht überschreiten. Das Telefon muß dabei eine Verstärkung von mindestens 8 dB liefern, damit die Grenzwerte für die EDB eingehalten werden können.

Für die Messung der Bezugsdämpfungen wurde im Rahmen der europäischen Einigungsprozesse das Londness-Ratin-Verfahren angewandt. Das Verfahren ist in der CCITT-Empfehlung P.79 festgeschrieben worden.

4.2.5.1 Bezugsdämpfungen bei digitalen Anschlüssen

Für digitale Anschlüsse (ISDN-Basis- und Primärmultiplexanschlüsse) sind erheblich engere Dämpfungswerte festgelegt worden, die jedoch lediglich an das ISDN-Endgerät Anforderungen stellen.

So beträgt die Sendebezugsdämpfung im ISDN maximal 7 dB, die Empfangsbezugsdämpfung - wie auch im analogen Telefonnetz - 3 dB. Für die Übertragungsstrecke zwischen den Telefonen wird keine Dämpfung zugelassen (also: 0 dB). Die Gesamtbezugsdämpfung im ISDN beträgt somit max. 10 dB.

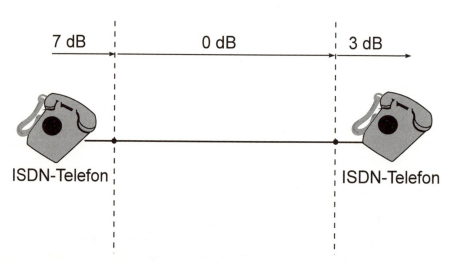

Abb.: 4.13 Bezugsdämpfungen im ISDN nach 1 TR 800
Quelle: FTZ 1 TR 800

Um die Hintergründe zu verstehen, denken Sie bitte an das Kapitel 2**2**. Dort haben Sie erfahren, daß digitalisierte Nachrichten nicht mehr in Form wert- und zeitkontinuierlicher sondern in - durch die Zustände 0 und 1 bestimmten - wert- und zeitdiskreten Signalen übermittelt werden. Da sich die Dämpfung in erster Linie negativ auf die Signalamplitude auswirkt, ist diese Betrachtung für die Übermittlung digitaler Signale durch den Einsatz sogenannter Regeneratoren nahezu unnötig

Ursprungssignal   gedämpftes und   regeneriertes Signal
                    verzerrtes Signal

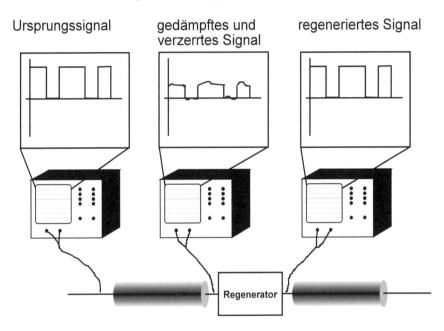

Abb.: 4.14 Durch den Einsatz von Regeneratoren ist die Dämpfung einer digitalen Übertragungsstrecke ohne Bedeutung, solange das Signal nicht so stark gedämpft wird, daß deren Signalzustände nicht mehr interpretiert werden können.

Ein Regenerator ist kein Verstärker, sondern ein Gerät, welches die Signale empfängt, interpretiert und erneut aussendet. Natürlich können hierbei Übertragungsfehler auftreten, deren Zahl durch häufige Regeneration noch erhöht wird.

Unabhängig von der natürlichen physikalischen Dämpfung durch die Leitungen kann aufgrund der guten Regenerierbarkeit die Dämpfung mit 0 dB betrachtet werden.

4.2.5.2 Möglichkeiten, ungünstige Leitungswerte zu verbessern

Besonders in ländlichen Gebieten ist die Versorgung mit Telefonanschlüssen aufgrund der großen Entfernungen recht schwierig. Hohe Leitungswiderstände verhindern die Kommunikation des Telefones (Gabelumschalter, Wählschaltung etc.) mit den Komponenten der Vermittlungsstelle (Teilnehmerschaltung, Speiseschaltung, Leitungs- und Gruppenwähler etc.). Abhilfe schaffen z. B. eine Zusatzspeisung oder Übertragungssysteme mit eigener Zeichengabe.

Auch die Dämpfungswerte werden durch Leitungskapazitäten und -widerstände erhöht. Abhilfe schaffen Verstärker, höhere Leiterquerschnitte oder Übertragungssysteme.

4.2.6 Verlegung eines Telefonkabels

Telefonkabel werden ab dem APL in Rohren, Kabelkanälen oder auf Putz mit Nagelschellen verlegt.

Die preisgünstigste Verlegungsart ist die *auf-Putz-Verlegung* mit Nagelschellen. In Wohn- und Büroräumen wirkt die Verlegung mit Nagelschellen jedoch nicht besonders schön.

Etwas vorteilhafter sind Kabelkanalsysteme, die jedoch sehr teuer sind. Kabelkanal- und unter Putz verlegte Leerrohrsysteme wirken nicht nur optisch vorteilhaft, sie lassen auch nachträgliche Installationen problemlos zu. Bei nachträglicher Installation fallen unter Umständen erhebliche Renovierungsarbeiten an, deren Kostenaufwand den für Kabelkanalsysteme bei weitem übersteigen könnte.

4.2.6.1 Installation mit Nagelschellen

Für die Verlegung eines doppelpaarigen Telefonkabels werden Nagelschellen für Kabeldurchmesser von 4 - 7 mm verwendet. Die Schellen sollen das Kabel nach Möglichkeit stützen (Verlegungsart siehe Abb.: 4.15).

Damit auch die auf-Putz-Verlegung möglichst unauffällig wirkt, werden Telefonkabel zweckmäßigerweise in den Ecken (Wand-Decke, Wand-Wand) verlegt. Der Abstand der Nagelschellen, der möglichst gleichmäßig sein und zwischen 20 cm und 30 cm betragen sollte, hat nicht nur optische Bedeutung:
- ist der Abstand zu eng, sieht die Installation nicht nur schlecht aus, es wird auch übermäßig viel Material und Zeit verschwendet.
- Ein zu großer Abstand hat eine instabile Befestigung zur Folge; die Leitungen hängen durch.

Als Faustregel kann man sich merken: Abstand der Nagelschellen = eine Hammerstillänge!

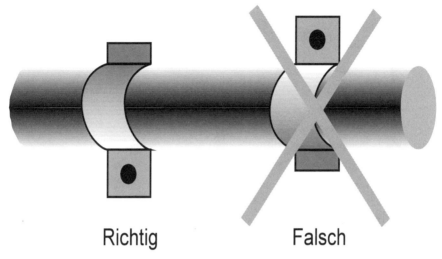

Richtig   Falsch

Abb.: 4.15   Bei richtiger Installation wird das Kabel durch die Nagelschelle gestützt.

4.2.6.2 Verlegung in Kabelkanalsystemen

Sehr einfach gestaltet sich die Verlegung von Telefonkabeln in beste-henden Kabelkanalsystemen. Die Kanaldeckel lassen sich einfach und schnell entfernen, darüber hinaus ist die Verlegung nahezu ohne Ver-schmutzung des Raumes möglich. Kabelkanalsysteme sind besonders in Büro- und Geschäftsräumen von Vorteil.

Zu beachten ist jedoch, daß Telefon- und Starkstromkabel niemals in einem Kanal verlegt werden dürfen. Eine Ausnahme bildet die Verle-gung in einem Kanal, der mit Hilfe eines Trennsteges in zwei Kammern geteilt wird (Abb.: 4.16).

4.2.6.3 Verlegung in Leerrohrsystemen

Leerrohre können sowohl in Werkhallen wie auch in Wohn- und Büro-räumen zur unter-Putz-Installation verwendet werden. Durch unter-Putz verlegte Rohrsysteme können Telefonkabel - wie auch in Kabelkanalsy-stemen - schnell und sauber verlegt und ausgewechselt werden.

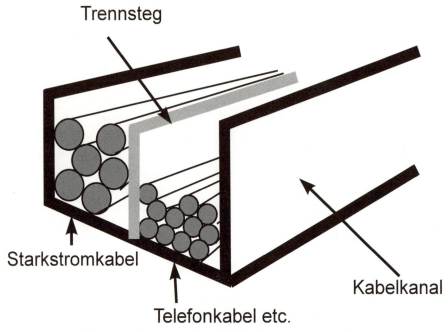

Abb.: 4.16 Telefon- und Starkstromkabel dürfen nur durch einen Trennsteg voneinander getrennt gemeinsam in einem Kanal verlegt werden.

Der Nachteil, der sich durch die fehlende Möglichkeit einen Kanaldeckel
öffnen zu können ergibt, kann durch Verwendung zuvor eingezogener
Zugdrähte weitestgehend reduziert werden. Fehlen Zugdrähte, so sollte
ein Nylon-Zugband verwendet werden.

Der erforderliche Durchmesser eines Rohres hängt von der Summe der
Kabelquerschnitte und der Länge des Rohrabschnittes ab. Zu lange
und/oder zu dünne Rohre erfordern zu viel Kraft beim Einzug des
Kabels. Die Folge ist, daß das Kabel beschädigt oder eine Verlegung
sogar unmöglich wird. Bei längeren Rohrsystemen empfiehlt es sich
deshalb, das Rohr mit Zugkästen zu unterbrechen damit, eine Verlegung
in kurzen Etappen möglich wird.

4.2.6.4 Verlegung von Telefonkabeln unter Putz

Die unter-Putz-Verlegung von Telefonkabeln ist grundsätzlich nicht gestattet, da eine Wartung ohne Beschädigung der Wand nicht möglich
ist. Ist in einzelnen Fällen eine unter-Putz-Verlegung unbedingt erforderlich, so muß diese innerhalb eines Leerrohres erfolgen. Das Kabel
muß über Zug- oder Verteilerkästen bzw. -Dosen zugänglich sein.

4.3 Vorinstallationen

Wer einen Neubau oder eine Verlegung außen auf der Fassade instal-
lierter Telefonleitungen nach innen plant, der sollte gewisse Vorinstallationen durchführen lassen. Gleiches gilt auch für die Einrichtung von
Büro- und Geschäftsräumen.

Die Vorinstallation von Kabelkanal- und Leerrohrsystemen stellt zwar
keine schaltungstechnischen Anforderungen an den Installateur, erfordert
jedoch ein gewisses Maß an Ästhetik und ein besonderes handwerkliches
Geschick. Ich möchte an dieser Stelle darauf hinweisen, daß eine funktionsfähige und störungsfrei arbeitende Anlage bei der Übergabe der
Installation vorausgesetzt werden darf und wird. Die Qualität der Arbeit
wird somit im Detail nur nach äußeren Gesichtspunkten bewertet. Daß
die Installation den gültigen Sicherheitsbestimmungen entsprechen muß,
sollte selbstverständlich sein.

4.3.1   Warum Leerrohr- und Kanalnetze?

Die Vorteile von Leerrohr- und Kabelkanalnetzen sind bei geplanten
Erweiterungen der Telefonanlage besonders deutlich erkennbar, denn
durch ein bereits vorhandenes Rohr können zusätzliche Kabel nachge-
zogen werden. Dabei werden weder Wand- und Deckenbeläge beschädigt, noch Räume bei der Anfertigung von Durchbrüchen verschmutzt.

Anlagen, die in Kanal- und Rohrsystemen installiert sind, zeichnen sich
durch eine relativ hohe Wartungsfreundlichkeit aus. Beschädigen Sie z.
B. ein unter Putz verlegtes Kabel bei der Montage eines Wandregals,
so bleiben Ihnen lediglich drei Alternativen:
*   Sie öffnen die Wand mit allen Konsequenzen (gegebenenfalls komplette
    Renovierung des Raumes) und erneuern die Leitung.
*   Sie öffnen die Wand an der Schadenstelle und reparieren die Leitung
    mit Hilfe einer Muffe (bitte verwenden Sie zugelassenes Installations-
    material, Isolierband reicht nicht!).
*   Sie schalten die beschädigte Leitung frei und installieren auf Putz eine
    Ersatzleitung.

Sollte Ihnen ein solches Malheur einmal bei einer im Rohr geführten
Leitung passieren, so wechseln Sie das Kabel zwischen den nächsten
beiden Schaltpunkten relativ einfach aus.

Ein weiterer Grund für den Einsatz von Leerrohr- und Kanalsystemen können Brandschutzbestimmungen sein. Besonders in Treppenhäusern von Wohnhäusern sowie in Fluchtwegen sollte so wenig wie möglich brennbares Material installiert werden. Bei diesen Montageorten spielt jedoch nicht nur die Entflammbarkeit, sondern auch die mögliche Schadstoffentwicklung im Brandfall eine bedeutende Rolle. Der Einsatz geeigneter Rohr- und Kanalsysteme ermöglicht dies bei gleichzeitiger Vereinfachung von Montage und Wartung.

4.3.2 Leerrohrnetze - Wann und wofür?

Leerrohr- und Kabelkanalnetze sollen nicht nur für Telefonkabel vorgesehen werden. Auch für Starkstromleitungen, spezielle Datenleitungen, Leitungen für Alarmanlagen sowie Antennenkabel und Kabel für das Breitbandverteilnetz (z. B. Kabelfernsehen) können in eigenen Leerrohrsystemen untergebracht werden.

Leerrohrsysteme sollen nach Möglichkeit bereits mit der Errichtung des Hauses installiert werden, jedoch können Leerrohre auch in bereits bestehenden Gebäuden sinnvoll nachgerüstet werden. Gelegenheiten sind u. a.:

- Umbau,
- Renovierung,
- Sanierung,
- Montage von Heizung, Wärme- und Schallschutz etc.

Jede Baumaßnahme sollte - auch mit Blick in die Zukunft - zur Installation eines Leerrohrnetzes genutzt werden.

4.3.3 Anforderungen an Rohr- und Kanalsysteme

In der technischen Richtlinie 731 TR 1 sind die Rahmenbedingungen für "Rohrnetze und andere verdeckte Führungen für Fernmeldeanlagen" festgelegt. So sind Rohr- und Kabelkanalnetze grundsätzlich senkrecht und waagerecht zu verlegen. Für eine diagonale Installation wäre der Begriff "großer Pfusch" noch sehr schmeichelhaft formuliert! Die Einhaltung dieser Grundregel hat natürlich einen Sinn, denn der Verlauf unter Putz geführter Rohr- und Kanalsysteme muß auch später, wenn die Wände tapeziert oder sogar mit hochwertigen Belägen verkleidet sind - anhand der Dosen etc. noch nachvollziehbar sein.

Zu beachten ist auch, daß weder durch die Installation der Rohrnetze noch durch das Rohrwerk selbst Gefährdungen von Personen und Sachwerten auftreten dürfen. So darf zum Beispiel die Standfestigkeit einer Wand zu keiner Zeit beeinträchtigt werden. Sehen Sie sich dazu einmal Tabelle 4.5 an. Selbst wenn Sie ein Rohr mit einem Innendurchmesser von nur 16 mm verlegen möchten, muß der Montageschlitz in der Wand bereits eine Tiefe von 30 mm haben. Nicht-tragende Wände können ungefähr 50 mm schmal sein. Ein unter Putz verlegtes Leerrohrnetz sollte also sehr sorgfältig geplant werden. Eignet sich die Wand nicht für die Installation eines unter Putz verlegten Leerrohrsystems, so empfiehlt sich die Installation eines Kabelkanals auf Putz.

Jeder Durchbruch durch eine Wand stellt einen Übergang in einen anderen Raum dar. Dies klingt sehr nebensächlich, gilt jedoch leider nicht nur für das zu verlegende Kabel oder Leerrohr: im Brandfall kann sich das Feuer unter Umständen über solche Wanddurchbrüche in andere Räume ausbreiten. Verbindet ein Wanddurchbruch zwei Brandschutzabschnitte (darunter sind Abschottungen durch Brandschutztüren etc. einzelner Gebäudebereiche zur Reduzierung von Schäden im möglichen Brandfall zu verstehen), so ist der Durchbruch nach fertiger Installation mit einem feuerhemmenden Werkstoff zu versiegeln. Zu beachten ist ferner, daß die Brandschutz- und Landesbauordnungen für solche Fälle unter Umständen Installationsmaterial aus einem feuerhemmenden Werkstoff vorschreiben können.

Bei der Verlegung von Leerrohrsystemen sollte unter Umständen auch berücksichtigt werden, daß ein Wärme- und Schallschutz erhalten bleiben muß.

Wasser ist - für die Funktion von Elektro- und Fernmeldeanlagen - außerordentlich schädlich. Es sollte also unbedingt verhindert werden, daß Wasser in Rohr- oder Kanalnetze eindringen kann. Gleichzeitig muß jedoch eine Ablaufmöglichkeit für Kondenswasser vergesehen werden, denn auch über die Luft dringt störendes Wasser in das System ein!

Tab.: 4.4: Belastbarkeit von Rohren nach VDE 0615

AS	schwere Druckbeanspruchung
A	mittlere Druckbeanspruchung
B	leichte Druckbeanspruchung
C	Isolierstoffrohr
F	flammwidriges Isolierstoffrohr
Zahl	Hitzebeständigkeit in Grad Celsius

4.3.3.1 Gemeinsame Verlegung von Telefonkabeln mit anderen Kabeln und Leitungen

Posteigene Telefonkabel sind beinahe schon "Einsiedler", denn bis auf wenige Ausnahmen ist eine gemeinsame Verlegung innerhalb eines Rohr- und Kanalsystems unzulässig. So muß selbst ein privates Telefonnetz (z. B. für Nebenstellenanlagen) in einem eigenen Leerrohrnetz verlegt werden. Die Verlegung von Starkstromleitungen gemeinsam mit einem Telefonkabel ist ebenfalls nicht gestattet.

Anders sieht es aus, wenn Telefonkabel und Kabel des postalischen Breitbandverteilnetzes (Kabelfernsehen) gemeinsam in einem Rohr- oder Kanalsystem verlegt werden. Dies ist mit einigen Auflagen statthaft:

- Sowohl das Telefonkabel als auch das Koaxialkabel des Breitbandverteilnetztes werden unterirdisch in das Haus eingeführt.
- Es besteht eine Verbindung über die Potentialausgleichschiene im Hause.

Der Hinweis auf die unterirdische Einführung beider Kabel deutet bereits an: über das Dach zugeführte Antennenkabel und Telefonkabel sowie Kabel von denen eines als Freileitung und das andere unterirdisch in das Haus eingeführt werden, dürfen nicht gemeinsam im gleichen Rohr verlegt werden.

Wer nun jedoch Telefonkabel mit anderen Kabeln und Leitungen auf dem gleichen Weg verlegen möchte oder muß, dem stehen folgende Möglichkeiten zur Verfügung:

- Parallelführung getrennter Rohrsysteme
- Installation von Steigeleitungen in Installationsschächten z. B. auf Registerschienen (Achtung, Mindestabstand zwischen Telefonkabel und Starkstromleitung mit Nennspannungen bis 1 kV: 10 mm; mit Nennspannungen über 1 kV: 300 mm!)
- Verwendung eines gemeinsamen Kabelkanalsystems in dem die getrennte Führung von Telefonkabeln und sonstigen Kabeln und Leitungen durch einen Trennsteg realisiert wird.

Besonders in Wohnräumen aber auch in Büro- und Geschäftsräumen erfreuen sich Kombinationen von Steckdosen und Lichtschaltern großer Beliebtheit. Was liegt also näher, solche Starkstrominstallationen mit einer Telefonanschlußdose zu kombinieren? Im Prinzip ist dies möglich, sofern dabei die folgenden Bedingungen beachtet werden:

- Starkstrom- und Telefonzuleitung dürfen nicht gemeinsam in einem Rohr verlegt werden.
- Telefonkabel werden nicht unter Putz (außer innerhalb eines Rohres) verlegt.
- Beim Öffnen der Telefonanschlußdose darf keine versehentliche Berührung spannungsführender Teile des Starkstromnetztes möglich sein, d. h.: die Starkstromgeräte und die Telefonanschlußdosen benötigen jeweils eigene Abdeckungen.
- Eigene Abdeckungen sind auch dann erforderlich, wenn keine versehentliche Berührung spannungsführender Teile des Starkstromnetzes möglich ist. Lichtschalter z. B. haben im allgemeinen keine - betriebsmäßig(!) - spannungsführenden Gehäuseteile, jedoch könnte eine Installationskralle versehentlich die Isolation eines Starkstromleiters beschädigt haben, wodurch die metallischen Gehäuseteile des Schalters unter Spannung stünden. Vielleicht denken Sie jetzt: "Das kommt doch so gut wie nie vor!", dann gebe ich Ihnen recht. Was meinen Sie allerdings, wie groß die Überraschung ist, wenn ein solcher oder ähnlicher Fehler doch einmal auftritt?!

4.3.3.2 Anforderungen an das Material

Rohrnetze sollen nicht nur einen Installationsweg vorgeben, sie sollen auch einen gewissen Schutz bieten. Rohre, die den Bestimmungen der VDE 0615 entsprechen, sind mit einer Kennzeichnung versehen (siehe Tabelle 4.4).

4.3.4   Planung von Leerrohrnetzen

Für die Planung eines Leerrohrnetzes ist es wichtig, einige Informationen über das Gebäude einzuholen. Für die Installation eines Leerrohrsystems zur Aufnahme von Telefonkabeln werden u. a. folgende Angaben benötigt:

* Lage der Hauseinführung,
* Lage des Abschlußpunktes des allgemeinen Liniennetzes (APL),
* Standort von Nebenstellenanlagen,
* Anzahl und Lage der Anschlußdosen,
* Informationen zu Leitungsführungen des Starkstromnetzes

In mehrgeschossigen Gebäuden sind in jeder Etage - für die Versorgung der Wohnungen bzw. Büroräume - ein oder mehrere Stockwerksverteiler vorzusehen. Von dort aus erfolgt eine sternförmige Verteilung über die gesamte Etage. In Häusern mit sehr großen Grundflächen und mehreren Aufgängen empfiehlt es sich unter Umständen, mehrere Steigeleitungen für die Versorgung mit Telefonen zu installieren. In jeder Steigerohrführung sind natürlich Etagenverteiler vorzusehen. Generell sollten Steigrohre an allgemein zugänglichen Orten (z. B. Treppenhaus) installiert werden.

Bei der späteren Versorgung der einzelnen Wohn- oder Büroeinheiten sollten nach Möglichkeit alle Telefonanschlüsse über die gleiche Führung verlaufen. Das sollte durch ein gut geplantes Leerrohrnetz in den Etagen bereits vorbestimmt sein.

Tab.: 4.5: Ermittlung der Rohrkapazität

Rohrinnendurchmesser	Maximale Aderzahl	Schlitztiefe
29 mm	40 DA	50 mm
23 mm	20 DA	50 mm
16 mm	10 DA	30 mm

Abb.: 4.17 Bei der Unterputzinstallation eines Leerrohrsystems kann dieses recht schnell und einfach mit Hilfe von "Gipsplomben" provisorisch befestigt werden. Teilrohrstücke sollten sehr sorgfältig mit passenden Muffen verbunden werden. Jede unsauber gearbeitete Muffe stellt für das Kabel eine Stoßstelle dar, die den Einzug erschwert oder gar ganz verhindern kann.

Zugkästen sollten in ausreichender Zahl vorhanden und spätestens nach 15 m Rohrlänge oder dem zweiten Bogen installiert werden. Diese Richtwerte hängen allerdings nicht unwesentlich vom Rohrquerschnitt und dem erwarteten Füllungsgrad ab.

Mit dem Einzug des Kabels sollte einige Zeit nach dem endgültigen Verschließen der Schlitze begonnen werden, damit die Installation eine ausreichende mechanische Stabilität erhält. Vom Einzug des/der Kabel vor der Verlegung des Rohres ist abzuraten, da unter Umständen eine zu hohe mechanische Spannung auf dem Rohr lastet. Die Folge wären große Schwierigkeiten bei der Fixierung des Rohres.
Foto: MARLEY Werke GmbH

Bei der Planung von Steigerohren sind nicht nur der zur Zeit aktuelle Versorgungsbedarf, sondern insbesondere zukünftige Entwicklungen von Bedeutung. Die Rohrquerschnitte sollen also gegenüber den Kabelquerschnitten eine gewisse Redunanz aufweisen. Weil kein Rohr 100 %ig ausgefüllt werden kann, wird die maximale Kapazität des Rohres mit 60 % angesehen, sofern die Installation bei der Einrichtung zu 100 % geführt wird. 40 % sind bei Installationen anzusehen, denen voraussichtlich Nachinstallationen folgen werden.

Neben diesen Richtwerten kann der erforderliche Rohrinnendurchmesser nach Tabelle 4.5 ermittelt werden.

Der Rohrinnendurchmesser von Steigerohren kann etagenweise abnehmen, das Steigerohrnetz sollte aber in jedem Fall durch alle Stockwerke geführt werden.

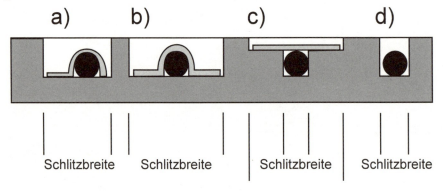

a)   **b)**   **c)**   **d)**

Schlitzbreite   Schlitzbreite   Schlitzbreite   Schlitzbreite

Abb.: 4.18 Für die Fixierung des Rohres mit Nagelschellen (a) oder Doppellaschenschellen (b) muß der Installationsschlitz in Höhe der Schellen etwas breiter sein, als der Verlegeschlitz für das Rohr selbst (d). Wird die Fixierung mit einem Stück Lochbandeisen vorgenommen (c), so muß der Schlitz nicht in voller Tiefe verbreitert werden.

Die Installationsmaterialen sollen aus rostfreiem Material - am besten Kunststoff - gefertigt sein, um häßliche Flecke an der Wand, die langfristig durch rostende Schellen entstehen können, zu vermeiden.

4.3.4.1 Rohrkapazität

Kabel sind flexible Installationsmaterialen, die sich leicht verformen lassen. Durch die Verformung des Kabels benötigt dieses erheblich mehr Anteile der Querschnittsfläche im Rohr, als der Kabelquerschnitt selbst beträgt. Daraus ergibt sich - wie bereits angedeutet - ein vergleichsweise großer Rohrinnendurchmesser.

Ein größerer Rohrinnendurchmesser sollte darüber hinaus zur Erleich-
tungs der Einzugarbeiten vorgesehen werden bei:
* langen Rohrstrecken,
* Rohrstrecken mit Bögen,
* vielen Verbindungsmuffen in der Rohrstrecke
* unsaubere Verbindung der Rohre etc.

Bei Rohren, die länger als 15 m sind und mehr als zwei Bögen
enthalten, empfiehlt es sich, diese mit Durchzugskästen zu unterbrechen.
Das Kabel kann somit etappenweise eingezogen werden. Dies ist einfacher, schneller und schont das Material.

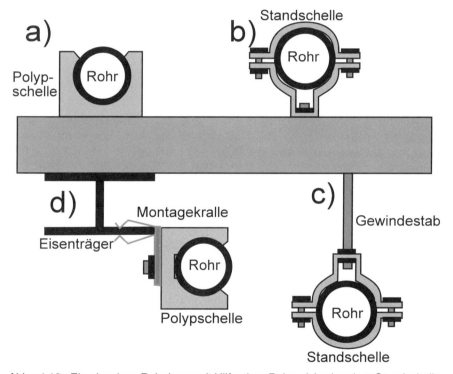

Abb.: 4.19 Ein einzelnes Rohr kann mit Hilfe einer Polyp- (a) oder einer Standschelle
(b) montiert werden. Das Rohr hat dabei einen gewissen Abstand zur Wand.

Soll das Rohr einen größeren Abstand zur Wand haben, so kann die Standschelle auf
einem Gewindestab montiert werden (c).

Stahlträger sind tragende Teile und dürfen aus statischen Gründen oftmals nicht mit
einer Bohrung versehen werden. Dennoch können Rohre mit Hilfe von Montagekrallen
aus Federstahl und Polyp-Schellen installiert werden (d).

4.3.5   Montage von Kunststoffrohren

Für die Montage von Leerrohrsystemen gibt es diverse Befestigungstechniken, die jedoch nicht für jedes Einsatzgebiet gleichermaßen gut geeignet sind.

So wählt man in Wohn- oder Büroräumen zweckmäßiger Weise die unter-Putz-Installation für das Rohrnetz (Achtung! Zugkästen nicht vergessen, wenn ein schwieriger Einzug wegen langer Rohre und mehreren Bögen zu erwarten ist!). In Kellerräumen, Werkstätten, Lagerhallen etc. ist eine auf-Putz-Montage durchaus ausreichend. Werden die Rohrnetze in Steigeschächten mit vielen anderen Rohr- und Leitungstrecken verlegt, so wäre eine einzelne Montage im Mauerwerk zu aufwendig, so daß die Verlegung auf speziellen Installationsschienen durchgeführt wird.

4.3.5.1 Montage unter Putz

Bevor das Rohr in der Wand verlegt werden kann, müssen Schlitze mit einer ausreichenden Tiefe in das Mauerwerk gestemmt werden (vgl. Tabelle 4.5). Das Rohr wird in die Wand eingelassen und mit "Gipsplomben" provisorisch fixiert. Die Befestigung kann auch mit Kunststoff-Nagelschellen (bei kleinen Rohrdurchmessern), Kunststoffdoppellaschenschellen oder mit kunststoffbeschichteten Lochbandeisen erfolgen.

Bei der Fixierung mit Gipsplomben wie auch bei der Verschließung des Schlitzes mit Gips empfiehlt es sich, das Mauerwerk etwas anzufeuchten, bevor der Gips eingebracht wird. Beachten Sie jedoch, daß kein Wasser in die vorhandenen elektrischen Anlagen (z. B. Abzweigdose für Starkstrom etc.) eindringen kann.

4.3.5.2 Montage auf Putz (Einzelverlegung)

Neben den bereits angesprochenen Nagel- und Doppellaschenschellen können einzelne Rohre auch mit "Polyp-Schellen" oder Standschellen befestigt werden.

Konstruktionsbedingt erfolgt die Montage des Rohres mit Polyp- und Standschellen in einem gewissen Abstand zur Wand. Die Verwendung von Polyp-Schellen eignet sich sowohl für die Montage der Rohre auf Mauerwerk als auch für die Montage auf Stahlträgern, die aus statischen Gründen nicht angebohrt werden dürfen. Im letzteren Fall werden die Polyp-Schellen auf Stahlkrallen geschraubt, die zuvor auf den Stahlträger geschlagen werden (Abb.: 4.19).

4.3.5.3 Montage auf Putz

Werden mehrere Rohre oder Kabel auf der gleichen Trasse verlegt, so wären die zuvor beschriebenen Installationsmethoden zwar möglich, jedoch sehr aufwendig und daher relativ teuer. Für die Verlegung mehrerer parallel laufender Rohre, Kabel und Leitungen (z. B. in Installationsschächten) empfiehlt sich der Einsatz von Montageschienen. Für diese Schienen sind spezielle Schellen erhältlich, die sich und damit die zu befestigende Leitung (bzw. Kabel oder Rohr) nach dem Verschrauben selbst halten. Da Bohrungen lediglich zur Montage der Schienen benötigt werden, sind die Installationen relativ schnell und preisgünstig durchzuführbar.

4.4 Kabelkanalsysteme

Kabelkanäle stellen eine hervorragende Alternative zur unter-Putz-Installation und zu Leerrohrnetzen dar. Mit Hilfe von Kabelkanälen läßt sich schell und einfach ein Versorgungssystem für die Installation von Starkstrom- und Telefonanlagen etc. errichten. Der große Vorteil eines Kabelkanalnetzes ist, daß die Installation zwar auf Putz, jedoch aufgrund des umfangreichen Sortimentes von Kanalsystemen formschön und ästhetisch durchgeführt werden kann. So zum Beispiel wirken unter Fensterbänken installierte Kabelkanäle nahezu unauffällig.

Wenn auch Kabelkanalsysteme weniger in Wohnräumen installiert werden, so haben sich diese Systeme in Büroräumen, Werkstätten und Laboratorien bereits etabliert.

Kabelkanäle werden in unterschiedlichen Größen und Materialen angeboten. Darüber hinaus ist ein umfangreiches Zubehörsortiment erhältlich.

4.4.1 Unterflurkanäle

Die Versorgung großflächiger Büroräume läßt sich besonders gut mit Unterflurkanalsystemen realisieren. Die Flexibilität bei der Aufstellung der Arbeitsplätze ist gewährleistet und eine Unfallgefährdung durch im Raum liegende Leitungen und Kabel nahezu ausgeschlossen.

Unterflurkanalanlagen sind allerdings nicht einfach nachzuinstallieren, denn die Voraussetzung ist ein Hohlraumboden. Die Nachrüstung eines Hohlraumbodens erfordert eine entsprechende Deckenhöhe. Wegen des

Umfangs der erforderlichen Bauarbeiten lohnt sich dieses System nur in Ausnahmefällen.

4.4.2 Aufbodenkanäle

Aufbodenkanäle stellen eine preiswerte Alternative zu Unterflurkanälen dar. Der Nachteil an Aufbodenkanälen ist, daß sie generell eine Stolperstelle darstellen, auch wenn die Seiten abgeflacht sind.

Durch die Verwendung von Einbaueinheiten können nahezu an jedem Ort Telefonanschlußdosen, Steckdosen etc. installiert werden.

Aufbodenkanäle können mit dem Fußboden verschraubt oder - sofern Estrich und Bodenbelag unbeschädigt bleiben sollen - verklebt werden.

4.4.3 Mediensäulen

Wenn Telefon- und Starkstromanschlüsse an einem beliebigen Ort im Raum ohne Stolperstellen oder aufwendige Unterflurkanalkonstruktionen zur Verfügung stehen sollen, bietet sich der Einsatz von Mediensäulen an. Mediensäulen werden zwischen Decke und Fußboden gespannt. Nachdem die Säule über ein Teleskopprofil fixiert wurde, kann sie mit einer - z. B. am Fuß der Säule befindlichen - Feinjustierschraube festgestellt werden.

Die Kabeleinführung erfolgt von der Decke über *Deckenanschlußdosen*. Um den optischen Gesamteindruck des Raumes zu erhalten, empfiehlt sich eine abgehangene Decke.

4.4.4 Kabelrinnen

Für die Verlegung von Telefon- und Starkstromleitungen in großen Mengen eignen sich Metall-Kabelrinnen, die mit Hilfe spezieller Ausleger oder mit Hilfe von Gewindestäben bzw. speziellen Hängestielen an der Decke befestigt werden.

Der Einzug der Kabel ist sehr einfach und schnell möglich, da die Kabel nur in die Rinne eingelegt werden müssen. Zu beachten ist jedoch auch hier, daß Telefon und Starkstromkabel nur dann in ein und derselben Kabelrinne verlegt werden dürfen, wenn diese einen Trennsteg besitzt.

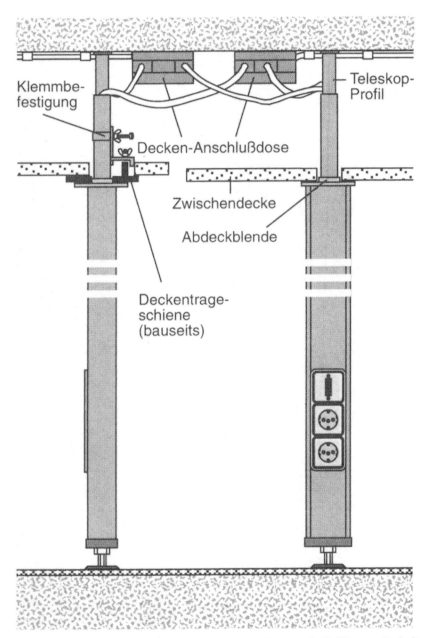

Klemmbe-
festigung

Teleskop-
Profil

Decken-Anschlußdose

Zwischendecke

Abdeckblende

Deckentrage-
schiene
(bauseits)

Abb.: 4.20   Aufstellung einer Mediensäule im freien Raum: die Zuführung der Leitungen erfolgt von der Decke.
Quelle: Ackermann 66/70 Elektroinstallationssysteme, Albert Ackermann GmbH

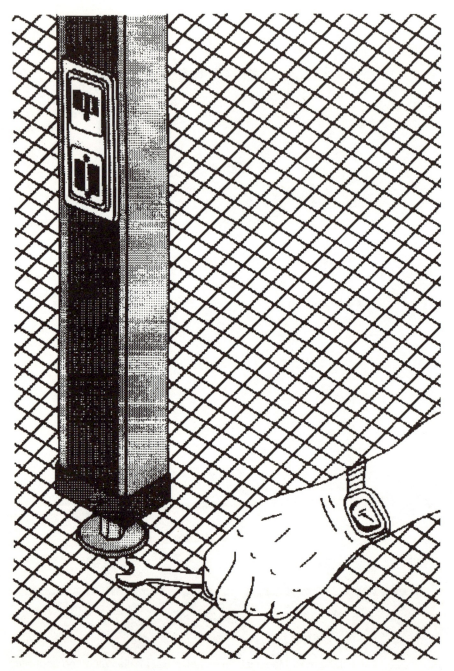

Abb.: 4.21 Die endgültige Fixierung der Mediensäule erfolgt über die Feinjustier-
schrauben am Fuß der Säule.
Quelle:Ackermann 66/70 Elektroinstallationssysteme, Albert Ackermann GmbH

Für Kabelrinnen, die in unterschiedlichen Breiten und Tiefen erhältlich sind, gibt es umfangreiches Zubehör:

- Trennstege,
- Bögen,
- Kreuzungen,
- T-Stücke,
- Reduzierverbinder sowie
- Deckel.

Kabelrinnen eignen sich - ebenso wie die den Kabelrinnen sehr ähnlichen Montagesysteme, den "Gitterrinnen" oder "Kabelleitern" - für sehr umfangreiche Installationen. Sie erfüllen u. a. große Anforderungen an die mechanische Belastbarkeit.

Metallische Kabelrinnen sollten stets im Potentialausgleich einbezogen werden. Dies ist besonders dann wichtig, wenn die Kabelrinnen in einem Bereich montiert werden, der ohne Hilfsmittel von einem Menschen erreichbar ist.

4.4.5 Wandinstallationskanal

Die Verwendung von Wandinstallationskanälen stellt die vielseitigste und zugleich ästhetischste auf Putz-Montageform im Elektrobereich dar. Die Kabelkanäle können dabei nicht nur als Leitungsweg sondern auch als Installationssystem für Schalter, Steckdosen, Abzweigkästen und nicht zuletzt für Telefonsteckdosen, AWaDo etc. dienen.

Wandinstallationskanäle werden aus Metall oder Kunststoff gefertigt und in verschiedenen Farben, Formen und Größen (Tabelle 4.6 zeigt eine Auswahl) vertrieben. Während metallische Kanäle dort eingesetzt werden, wo eine sehr große mechanische Beanspruchung zu erwarten ist oder eine gewisse Abschirmung gegen störende elektromagnetische Felder gegeben sein muß, werden Kunststoffkanäle in nahezu allen anderen Einsatzbereichen (Büro, Laboratorien etc.) verwendet.

Tab.: 4.6: Auswahl einiger Kabelkanalgrößen

Kanalbreite	Kanaltiefe	Kanalbreite	Kanaltiefe
15 mm	15 mm	133 mm	65 mm
30 mm	15 mm	133 mm	100 mm
40 mm	25 mm	173 mm	65 mm
60 mm	40 mm	173 mm	100 mm
98 mm	65 mm	213 mm	65 mm

4.4.5.1 Zubehör für Wandinstallationskanäle

Die Verlegung eines Kabelkanalsystems wird mit Hilfe des umfangreichen Zubehörangebotes relativ einfach. Darüber hinaus erhält das fertige Kanalsystem eine Funktionalität, die selbst ein großzügiges Rohrsystem nicht bieten kann.

• *Kabelkanalkupplungen* garantieren eine exakt passende Verbindung zweier Kabelkanäle.

• Mit einem *Außeneck* lassen sich Kanalsysteme auch an Wandvorsprüngen ohne Unterbrechung oder eine häßliche Lücke errichten.

• *Flachwinkel* erlauben eine rechtwinklige Richtungsänderung der Kabelkanalführung auf einer Wand.

• Ein *T-Abzweig* ermöglicht auf einer flachen Wand eine lückenlose Ankopplung eines zusätzlichen Kanalstückes im rechten Winkel zur weitergehenden Führung. Der abzweigende Kanal kann, muß aber nicht die gleiche Größe haben wie der Hauptkanal.

• Jeder Raum hat mindestens vier Wände und somit auch Ecken. Damit der Kanal dem Wandverlauf auch in diesem Standardfall angepaßt werden kann, werden *Innenecken* eingesetzt.

• Ist der Kanal in seiner Länge begrenzt und endet irgendwo auf der Wand (Einsatz als "Medienleiste", Kabel wird unter Putz oder durch einen Durchbruch weitergeführt), werden die offenen Kanalseiten mit einem *Kanal-Endstück* verschlossen.

• Nicht immer ist es möglich oder sinnvoll, den Kabelkanal direkt auf der Wand zu montieren. Für solche Fälle sind *Befestigungskonsolen und -bügel* auf dem Markt erhältlich.

- Wie bereits mehrfach angedeutet, dürfen Telefonkabel nicht direkt neben Starkstromkabeln verlegt werden. Ein *Trennsteg* ist jedoch eine zulässige Alternative zu einem zweiten Kabelkanal. Der Trennsteg wird in eine speziell für diesen Zweck vorgesehene Führungsnut eingerastet.

- Sowohl Geräte der Starkstromtechnik (Schalter, Steckdosen etc.) wie auch Telefonsteckdosen, AWaDo, manuelle Umschalter, Verzweigerkästen etc. können direkt im - entsprechend breiten - Kabelkanal eingebaut werden. Die Montage erfolgt in sogenannten *Installationskanaldosen*. Die Installationskanaldosen stellen das Befestigungselement für die einzubauenden Geräte im Kanal dar, verhindern mechanische Störungen durch bzw. an weiteren Kabeln und erlauben ferner eine perfekte Ausrichtung der Geräte an die Position spezieller Kanaldeckel-Formteile.

4.4.5.2 Installation von Wandinstallationskanälen

Auch für auf Putz montierte Kabelkanäle gilt, daß sie stets senkrecht oder waagerecht geführt werden. Die Ausrichtung sollte in der Regel mit einer Wasserwaage erfolgen. Wird der Kanal jedoch auf Fliesen, neben einer Türzarge, einem bereits bestehenden Kanal oder an irgendeiner anderen - optisch dominierenden - Linie entlang verlegt, so sollten diese Linien zur Ausrichtung verwendet werden. Nehmen Sie als Beispiel an, daß der Kabelkanal in einem Laboratorium mit gefliesten Wänden montiert werden soll. Die Fliesen sind sehr wahrscheinlich nicht mit einer Wasserwaage, sondern an bestehenden angrenzenden Wänden etc. ausgerichtet worden, so daß deren Fugenverlauf von der idealen Senk- oder Waagerechten abweichen kann. Wird nun der Kanal mit der Wasserwaage ausgerichtet, so entsteht der Eindruck einer schiefen Montage.

Für die gradlinige Anzeichnung längerer Kanäle (oder auch Leitungswege) empfiehlt sich die Verwendung eines sogenannten "Schnurschlages". Der Schnurschlag besteht aus einer langen Schnur, die auf einer gekapselten Rolle gewickelt ist. In der Kapsel befindet sich neben der Schnur Kreidepulver, durch das die Schnur beim Abwickeln gezogen wird. Die Schnur wird nun an zwei angezeichneten Punkten an die Wand gehalten und gespannt. Durch leichtes "zupfen" an der Schnur wird das Kreidepulver an die Wand geschleudert. Das Ergebnis ist eine gerade, gut sichtbare und leicht zu entfernende Montage-Hilfslinie.

Für die Befestigung marktgängiger Wandinstallationskanäle genügen Dübel mit einem Außendurchmesser von 6 mm und genügend lange (ab 25 mm) Schrauben mit 4 mm Durchmesser. Ist eine sehr schwere Kanalinstallation zu erwarten oder ist die Beschaffenheit der Wände unstabil, so sollten größere Dübel sowie dickere und längere Schrauben eingesetzt werden.

Die Montage von PVC-Kanälen ist relativ einfach, denn der Werkstoff läßt sich gut mit einer kleinen Säge und einem Messer bearbeiten. Darüber hinaus sollte ein Feuerzeug zum Standardwerkzeug bei der Arbeit mit PVC-Kanälen gehören, denn das erwärmte Material läßt sich einfach biegen und somit dauerhaft verformen. Ein Kanaldeckel, der etwas länger bemessen ist, als der abzudeckende Kanal kann am Ende abgewinkelt werden; ein Kanal-Endstück wird überfüssig.

Auch bei der Installation metallischer Kanäle ist einiges zu beachten: so müssen alle metallischen Kanal-Einzelteile leitend miteinander verbunden und der metallische Kabelkanal in den Potentialausgleich einbezogen werden. Zu diesem Zweck sind die vorgesehenen Verbindungsklemmen zu verwenden. Sind solche Anschlußmöglichkeiten für den Verbindungsdraht nicht vorhanden, so müssen Schrauben vorgesehen werden. Die Kontaktstelle muß vom Lack befreit werden, das Verbindungskabel muß mit Kabelschuhen versehen sein. Einige Hersteller bieten spezielle Kanalverbinder an, die einerseits eine ausreichende leitende Verbindung darstellen und andererseits für eine exakte Ankopplung der einzelnen Kanäle sorgen.

Für die Bearbeitung von Metall-Kanälen werden u. a. eine Metallsäge und eine Feile benötigt. Flüssiges Zink und etwas Lack (in Kanalfarbe) sollen ebenfalls zur Ausstattung gehören, damit Korrosionsschäden vermieden werden.

4.5 LSA-Plus-Verbindungstechnik

Besonders im Telefonnetz werden hohe Anforderungen an eine funktionssichere, stabile und korrosionsfeste Verbindungstechnik gestellt. Ein solches löt-schraub- und abisolierfreies (LSA) Kontaktsystem wird u. a. von der Firma Krone in Berlin angeboten.

Abb.: 4.22 Das Schliffbild einer LSA-Plus-Kontaktstelle. Die Verbindungsstelle ist absolut gasdicht.
Quelle: Krone Produktprogramm, Krone AG Berlin

Der Vorteil des LSA-Plus-Systems ist, daß in sehr kurzer Zeit eine einwandfreie Verbindung hergestellt werden kann. Probleme mit zerschundenen Schraubenköpfen, brechenden Drähten beim Abisolieren oder einfach der Aufwand, einen Lötkolben für die Verschaltung einer Doppelader anheizen zu müssen gehören der Vergangenheit an. Natürlich ist

145

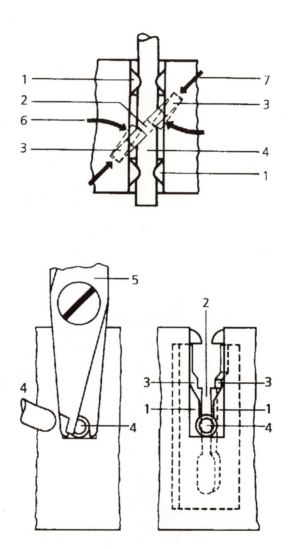

Abb.: 4.23 Die Ader (4) wird mit einem speziellen Anlegewerkzeug (5) in die Klemme gedrückt. Gleichzeitig werden überstehende Aderstücke abgeschnitten. Zwei Kontaktbacken (3) öffnen die Isolation und stellen gleichzeitig eine geschickte Verbindung dar. Zusätzlichen Halt bekommt die Ader durch Kunststoffklemmrippen (1).
Quelle: Krone Produktprogramm, Krone AG Berlin

nichts absolut ideal und so hat auch das LSA-Plus-System einen Nachteil: soll der Draht für häufiges Rangieren zur Verfügung stehen, so ist das LSA-Plus-System nur begrenzt geeignet, denn der Draht wird immer kürzer.

Die LSA-Plus-Verbindungstechnik kommt nicht nur in Hauptverteilern, sondern auch in Kabelverzweigern, Abschlußpunkten der Linientechnik (APL) oder sonstigen Verteilerkästen zum Einsatz.

4.6 Tips zur Installation

Bei der Installation von Telefon- oder Elektroanlagen sollte man sehr sorgfältig und umsichtig arbeiten. Auch für den Telefoninstallateur sind daher Kenntnisse der allgemeinen Installationstechnik wichtig.

4.6.1 Suche nach verdeckten Leitungen

Unabhängig davon, ob das Kabel auf Putz mit Nagelschellen in Kanälen oder unter Putz in Leerrohrsystemen verlegt wird, müssen eventuell bereits vorhandene Leitungen oder Rohre gefunden und deren Führung festgestellt werden.

4.6.1.1 Frage nach verdeckten Leitungen

Die einfachste Möglichkeit, Leitungswege zu ermitteln ist die direkte Frage an den Inhaber der Räume. Dieser kennt sich jedoch nicht unbedingt aus, so daß die Angaben mit "Vorsicht zu genießen" sind.

4.6.1.2 Sichtprüfung

Die Position von Schalter, Steckdosen und die Umrisse von unter Putz-Abzweigdosen können hervorragende Aufschlüsse über die Position der elektrischen Leitungen geben. Boiler, Durchlauferhitzer und Wasserhähne geben Aufschluß über verdeckte Wasserleitungen. Neben elektrischen Leitungen haben auch Druckwasserleitungen eine gelungene Überraschung zur Folge wenn sie angebohrt werden. Wenn Ihnen die Räumlichkeiten unbekannt sind, berücksichtigen Sie bitte also auch Wasser- und Gasleitungen.

Die Folgerungen aus der Position von Schaltern, Steckdosen und Abzweigdosen können jedoch nur dann korrekt sein, wenn die Leitungsführung auch wirklich senkrecht bzw. waagerecht, ca. 30 cm unterhalb der Decke etc. verläuft. Ist dies nicht der Fall, dann - viel Glück!

4.6.1.3 Metallsuchgeräte

Eine verdeckte Starkstromleitung oder ein metallisches Gas- oder Wasserrohr kann auch mit einem Leitungsprüfgerät gefunden werden. Dies sollten Sie auch dann benutzen, wenn sie bereits die obengenannten Recherchen durchgeführt haben, denn vielleicht hat ja doch ein "Installationsprofi" eine Leitung diagonal verlegt.

4.6.2 Vorsehen von Reserven

Durch die Nutzung vorhandener Reserven (unbeschaltete Doppelader, großzügig dimensioniertes Rohr, zusätzlicher Schaltstreifen im Verteiler) können zusätzliche Anschlüsse realisiert werden ohne daß eine nachträgliche Installation nötig wird.

Reserven sollten vorhanden sein für:
• einen eventuellen Zweitanschluß in privaten Haushalten,
• einen zusätzlichen Telefaxanschluß im Büro,
• eine erweiterte Telefonversorgung im Falle einer Expansion der Firma.

Während für die Versorung von privaten Wohnräumen in der Regel zwei Doppeladern (eine beschaltet, eine Reserve) genügen, werden für Geschäftsräume individuell festzustellende Kapazitäten benötigt. Ferner sollten die vorhandenen Leerrohrsysteme über ausreichend freie Kapazitäten für den nachträglichen Einzug einiger Doppeladern verfügen.

4.6.3 Prüfung vor der Inbetriebnahme

Sobald die Vorverkabelung bzw. die endgültige Installation des Telefonanschlusses fertig ist, sollten einige Prüfungen durchgeführt werden, mit deren Ergebnis die Funktionsfähigkeit belegt werden kann.

Ist der Anschluß bereits installiert und die Verbindung zur Vermittlungsstelle hergestellt, können Spannungs- und Polaritätsprüfungen mit einem einfachen Spannungsmeßgerät durchgeführt werden. Auf diese Art und Weise können auch eventuell vorhandene Fremdspannungen festgestellt werden. Diese Prüfung, bei der zusätzlich auch der Schleifenstrom getestet werden kann, kann mit speziellen TAE-Prüfsteckern, wie sie bereits am freien Markt angeboten werden, durchgeführt werden.

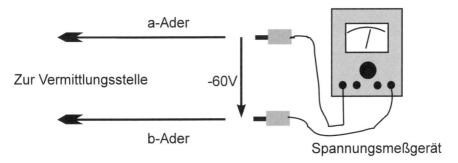

a-Ader

Zur Vermittlungsstelle   -60V

b-Ader

Spannungsmeßgerät

Abb.: 4.24   Die offene a-Ader führt stets negatives Potential. Die Spannung zwischen a- und b-Ader besträgt 60 V (Schleife unbelastet!)

Ergebnis: Unterbrechungen? Vertauschungen von a- und b-Ader? Fremdspannungen?

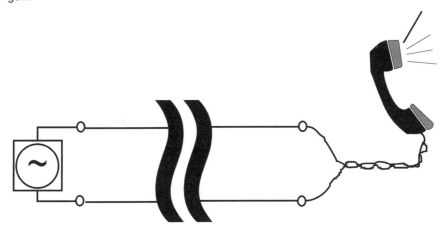

Abb.: 4.25   Eine Prüfung der Leitungsführung kann mit einem Prüftongenerator und einem Prüfhörer durchgeführt werden.

Ergebnis: Unterbrechungen? Leitungsführung richtig?

Besteht noch keine Verbindung zur Vermittlungsstelle, so kann die Leitungsführung auch mit Hilfe eines Suchtongenerators und eines Prüfhörers durchgeführt werden.

4.7 Ratschläge zum Umgang mit Monteuren und Servicetechnikern?

Zum Abschluß dieses Kapitels möchte ich diejenigen ansprechen, die nicht selbst zum Werkzeug greifen, sondern den Servicetechniker die Installation durchführen lassen. Installationen im Monopolbereich der Telekom werden generell von Telekom-Mitarbeitern oder von Firmen, die von der Telekom beauftragt werden, durchgeführt.

Jeder Monteur oder Servicetechniker, der am Telefonanschluß arbeitet, tut dies nach einem Auftrag, den Sie zuvor erteilt haben. In der Regel kommt also kein "unerwarteter Besuch". Sollte dennoch einmal jemand an Ihre Tür klopfen und sich als Telekom-Mitarbeiter vorstellen, so ist er auf jeden Fall im Besitz eines Dienstausweises. Ferner kann er Ihnen einen Ansprechpartner im zuständigen Fernmeldeamt (bzw. Niederlassung der Telekom) nennen.

Jede Arbeit, die von einem Monteuer oder Servicetechniker durchgeführt wurde, sollte von Ihnen sofort überprüft werden. Achten Sie dabei nicht nur auf die Funktion der Anlage, auf eine stabile Installation und auf eine saubere Leitungsverlegung, sondern auch darauf, ob alle Anschluß-dosen dort installiert wurden, so sie von Ihnen vorgesehen wurden. Prüfen Sie, ob das Licht und in der Nähe befindliche Steckdosen noch funktionieren und sehen Sie sich die Möbel an, die im Arbeitsbereich stehen. Eine Anmerkung dazu: der Monteur hat in der Regel weitere Termine, die nur dann eingehalten werden können, wenn ihm keine Möbel etc. im Wege sind. Sorgen Sie bitte rechtzeitig für "Baufreiheit". Ein Monteur, der es ablehnt, Ihnen beim "Möbelrücken" zu helfen, muß dies nicht böse meinen, denn für Schäden, die dabei entstehen, muß er selbst haften!

Stellen Sie einen Schaden fest, der durch die Installation hervorgerufen wurde, reklamieren Sie dies sofort. Bestehen Sie auf einen Vermerk im Montagebericht (Telekom-Mitarbeiter und von Telekom beauftragte Firmen führen einen solchen) und melden Sie Ihre Ansprüche umgehend bei Ihrem Fernmeldeamt (bzw. Niederlassung der Telekom) an.

Ein Service- und Montagebereicht enthält alle wichtigen Angaben zum Montageauftrag, wie z. B. Material (Ein- und Ausbau), Arbeitszeit etc. Sie müssen den Service- und Montagebericht unterschreiben; prüfen Sie ihn deshalb genau (besonders die kleinen "Klauseln"). Lassen Sie sich vom Monteur die gelieferten Telefone - auch die Zusatzfunktionen - erklären, denn auch das gehört zu seinen Aufgaben.

4.7.1   Persönliches

Die meisten Monteuere und Servicetechniker arbeiten gewissenhaft und seriös, dennoch empfiehlt sich eine Kontrolle des Dienstausweises (bei Telekom-Mitarbeitern) und eine Prüfung der Arbeit. Lassen Sie sich auf keinen Fall mit Sprüchen wie, " ich habe keine Zeit", drängen. Das ist das Problem des Monteurs! Ein seriöser Monteur wird dies verstehen und nicht drängeln.

Übrigens: Ist die Arbeit sauber und korrekt, freut sich jeder Monteur oder Servicetechniker über eine Tasse Kaffee oder eine Schachtel Zigaretten.

5 Telefonanschlußtechnik

Der Fall des Endgerätemonopols machte die Einführung eines postunabhängigen Anschlußsystems erforderlich, das die Anschaltung und den Wechsel von Telefonendgeräten (Telefonen und private Zusatzeinrichtungen) ohne den Einsatz von Werkzeugen gestattet. In Deutschland haben sich die TAE-Anschlußsysteme etabliert, während in den USA die sogenannte "Western-Anschlußtechnik" zum Einsatz kommt.

Nicht nur zwischen dem europäischen und dem amerikanischen Kontinent gibt es Unterschiede in der Normung der Anschlußsysteme, sondern auch innerhalb der Europäischen Union existieren noch keine einheitlichen Telefon-Anschlußsysteme. Sogar innerhalb der Bundesrepublik Deutschland blickt selbst der "Insider" kaum noch so recht durch.

Die Folge dieses Wirrwars ist, daß man beim Kauf eines neues Telefones auf die richtige Anschlußtechnik achten und gegebenenfalls einen entsprechenden Adapter erwerben muß. Allein die Vielfalt der Anschlußadapter füllt ganze Regale in den Fachgeschäften.

Obgleich zu den nationalen Zulassungsbedingungen auch eine - an das hiesige Telefonnetz - passende Anschlußschnur gehört, kann diese durchaus einmal beschädigt und somit auszuwechseln sein. Spätestens an dieser Stelle begegnen Ihnen an der Verbindungsstelle zum Telefon die unterschiedlichsten Anschlußsysteme. Ferner sind internationale Genehmigungen im Rahmen des europäischen Binnenmarktes auch für Telefone zu erwarten. Eine vollständige Harmonisierung der Anschlußsysteme zu dieser Zeit dürfte jedoch unrealistisch sein. Ohne Adapter wird es also zukünftig nicht gehen.

5.1 Das TAE-System in Deutschland

Für die Anschaltung von Telefonen an das öffentliche Netz werden sogenannte *Telekommunikations-Anschluß-Einheiten* (TAE) verwendet. Die TAE stellt nicht nur ein - von der Telekom definiertes - Standard-Anschlußsystem für das deutsche Telefonnetz dar, es nimmt auch die

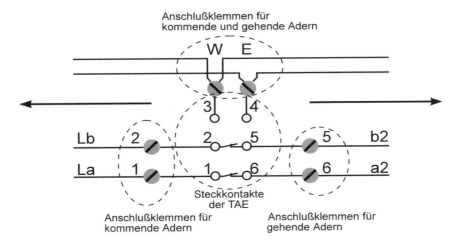

Abb.: 5.1 Grundschaltung einer Telekommunikations-Anschluß-Einheit (TAE 6) unabhängig (!) von der N- oder F-Codierung.

Zur besseren Übersicht wurden die (als Anschlußleiste nebeneinander angeordneten) Anschlußklemmen paarweise getrennt dargestellt:

- Klemmen 1 und 2 werden die ankommenden Adern La und Lb geschaltet.
- Die Klemmen 1 und 6 sowie 2 und 5 sind über einen Öffner-Kontakt direkt miteinander verbunden. Die Öffner-Kontakte werden durch den Stecker betätigt. D. h., bei gestecktem Endgerät sind die Klemmen 5 und 6 "stromlos"!
- Die W- und die E-Ader werden über die Klemmen 3 und 4 direkt auf die TAE-Dosenkontakte geführt. Eine Abschaltung der gehenden von den kommenden Adern ist nicht vorgesehen.

Aufgaben der schaltungstechnischen Umsetzung diverser Auflagen für den freien Anschluß von Endgeräten und der Gestaltung des Endstellenleitungsnetzes im "Wettbewerbsbereich" wahr. Unter anderem sind hierbei zu nennen:

- Bereitstellung eines im Verwaltungsbereich der Telekom einheitliches steckbares Anschlußsystem,
- das Endgerät kann ohne Werkzeugeinsatz vom öffentlichen Netz getrennt werden (Grundvoraussetzung für eine allgemeine Anschalteerlaubnis),
- eine schaltungstechnische Vertauschung von Telefonen und privater Zusatzeinrichtung muß an der TAE ausgeschlossen sein (realisiert durch mechanische Codierung der Steckbuchsen nach "N" und "F"),
- die Anschlußleitungen im Monopolbereich müssen auch bei gezogenem Endgerät prüfbar sein (realisiert durch den passiven Prüfabschluß, PPA in der 1. TAE),

- unerlaubte Parallelschaltungen dürfen - auch in Dosenanlagen - nicht möglich sein (realisiert durch Abschaltung der weiterführenden Adern bei gestecktem Endgerät),
- Vermeidung von Falschpolungen der angeschalteten Endgeräte durch große Aussparungsbreiten im oberen Buchsenbereich.

5.1.1 TAE 6-Codierung nach N und F

Werden Telefon und private Zusatzeinrichtung in der falschen Reihenfolge an das Telefonnetz angeschaltet (z. B. zuerst das Telefon und dann der Anrufbeantworter mit *Schleifenstromkennung*), so kommt es zu Fehlfunktionen. Im genannten Beispiel würde zwar das Telefon einwandfrei funktionieren, nicht jedoch der Anrufbeantworter, der durch die Kontaktunterbrechung infolge des an falscher Stelle geschalteten Telefones abgeschaltet wäre.

Wie Sie bereits erfahren haben, sind die Anschlußbuchsen für die Anschaltung von Telefonen und die für die Anschaltung von privaten Zusatzeinrichtungen schaltungstechnisch völlig identisch aufgebaut. Die Codierung kann demzufolge nur durch die Form der Steckbuchse realisiert werden: zwei gegenüberliegende Aussparungen in der Steckbuchse erlauben nur die Anschaltung eines TAE-Steckers mit der entsprechenden "Codierung".

Die Bezeichnung der Dosen bzw. Stecker des TAE 6-Systems mit N oder F leitet sich von der Art der anzuschließenden Geräte ab.
- F = **F**ernsprechgerät (Telefone sowie mit Zusatzgeräten kombinierte Telefone)
- N = **N**icht-Fernsprechgerät (Anrufbeantworter, Telefaxgeräte, Modem etc.)

5.1.2 Kombination aus TAE 6 N und F

Entgegen der früheren fest verschraubten Anschlußtechnik, die pro Anschlußdose lediglich die Anschaltung eines einzigen Telefones bzw. Zusatzgerätes vorsah, ermöglicht die platzsparend konstruierte TAE 6-Anschlußtechnik (Steckerbreite = 10,4 mm) die Anschaltung mehrerer Geräte an einer Dose. Zu diesem Zweck werden TAE-Dosen mit bis zu drei Steckbuchsen hergestellt. Der Anschluß an die Telefonleitung erfolgt über eine bzw. zwei Klemmleisten. Die korrekte Verschaltung von N-

Steckergesicht

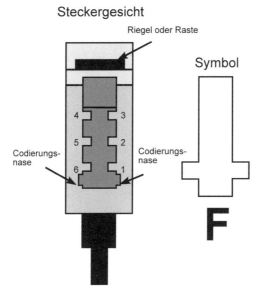

Abb.: 5.2   Steckergesicht und Symbol eines F-codierten TAE 6-Steckers.

Anstelle der unter dem Kontaktpaar 1/6 befindlichen Codierungsnasen befinden sich im Buchsengesicht der TAE 6 F-Dose entsprechende Aussparungen.

Steckergesicht

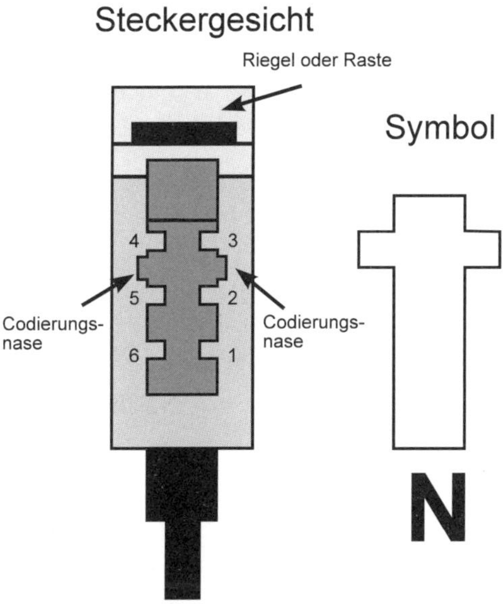

Abb.: 5.3   Steckergesicht und Symbol eines N-codierten TAE 6-Steckers.

Anstelle der zwischen den Kontaktpaaren 2/5 und 3/4 befindlichen Codierungsnasen befinden sich im Buchsengesicht der TAE 6 N-Dose entsprechende Aussparungen.

und F-codierten Buchsen ist bereits werkseitig mit der Leiterplatte der Dose realisiert.

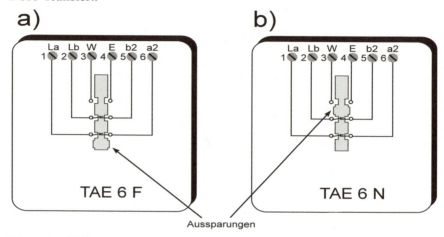

Abb.: 5.4   TAE 6 F (a)

TAE 6 N (b)

5.1.2.1   TAE 6 N und TAE 6 F

TAE-Dosen mit nur einer Steckbuchse können N- oder F-codiert sein. Schaltungstechnisch besteht kein Unterschied, lediglich die mechanische Codierung (Aussparungen in der Dose) legt den Verwendungszweck fest (vgl. Abb.: 5.4).

5.1.2.2   TAE 2 x 6 NF

Die TAE 2 x 6 NF-Dose besteht aus einer F-codierten Buchse für den Anschluß eines Telefones, der eine N-codierte Buchse für den Anschluß eines Zusatzgerätes (z. B. Anrufbeantworter) vorgeschaltet ist. Sowohl das Telefon als auch das Zusatzgerät werden am gleichen Telefonanschluß betrieben, so daß die TAE 2 x 6 NF nur eine Anschlußklemmleiste benötigt (Abb.: 5.5)

5.1.2.3   TAE 6/6 F/F

Die TAE 6/6 F/F besteht aus zwei - voneinander unabhänigigen - F-codierten Buchsen für den Anschluß zweier Telefone. Jede Dose wird über eine eigene Anschlußklemmleiste versorgt. Die TAE 6/6 F/F ist somit für den Anschluß zweier Telefone an jeweils einen eigenen Telefonanschluß (zwei Rufnummern) vorgesehen (Abb.: 5.6).

5.1.2.4 TAE 3 x 6 NFN

Für die Anschaltung eines Telefones sowie zweier vorgeschalteter Zusatzgeräte (an einem einzigen Telefonanschluß) wird die TAE 3 x 6 NFN (Abb.: 5.7) verwendet. Die TAE 3 x 6 NFN wird von der Telekom in Verbindung mit einem passiven Prüfabschluß vor dem Telefon als Abschlußpunkt des Monopolbereichs eingesetzt. Der Monopolabschluß wird auch als NTA (**N**etwork **T**erminal **A**nalog) bezeichnet .

5.1.2.5 TAE 2 x 6/6 NF/F

Ähnlich wie die TAE 6/6 ist die TAE 2 x 6/6 NF/F für die Anschaltung zweier Telefone an jeweils einen Telefonanschluß vorgesehen (zwei Rufnummern). Darüber hinaus kann an einem der Anschlüsse neben dem Telefon ein vorgeschaltetes Zusatzgerät (z. B. Anrufbeantworter) betrieben werden (Anschaltung an N-codierte Buchse). Das Schaltbild zeigt die Abb.: 5.8.

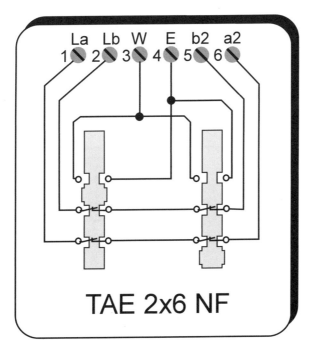

Abb.: 5.5   TAE 2 x 6 NF

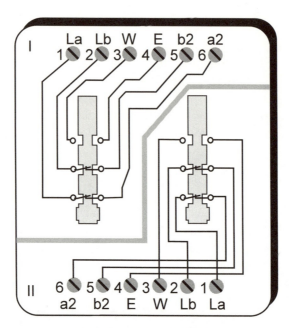

TAE 6/6 F/F

Abb.: 5.6   TAE 6/6 F/F

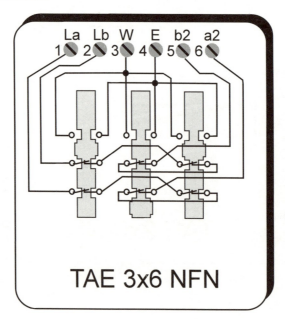

TAE 3x6 NFN

Abb.: 5.7   TAE 3 x 6 NFN

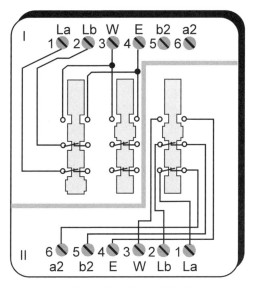

TAE 2*6/6 NF/F

Abb.: 5.8   TAE 2 x 6/6 NF/F

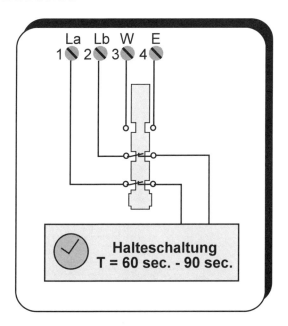

TAE HS/F

Abb.: 5.9   Telekommunikations-Anschluß-Einheit mit Halteschaltung (TAE HS/F)

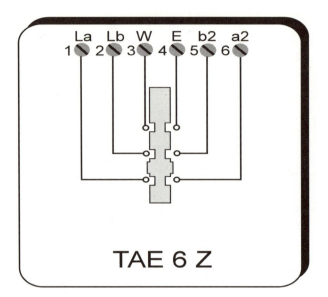

Abb.: 5.10 TAE 6 Z

- Schaltbild
- Steckergesicht und
- Symbol

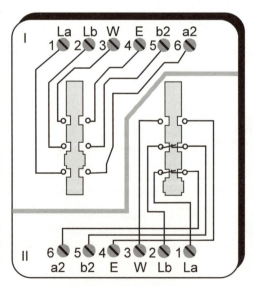

Abb.: 5.11 TAE 6/6 Z/F

5.1.2.6 TAE HS/F

Eine TAE mit einer integrierten Halteschaltung (HS) wird in TAE-Dosenanlagen eingesetzt. Die vierpolige Ausführung (die weiterführenden Klemmen 5 und 6 fehlen; siehe Abb.: 5.9) verhindert, daß nach einer TAE HS/F weitere Dosen angeschaltet werden können. Die TAE HS/F ist in einer TAE-Dosenanlage (siehe unten) stets schaltungstechnisch die letzte Dose!

Aufgabe der Halteschaltung ist es, eine bestehende Verbindung auch dann noch für ca. 60 sek. bis 90 sek. aufrecht zu erhalten, wenn das Endgerät aus einer Dose gezogen wird, um das Gespräch an einem anderen Ort fortzusetzen.

5.1.3 Telekommunikations-Anschluß-Einheit mit Z-codierung

Neben der N- und F-codierten Telekommunikations-Anschluß-Einheit gibt es eine weitere Form der sechspoligen TAE, die TAE 6 Z (Abb.: 5.10).

Eine TAE 6 Z besitzt keine Öffnerkontakte. Sie kommt für die Anschaltung einer seriellen Datenschnittstelle zum Einsatz. Der Grund dafür, daß ich Ihnen diese TAE im Zusammenhang mit der Installation eines Telefones vorstelle, ist die Tatsache, daß die TAE 6 Z auch in der Kombination mit einer TAE 6 F auf dem Markt ist (Hersteller: Blumberger Telefon- und Relaisbau). Die Kombination wird als TAE 6/6 Z/F bezeichnet (Abb.: 5.11). Die TAE 6/6 Z/F besitzt zwei Anschlußklemmleisten, so daß der Datenanschluß galvanisch vom Telefonanschluß getrennt ist.

5.1.4 TAE-Dosenanlage

Wenn an einem Telefonanschluß mehrere Anschaltepunkte - z. B. in unterschiedlichen Räumen - bestehen sollen, so bieten sich verschiedene Möglichkeiten:
* Anschaltung einer Telefonanlage (teuer, jedoch zusätzliche Leistungsmerkmale nutzbar),
* Verwendung eines AWaDo oder AMS (siehe 6.5.2 und 6.5.3),
* Verwendung eines manuellen Umschalters oder
* Installation einer Dosenanlage

Eine Dosenanlage ist die Reihenschaltung mehrerer Anschlußdosen (ADo) oder Telekommunikations-Anschluß-Einheiten (TAE). Das Telefon kann somit an einer x-beliebigen Dose betrieben werden. Damit sowohl die technischen Anschlußvorschriften eingehalten als auch die Funktionsfähigkeit von Telefon und Zusatzgeräten gewährleistet werden können, werden an Dosenanlagen einige Anforderungen gestellt:

- Die Funktion des passiven Prüfabschlusses muß erhalten bleiben.
- Unerlaubte Parallelschaltungen dürfen nicht möglich sein.
- Die Anschaltung eines zusätzlichen Ruforganes ermöglicht die Anrufsignalisierung selbst dann, wenn kein Telefon geschaltet ist.

Die Dosenanlage mit TAE-Dosen besteht an Telefonhauptanschlüssen aus der ersten TAE mit PPA, dem Monopolabschluß des öffentlichen Telefonnetzes sowie mindestens einer weiteren TAE. Damit eine unzulässige Parallelschaltung verhindert wird, werden die Klemmen 1 und 2 nachfolgender Dosen an die Klemmen 5 und 6 angeschaltet. Ein gestecktes Telefon hat die Abschaltung der nachfolgenden Dosen zur Folge.

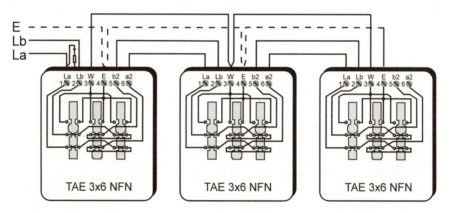

Abb.: 5.12 Dosenanlage mit TAE; soll zusätzlich ein externes Ruforgan (Zusatzwecker, Tonrufzweitgerät etc.) angeschaltet werden, so ist wie in den Abb.: bis beschrieben zu verfahren.

Eine Variante für die Gestaltung einer Dosenanlage stellt die Verwendung einer TAE 4 HS/F als *letzte* Dose dar. Die Halteschaltung verzögert das Auslösen einer bestehenden Verbindung um ca. 60 sek. bis 90 sek., wenn ein Telefonanschlußstecker aus der Dose gezogen wird, um das Gespräch von einer anderen Dose aus fortzusetzen.

5.1.5 Der passive Prüfabschluß in der "Monopol-TAE"

Der Netzabschluß des analogen Telefonnetzes (NTA) der Deutschen Bundespost Telekom (Monopolbereich) wird durch eine Kombination aus einer Telekommunikations-Anschluß-Einheit (TAE 3 x 6 NFN) und einem **p**assiven **P**rüf**a**bschluß (PPA) gebildet. Der passive Prüfabschluß besteht aus der Reihenschaltung eines 470 kΩ-Widerstandes und einer Diode (Richtung der Diode: von a- nach b-Ader; dies entspricht einer Schaltung in Sperrichtung, da die a-Ader negatives Potential gegenüber der b-Ader führt, (vgl. Kapitel 1 und Kapitel 2 sowie Abb.: 5.13).

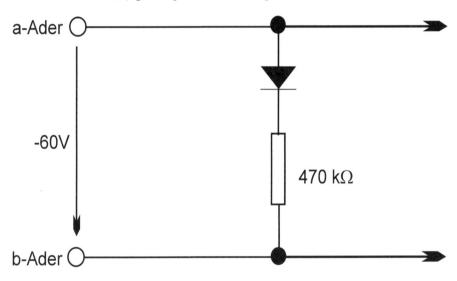

Abb.: 5.13 Der passive Prüfabschluß (PPA) ist eine Reihenschaltung aus einem 470 kΩ-Widerstand und einer Diode. Da der Widerstand relativ hoch ist und die Diode in Sperrichtung betrieben wird (Hörer aufgelegt), wird das Telefonnetz nicht durch den PPA belastet.

5.1.5.1 Meßmöglichkeiten am passiven Prüfabschluß

Mit Hilfe des passiven Prüfabschlusses läßt sich, selbst wenn kein Endgerät bzw. Zusatzeinrichtung am Netz angeschaltet ist, der Anschluß auf Leitungsunterbrechungen oder Vertauschungen der Adern testen (Abb.: 5.14). Für die Servicetechniker und Prüftechniker der Telekom lassen sich im Störungsfall aus diesen relativ einfachen Prüfungen wertvolle Rückschlüsse ziehen:

- Eine Vertauschung der a- und b-Adern an den Klemmen 1 und 2 der TAE (Verpolung) kann zu Fehlfunktionen einiger Zusatzgeräte führen (Telefone funktionieren in der Regel auch bei vertauschten Polaritäten!).
- Ist der PPA meßbar, so liegt der Fehler mit Sicherheit nicht im Monopolbereich der Telekom, sondern im weiterführenden Endstellenleitungsnetz (Wettbewerbsbereich) oder im Endgerät.
- Ist weder der PPA noch ein Endgerät bzw. eine Zusatzeinrichtung meßbar, so befindet sich der Fehlerort zwischen der Vermittlungsstelle und dem NTA (1. TAE 3 x 6 NFN mit PPA).

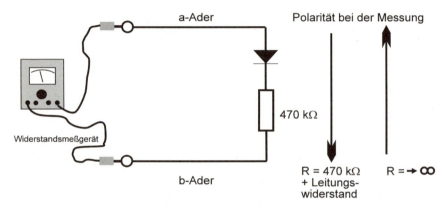

Abb.: 5.14 Unabhängig von der Polarität der a- und b-Ader werden Widerstandsmessungen mit unterschiedlichen Prüfpolaritäten durchgeführt:

- +a, -b: R = 470 kΩ+ Leitungswiderstand und -a, +b: R = unendlich => PPA meßbar, Polarität in Ordnung
- -a, +b: R = 470 kW + Leitungswiderstand und +a, -b: R = unendlich => PPA meßbar, jedoch Polarität vertauscht.
- -a, +b: R = unendlich und +a, -b: R = unendlich => PPA nicht meßbar (kein PPA vorhanden, d. h.: die alte Anschlußtechnik wurde eigenmächtig gegen eine TAE ausgewechselt, was nicht zulässig ist oder die Anschlußleitung ist unterbrochen).

5.1.6   Wie bekommt man die Monopol-TAE der Telekom?

Wer sich ein eigenes Telefon beim privaten Fachhändler, im Warenhaus oder im Versandhandel kauft oder sich einen Anrufbeantworter, ein Modem, ein Telefaxgerät o. ä. zulegt, der benötigt - will er nicht illegal handeln - den offiziellen Monopolabschluß des analogen Telefonetzes (NTA) der Telekom. An diesen NTA kann man auf verschiedene Art und Weise gelangen wobei man - stellt man sich geschickt an - auch die 65,-- DM Montagekostenpauschale sparen kann. Kostenlos ist der

Austausch des alten Telefonanschlußsystems gegen TAE nämlich unter folgenden Voraussetzungen:

- Der NTA (TAE 3 x 6 NFN + PPA) wird bei jedem Besuch eines Telekom-Technikers - sofern er noch nicht vorhanden ist - gesetzt. Es ist dabei unerheblich, ob es sich um die Installation eines weiteren Telefonanschlusses handelt oder ob der Einsatz auf eine - echte (!) - Störung zurückzuführen ist (Anm.: stellt sich heraus, daß die Störungsmeldung eine "Ente" war, um kostenlos an die Monopol-TAE zu kommen, so kostet der Einsatz echtes Geld (Fahrtkostenpauschale zzgl. anteiliger Stundensatz = mindestens ca. 100,-- DM). Die Regelungen entsprechen einer Verwaltungsanweisung des Bundesministeriums für Post- und Telekommunikation (Verwaltungsvorschrift über den Netzanschluß für Endeinrichtungen des Telefondienstes vom 17.01.1991, Abs. 4, veröffentlicht im Amtsblatt 10, vom 07.02.1991 in der Mitteilung des BMPT 2002/1991).

- Bei der Kündigung des Mietvertrages für das Endgerät (nicht den Anschluß kündigen!) wird das Endgerät von einem Telekom-Techniker kostenlos abgeholt (Sie selbst dürfen es ja bei der alten Anschlußtechnik nicht vom Netz trennen). Der Telekom-Techniker setzt auch in diesem Fall kostenlos die TAE 3 x 6 NFN + PPA.

- Nach dem 31.12.1994 wird die alte Telefonanschlußtechnik dann in jedem Fall kostenlos gegen die TAE 3 x 6 NFN mit PPA ausgewechselt, wenn Sie dies wünschen. Dies ist ebenfalls in der "Verwaltungsvorschrift über den Netzanschluß für Endeinrichtungen des Telefondienstes vom 17.01.1991" im Absatz 6 festgelegt. In diesem Absatz der obengenannten Verwaltungsvorschrift wird nebenbei eine Frist von maximal 15 Arbeitstagen genannt, innerhalb derer die Umrüstung durchzuführen ist.

Sie sehen, nichts ist billiger, als die Umrüstung der alten Anschlußtechnik auf das TAE-System. Sie müssen nur beachten, daß sich der Telekom-Techniker relativ selten mit Verwaltungsvorschriften o. ä. auseinandersetzt. Oftmals werden Sie auf den Service- oder Montagebericht ein Kreuzchen vorfinden, das den Einsatz als für Sie kostenpflichtig deklariert. Bereits hier müssen sie aufpassen und sich folgendermaßen verhalten:

- Weisen Sie den Techniker auf die Verwaltungsvorschrift hin (Achtung, Fremdfirmen, die im Auftrag der Telekom arbeiten, kennen diese Vorschrift in der Regel nicht!).
- Bitten Sie den Techniker, sich sofort mit dem zuständigen Sachbearbeiter der Telekom in Verbindung zu setzen.
- Unter Umständen unterschreiben Sie den Bericht nur mit einem zusätzlichen Vermerk: z. B. "Die Auswechselung des Anschlußsystems ist gemäß der Verwaltungsvorschrift ... kostenlos. Die Anerkennung dieses Dokumentes erfolgt unter Vorbehalt!"
- Legen Sie nach Erhalt der fehlerhaften Rechnung schriftlichen Widerspruch ein und begründen Sie diesen mit der obengenannten Verwaltungsvorschrift.

Abb. 5.15: Passiver Prüfabschluß (PPA) an einer TAE 3x6 NFN (Monopolabschluß des deutschen Telefonnetzes);
Foto: Gabi Schoblick

Beachten Sie jedoch, daß eine Umrüstung auf das TAE-System für Sie unter Umständen auch kostenpflichtig sein kann, nämlich dann, wenn Sie

- bis zum 31.12.1994 die Umrüstung beauftragen oder

- wenn die Umrüstung auf das TAE-Anschlußsystem im Wettbewerbsbereich der privaten Wirtschaft erfolgt (betrifft alles ab Klemme 5 und 6 des NTA!). Diese Arbeiten sind in jedem Fall - also auch nach dem 31.12.1994 - kostenpflichtig!

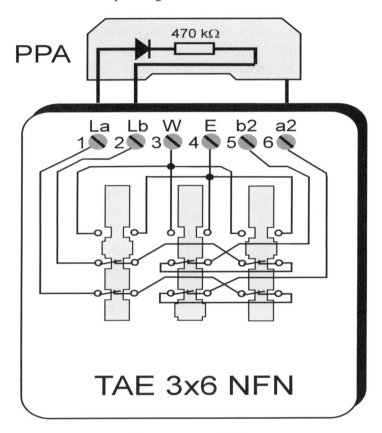

Abb.: 5.16   Anschaltung des PPA an die erste TAE:

Der PPA wird zwischen den Klemmen 1 und 2 geschaltet. Der Anschluß an Klemme 6 hat eine rein mechanische Stützfunktion. Schaltungstechnisch ist dieser Anschluß ohne Bedeutung.

5.2   Ältere Anschlußsysteme in Deutschland

Vor der offiziellen Einführung des TAE-Systems im Jahre 1986 gab es in Deutschland einerseits die Verbinderdose (das Telefon konnte nur mit Hilfe eines Werkzeuges vom Netz getrennt werden, dies ist jedoch für den "Otto Normalverbraucher" nicht zulässig) und andererseits die **An-**

schluß**do**sensysteme ADo (ADo 4 und ADo 8). Darüberhinaus brachte die politische Wende in der ehemaligen DDR ein weiteres Anschlußsystem mit sich.

Weil die 100 %ige Umrüstung auf das TAE-System noch lange nicht abgeschlossen ist und auch die älteren Systeme noch im Einsatz befindlich sind, möchte ich Ihnen diese an dieser Stelle erläutern. Beachten Sie jedoch bei Arbeiten an diesen Systemen stets - und besonders an Zweieranschlüssen im Gebiet der neuen Bundesländer sowie im Ostteil Berlins - die Bedeutung des Netzmonopols der Telekom.

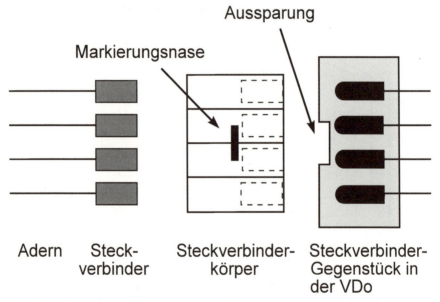

Adern   Steck-   Steckverbinder-   Steckverbinder-
verbinder   körper   Gegenstück in
der VDo

Abb.: 5.17   Prinzip der Steckverbindertechnik:

In der Dose befinden sich Kontaktmesser, die in die Steckverbinder des Steckers einrasten.

Damit keine Vertauschung der Adern möglich ist, besitzt der Stecker eine Markierungsnase und das Gegenstück zum Stecker eine entsprechende Aussparung.

5.2.1   Verbinderdosen (VDo)

Verbinder**do**sen (VDo) bzw. die älteren **S**teckverbinder**do**sen (SvDo) gibt es in vier und in siebenpoliger Ausführung. Steckverbinder wurden einerseits an den "Anschlußschnüren" (Anschluß des Telefones an die VDo bzw. SvDo) und andererseits an den "Hörerschnüren" für den Anschluß des Handapparates (Hörer) an das Telefon eingesetzt. Damit die Steckplätze im Telefon nicht verwechselt werden, sind die Steck-kontakte in den Verbindungssteckern der Anschluß- und Hörerschnur in unterschiedlichen Abständen angebracht.

Damit das Entfernen bzw. der Austausch des Telefones an der Steck-verbinderdose nicht ohne Werkzeugeinsatz möglich ist, befinden sich die Verbinder unter einem verschraubten Deckel. Achtung, allein das Ent-fernen des Deckels stellt bereits einen Verstoß gegen das FAG dar.

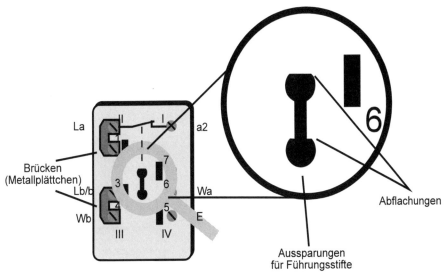

Abb.: 5.18   Dosengesicht einer ADo 4:

Aus der Skizze geht hervor, an welche Klemmen die jeweiligen Anschlüsse vorgenommen werden und wo sich die entsprechenden Brücken befinden.

Die Vergrößerung zeigt die nach oben abgeflachten Aussparungen für die Aufnahme der Führungsstifte des ADoS.

5.2.2   Vierpoliges Anschlußdosensystem (ADo 4)

Vierpolige Anschlußdosen (ADo 4) findet man u. a. in älteren Dosen-anlagen vor. Wie auch die TAE hat die ADo 4 in der Dosenanlage - neben der Verbindung des Telefones mit dem Netz - weitere Funktionen zu erfüllen:

- Unzulässige Parallelschaltungen müssen verhindert werden.
- Das Telefon muß ohne zusätzlichen Werkzeugeinsatz vom Netz getrennt werden.
- Eine Vertauschung von Adern muß ausgeschlossen sein.

Natürlich gilt auch für Dosenanlagen mit ADo 4, daß der Anschluß - auch bei gezogenem Telefon - stets prüfbar sein muß. Realisiert wird dies - damals, zu den "Glanzzeiten" der ADo 4-Technik war der passive Prüfabschluß noch unbekannt - mit Hilfe eines zusätzlichen Ruforganes (Zusatzwecker, Tonrufzweitgerät etc.).

Im Gegensatz zur TAE, in der bei gestecktem Stecker (TAES) sowohl die a- als auch die b-Ader für die nachfolgenden Dosen abgeschaltet werden, wird diese Abschaltung in der ADo nur in der a-Ader vollzogen.

Ein falsches Einführen des Steckers wird durch zwei runde (einseitig abgeflachte) Führungsstifte im Stecker (ADoS 4) verhindert. Mit Hilfe dieser Führungsstifte wird auch der Unterbrecherkontakt geschaltet.

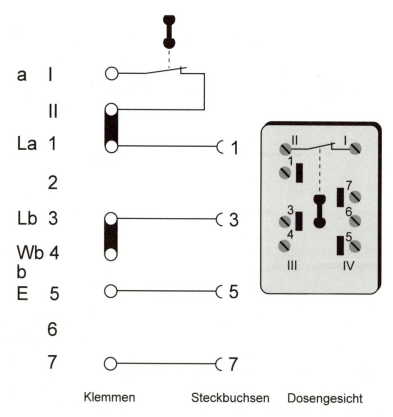

Abb.: 5.19 Schaltbild einer vierpoligen Anschlußdose (ADo 4)

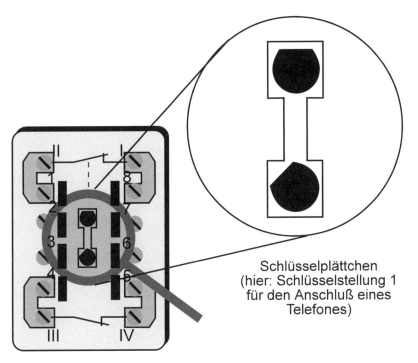

Schlüsselplättchen
(hier: Schlüsselstellung 1
für den Anschluß eines
Telefones)

Abb.: 5.20 Dosengesicht der ADo 8 (in der Vergrößerung: die Schlüsselplättchen, dargestellt ist die Codierung für den Anschluß eines Telefones).

5.2.3 Achtpoliges Anschlußdosensystem (ADo 8)

Wie auch die artverwandte ADo 4 eignet sich die achtpolige Anschluß-dose für den Aufbau von Dosenanlagen zum Anschluß eines Telefones. Die aufwendige ADo 8 wurde jedoch für weitergehende Anwendungen (Anschaltung von Zusatzgeräten etc.) entwickelt.

Auch die ADo 8 verhindert Vertauschungen durch Abflachen an den Führungsstiften bzw. Aussparungen in den Dosen. Im Gegensatz zur ADo 4 sind die Führungsstifte im Stecker (ADoS) bzw. die Schlüssel-plättchen in der Dose einstellbar. Die ADo 8 kann also für verschiedene Anwendungen unterschiedlich codiert werden.

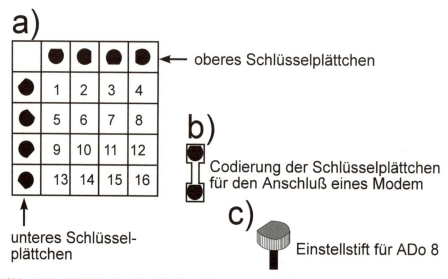

Abb.: 5.21 Mit Hilfe des Einstellstiftes (c), der eines neuen ADo 8 beiliegt können die 17 gültigen Positionen der beiden Schlüsselplättchen eingestellt werden. Etwas exotisch ist die Einstellung für die ADo 8 zum Anschluß eines Modems (b).

Einprägsam für jeden Techniker ist die Matrix der restlichen 16 Positionen, denn für jede Position erfolgt eine Drehung um 90° im Uhrzeigersinn. Das obere Schlüsselplättchen, beginnt dabei mit der Abflachung nach oben, das untere Schlüsselplättchen mit der Abflachung im Winkel von -45°.

Eine Eselsbrücke: Wer das untere Schlüsselplättchen vergißt, für den ist es "kurz vor 12".

5.2.4   Dosenanlagen mit ADo-Technik

In den vorigen Abschnitten haben Sie die vier- und achtpolige Anschlußdose (ADo 4 und ADo 8) kennengelernt. Einer der meisten Anwendungsfälle der ADo-Technik ist die Dosenanlage. Dosenanlagen werden immer dann eingesetzt, wenn *ein* Telefon wahlweise an verschiedenen Orten betrieben werden soll. Die Dosenanlage eignet sich besonders gut für den Einsatz in privaten Haushalten, weil sie relativ preiswert realisiert werden kann.

5.2.4.1 Dosenanlage mit vierpoligen Anschlußdosen (ADo 4)

Die Abbildung 5.24 zeigt die einfachste Form einer ADo 4-Dosenanlage für den Betrieb an einem Telefon-Hauptanschluß. Wird zusätzlich die gestrichelt dargestellte Ader (E-Ader) verlegt, so kann diese Dosenanlage auch an einer Nebenstellenanlage mit Erdtastenfunktion betrieben werden.

Tab.: 5.1: ADo 8-Codierungen

Schlüsselstellung	Einsatzbeispiele	Anschaltung
1	Telefon in einer Dosenanlage	%
2	Rufnummerngeber	vor dem Telefon
3	ältere Anrufbeantworter	nach dem Telefon
4	ältere Telefaxgeräte	nach dem Telefon
5	Störungsmelder	vor dem Telefon
6	Fernwirkeinrichtungen	vor dem Telefon
7	automatische Auskunftgeber	vor dem Telefon
8	digitale Fernwirkeinrichtungen	vor dem Telefon
9	Rufnummerngeber mit Freisprecheinrichtung	vor dem Telefon
10	ältere Telefaxgeräte	vor dem Telefon
11	Notrufmelder	vor dem Telefon
12	Bildsendegeräte (veraltet)	vor dem Telefon
13	veraltete Beschwerdeplätze mit Anrufbeantworter	vor dem Telefon
14	Abspielgeräte an Hauptanschlüssen mit Mehrfachzugang (heute z. B. Info-Service 0190)	vor dem Telefon
15	Telefon an Reihenanlage nach Ausstattung I	%
16	Gefahrenmeldeanlagen	%

Erinnern Sie sich bitte an die Aufgaben, die eine Dosenanlage zu erfüllen hat. Eine dieser Aufgaben ist die Verhinderung einer unzulässigen Parallelschaltung. Zu diesem Zweck beinhaltet die ADo 4 zwischen den Klemmen I und II einen Öffnerkontakt, der durch die Führungshilfe des Steckers (ADoS) betätigt wird. Über diesen Öffnerkontakt wird zweckmäßiger Weise die a-Ader geschaltet, denn die b-Ader wird noch für den Betrieb des Zusatzweckers benötigt. Weil die a-Ader jedoch an Klemme 1 angeschlossen und somit mit der entsprechenden Steckbuchse der Dose verbunden wird, ist eine Brücke zwischen Klemme 1 und Klemme II erforderlich. Über den Öffnerkontakt wird die a-Ader ab Klemme I dann zur jeweils nächsten Dose geführt.

Die b-Ader wird über Klemme 3 einerseits auf die entsprechende Steckbuchse und andererseits wieder abgehend zur nächsten Dose geführt. Eine Unterbrechung (vgl. Dosenanlage mit TAE) ist in der ADo 4 für die b-Ader nicht vorgesehen.

Theoretisch könnte nun an jeder Dose der Anlage telefoniert werden (Bedingung: nur ein Telefon ist in der gesamten Anlage gesteckt!). Leider erfüllt die Dosenanlage - in der jetzigen Form - zwei wichtige Aufgaben nicht:
• die Anlage muß auch bei bezogenem Telefon prüfbar,
• bei gezogenem Telefon werden keine ankommenden Rufe signalisiert.

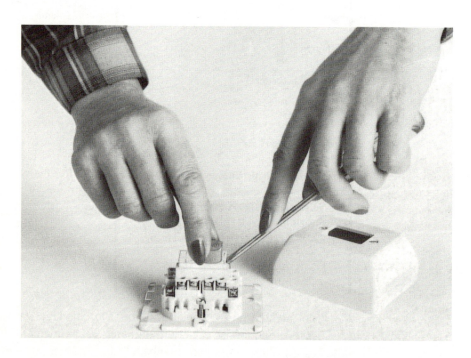

Abb.: 5.22 Einstellung einer ADo 8 (Foto: Fritz Kuke KG, Berlin)

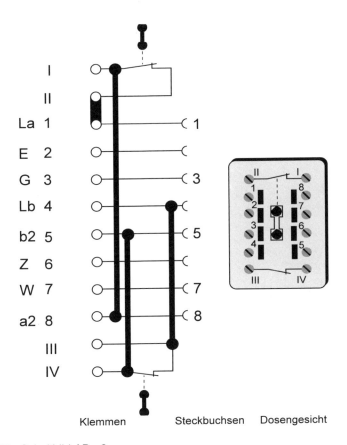

Abb.: 5.23 Schaltbild ADo 8

An die Dosenanlage soll deshalb ein zusätzliches Ruforgan (Zusatz-wecker, Tonrufzweitgerät, Starkstromanschalterelais etc.) angeschaltet werden, das die fehlenden Bedingungen erfüllt. Der Wecker soll an eine beliebige Dose anschaltbar sein und den ankommenden Ruf sowohl bei gestecktem Telefon als auch bei einer unbestückten Dosenanlage signa-lisieren. Die b-Ader für den Weckeranschluß (Wb) kann an jeder Dose von der Klemme 4 abgenommen werden. Wenn Sie die Abbildung 5.18 ansehen, werden Sie eine Brücke von Klemme 3 (Lb/b) nach 4 (Wb) entdecken. Das Potential der b-Ader steht somit automatisch an jeder Dose ohne weitere Schaltarbeiten zur Verfügung.

Die a-Ader kann - soll das zusätzliche Ruforgan in jedem Fall anspre-chen - im Prinzip in der 1. Dose per Brücke von Klemme 1 oder II zur Klemme 6 und von dort aus jeweils auf die Klemme 6 der weiteren Dosen geschaltet werden. Der Zusatzwecker könnte nun an jeder belie-

175

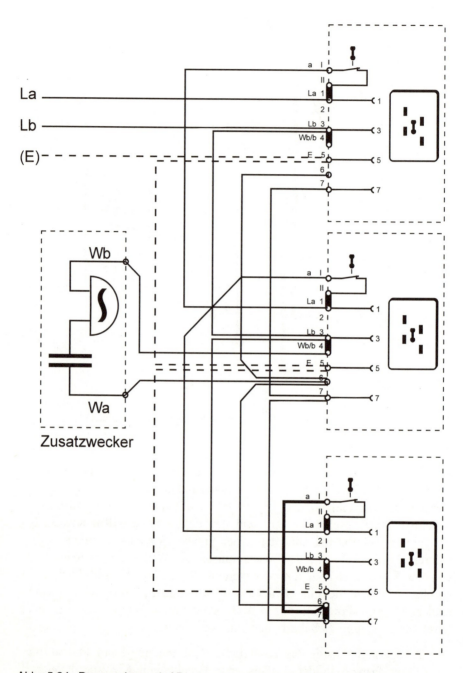

La

Lb

(E)

Wb

Wa

Zusatzwecker

Abb.: 5.24 Dosenanlage mit ADo 4 und zusätzlichem Ruforgan. Für den Einsatz an Nebenstellenanlagen mit Erdtastenfunktion muß zusätzlich die gestrichelt dargestellte Ader geschaltet werden.

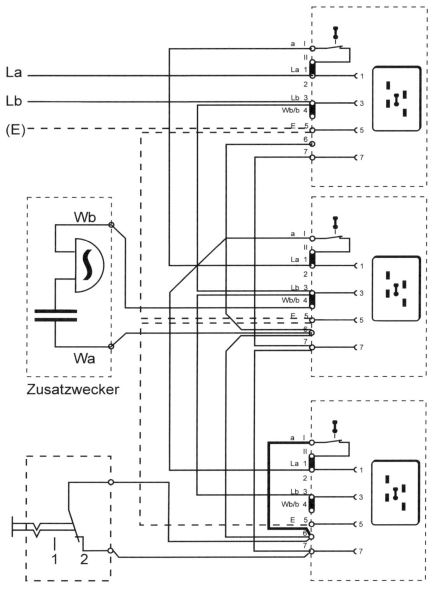

La

Lb

(E)

Wb

Wa

Zusatzwecker

1

2

1 = Wecker klingelt nur bei NICHT gestecktem Telefon
2 = Wecker klingelt immer

Abb.: 5.25 Anstelle der Brücke zwischen den Klemmen 7 und 6 kann ein Schalter gesetzt werden. Die übrige Schaltung bleibt wie gehabt. Bei gestecktem Telefon kann der zusätzliche Wecker (egal an welcher Dose er angeschaltet ist) abgeschaltet werden. Ist kein Telefon in der Dosenanlage gesteckt, so bleibt die Funktion erhalten.

bigen Dose an die Klemmen 4 und 6 angeschlossen werden. Diese Variante wird häufig von "Bastlern" realisiert, ist jedoch unüblich.

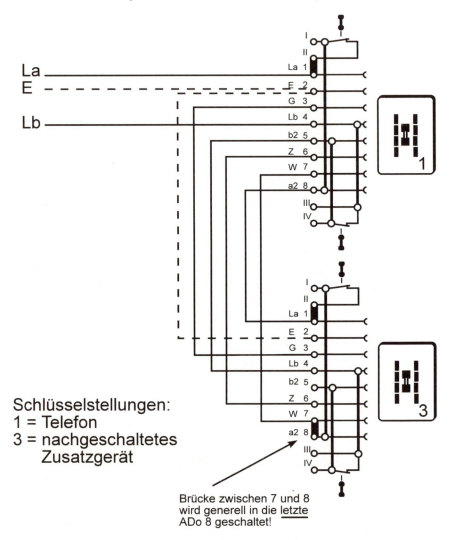

Schlüsselstellungen:
1 = Telefon
3 = nachgeschaltetes
    Zusatzgerät

Brücke zwischen 7 und 8
wird generell in die letzte
ADo 8 geschaltet!

Abb.: 5.26 Schaltungsbeispiel einer Dosenanlage mit ADo 8 mit nachgeschaltetem Zusatzgerät

Die übliche Variante, das Potential der a-Ader zur Ansteuerung des zusätzlichen Ruforganes auf die Klemme 6 einer jeden Dose zu schalten sieht im Detail etwas anders aus: Wie zuvor beschrieben, werden die Klemmen 6 aller ADo miteinander verbunden, jedoch wird nicht in der ersten, sondern in der letzten Dose gebrückt:

- Eine Brücke von Klemme I zur Klemme 6 der letzten ADo bewirkt, daß der ankommende Ruf dann signalisiert wird, wenn kein Telefon in der Dosenanlage gesteckt ist.

- Soll das zusätzliche Ruforgan auch dann ansprechen, wenn einTelefon an die Dosenanlage angeschaltet wird, so wird zusätzlich eine Brücke zwischen den Klemmen 7 und 6 der letzten ADo geschaltet. Über Klemme 7 wird das Potential der a-Ader über die W2-Ader des Telefones bereitgestellt. Damit die Funktion unabhängig von der mit dem Telefon beschalteten Dose ist, müssen die Klemmen 7 aller Dosen untereinander verbunden werden.

Diese Schaltungsvariante eröffnet die Möglichkeit, mit Hilfe eines Schalters das zusätzliche Ruforgan bei gestecktem Telefon abzuschalten (Abb.: 5.25).

Es sei erwähnt, daß die ADo 4-Technik nicht mehr bei Neuinstallationen eingesetzt wird.

5.2.4.2 Dosenanlage mit achtpoliger Anschlußdose (ADo 8)

In einer Dosenanlage mit achtpoligen Anschlußdosen (ADo 8) können dem Telefon Zusatzgeräte vor - und/oder nachgeschaltet werden. Für normale Dosenanlagen, bei denen keine Zusatzgeräte wie z. B. Anrufbeantworter angeschaltet werden sollen, wäre der Einsatz von ADo 8 zwar möglich, aber entschieden zu aufwendig.

Im Gegensatz zur ADo 4 bietet die ADo 8 die Möglichkeit, neben der a-Ader auch die b-Ader - gesteuert durch die Führungsstifte - über Öffnerkontakte für die nachfolgenden Dosen abzuschalten.

Wie auch die ADo 4- wird auch die ADo 8-Technik nicht mehr für Neuinstallationen verwendet.

5.2.5   Telefonanschlußsysteme der ehemaligen DDR

In der ehemaligen DDR hat sich zu Zeiten vor der Wiedervereinigung ein Anschaltesystem etabliert, das der Anschlußdosentechnik in den westlichen Bundesländern Deutschlands sehr ähnlich ist. Das System stirbt im Zuge der Umrüstung auf TAE-Technik allmählich aus, ist jedoch noch recht häufig vorzufinden.

Die Anschlußdose der ehemaligen DDR weist fünf Steckkontakte und sechs Anschlußklemmen auf. Wie auch bei der "westdeutschen" ADo 4 kann für den Einsatz in Dosenanlagen lediglich die a-Ader bei gestecktem Telefon über einen Öffner in weiterführende Richtung getrennt werden. Eine Besonderheit der "ostdeutschen" Anschlußdose stellt ein fest installiertes Abschlußelement, bestehend aus einem 80 kΩ-Abschlußwiderstand und einer in Reihe geschalteten Diode dar. Die Diode wird - ähnlich dem PPA der Telekom - in Sperrichtung betrieben. Das Abschlußelement ist fest verdrahtet an die Klemmen La und Lb geschaltet.

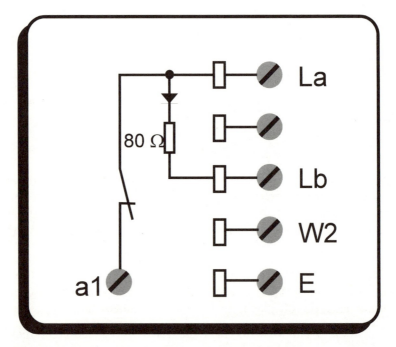

Abb.: 5.27   Schaltbild der Anschlußdose der ehemaligen Deutschen Post (ehemalige DDR-Post).

Ein Öffnerkontakt wird durch einen Kunststoffstift am Stecker geöffnet, sobald die Dose belegt wird. Alle weiterführenden Dosen werden somit einpolig abgeschaltet.

Die Anschlußdose der ehemaligen "DDR-Post" besitzt ein fest eingebautes Abschlußelement (80 kΩ-Widerstand in Reihe mit Diode).

Eine weitere Besonderheit ist die Klemme zwischen La und Lb. Diese erfüllt fernmeldetechnisch keinen Sinn. Aber es soll ja in der DDR einen sehr neugierigen staatlichen Verein gegeben haben; vielleicht konnten die Damen und Herren der "Stasi" etwas mit dieser Ader anfangen.

Abb. 5.28: Anschlußdose und -stecker der ehemaligen Deutschen Post der DDR.
(Foto: Gabi Schoblick)

5.3 Telefonanschlußsysteme nach "Western-Art"

Zukunftsträchtig, jedoch noch mit Normungsproblemen behaftet, ist die sogenannte "Western-Anschlußtechnik". Obgleich Dosen und Stecker der Western-Anschlußtechnik in der CEI/IEC 603-7 im Jahre 1990 international genormt wurden, legen einige Endgerätehersteller und ausländische Netzbetreiber eigene Richtlinien für die Beschaltung dieser Anschlußsysteme fest. Wird z. B. ein Import-Telefon, hergestellt in den USA, mit einem deutschen Adapter (Western-TAE) an das Netz der Telekom angeschaltet, so wird das Gerät nicht funktionieren. Der Adapter muß extra für den Betrieb amerikanischer Geräte am Telefonnetz vorgesehen sein. In diesem Zusammenhang sei jedoch noch einmal darauf hingewiesen, daß der Fall des Endgerätemonopols nicht die Anschaltung von Telefonen gestattet, denen ein BZT-(bzw. früher: FTZ und ZZF) Zulassungszeichen fehlt.

Die Modularsteckverbinder oder Universal-Anschluß-Einheiten, wie die "Western-Anschlußsysteme" noch bezeichnet werden, besitzen im Gegensatz zu ADo und TAE keine Unterbrecherkontakte. An Hauptanschlüssen

181

des analogen Telefonnetzes können somit keine Dosenanlagen realisiert werden, ohne eine unzulässige Parallelschaltung zu gestatten.

Universalanschlußdosen verbinden die Klemmen jeweils direkt mit dem zugehörigen Kontakt der Steckbuchse. Interne Brücken oder herausgeführte Anschlüsse gibt es nicht.

5.3.1   Universal-Anschluß-Einheiten (UAE)

Universal-Anschluß-Einheiten (UAE) sind in verschiedenen Bauformen und Bezeichnungen auf dem Markt und im Einsatz. Am gebräuchlichsten ist die RJ45-Dose. Die RJ45-Dose besitzt eine achtpolige Klemmleiste und ein achtpoliges Dosengesicht. Die Klemmanschlüsse sind jeweils direkt mit den entsprechenden Kontakten der Steckbuchse verbunden.

Aussagekräftiger als die Bezeichnung RJ45 ist UAE 8(8). Man kann aus der Bezeichnung sofort entnehmen, daß die verwendete Universal-Anschluß-Einheit eine achtpolige Klemmleiste und ein achtpoliges Dosengesicht hat.

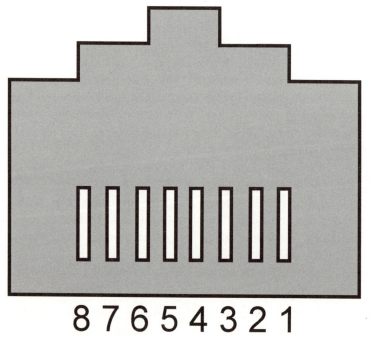

Abb.: 5.29 Schematische Darstellung des Steckergesichtes einer achtpoligen Universal-Anschluß-Einheit (UAE).

Tab. 5.2: Mögliche Bezeichnungen für UAE

RJ 45	UAE 8 (8)	8P8C
RJ 12	UAE 6 (6)	6P6C
RJ 11	UAE 6 (4)	6P4C
RJ 10	UAE 4 (4)	4P4C

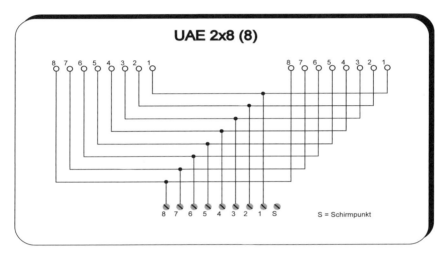

Abb.: 5.30   UAE 2 x 8 (8)

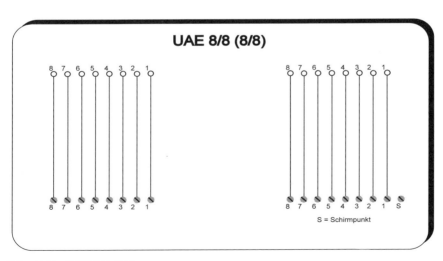

Abb.: 5.31   UAE 8/8 (8/8)

183

Eine weitere Form, Universal-Anschluß-Einheiten zu bezeichnen, ist die Angabe der Breite des Stecker-/Dosengesichts (Anzahl der Positions = P) und der Anzahl der von "P" nutzbaren Kontakte (Conductors = C). Die RJ45 oder UAE 8(8) entspräche somit einer "8P8C"-Anschlußdose.

5.3.1.1 Doppelte Universal-Anschluß-Einheiten

Bereits zu Beginn dieses Kapitels haben Sie mehrfach Telefon-Anschlußdosen kennengelernt (z. B.: TAE 3 x 6 NFN). Aufgrund der extrem geringen Abmessungen von Stecker und Buchse bietet sich eine mehrfache Ausnutzung des Dosenkörpers auch bei der Universal-Anschluß-Einheit (UAE) an.

Bei den Mehrfachsteckdosen sind allerdings zwei Varianten zu unterscheiden:
- Beide Buchsen werden von einer einzigen Klemmleiste versorgt. Sie sind also parallel geschaltet und somit für den Anschluß zweier Telefone ungeeignet, wie z. B.: UAE 2 x 8 (8).
- Beide Buchsen werden von jeweils einer eigenen Klemmleiste versorgt, wie z. B. UAE 8/8 (8/8).

Erinnern Sie sich an die obengenannten Bezeichnungen: der Wert in der Klammer (Anzahl der Kontakte der Klemmleiste) ist entweder einmal (nur eine Klemmleiste) oder zweimal, getrennt durch Schrägstrich (zwei Klemmleisten) aufgeführt.

5.3.2   Universal-Anschluß-Einheit am analogen Telefonanschluß

An die Universal-Anschluß-Einheit werden maximal vier Adern (La, Lb, W und E) angeschaltet, wenn die Dose am analogen Telefonanschluß verwendet wird. Weiterführende Adern, wie sie z. B. an der TAE (dort: Klemme 5 und 6) angeschaltet werden können, sind an der UAE nicht vorgesehen. Die UAE eignet sich somit nicht für den Einsatz in Dosenanlagen (Ausnahme: letzte Position).

Die Abbildung 5.32 zeigt die Belegung einer RJ45-Dose UAE 8(8) für den Anschluß eines analogen Telefones. Die gezeigte Belegungsvariante entspricht einer - in Deutschland - weit verbreiteten Beschaltungsweise in der Anschlußschnur. Wie ich bereits auf Seite 181 ff. angedeutet

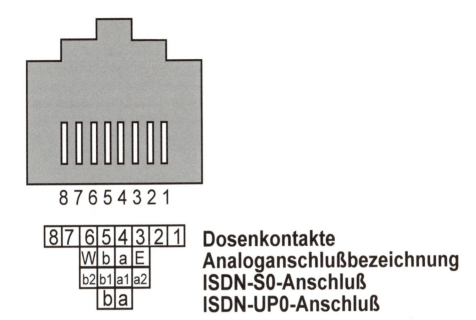

Abb.: 5.32 Beispiel für die Anschlußbelegung an einer UAE.

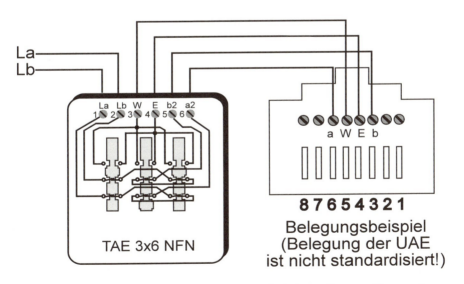

Abb.: 5.33 Beispiel für die Anschaltung der UAE als letzte Dose an Dosenanlagen.
Die Belegung ist für den Anschluß eines analogen Telefones vorgesehen.

habe, liegt jedoch gerade an dieser Stelle ein normungstechnisches Problem, denn nicht nur außerhalb Deutschlands weichen die Beschaltungen unter Umständen von der vorgestellten Variante ab, sondern selbst die nationalen Telefonhersteller haben eigene Beschaltungsformen vorgesehen. Bei der Installation der UAE werden also stets die Herstellerunterlagen des Telefones benötigt, das an die UAE angeschaltet werden soll.

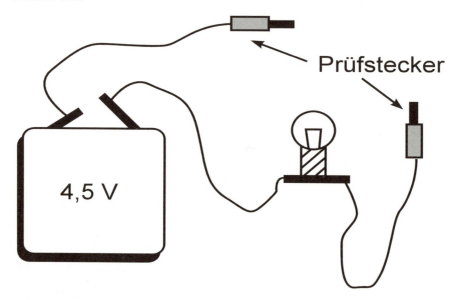

Abb.: 5.34   Ein einfacher und preiswerter "Durchgangsprüfer" ist leicht selbst "gebastelt":

- 2 Bananenstecker, Preis ca. 0,50 DM pro Stück
- 1 Batterie 4,5 V, Preis ca. 3,-- DM
- 1 Lampenfassung, Preis ca. 0,50 DM
- 1 Taschenlampen-Glühlampe 6 V, Preis ca. 1,-- DM und
- ca. 1 m Prüfleitung, Preis ca. 1,-- DM

Eleganter ist der Einsatz eines echten Durchgangsprüfers oder Multimeters. Für diesen Zweck ausreichende Geräte kosten weit weniger als 30,-- DM. Außerdem ist der Aufwand geringer.

5.3.2.1 Was tun, wenn keine Herstellerunterlagen vorliegen?

Ein durch das BZT zugelassenes Telefon - diesem liegt in jedem Fall eine Anschlußschnur mit einem TAE-Stecker für den Anschluß an die Monopol-TAE bei - kann durch eine Anschlußschnur mit zwei Western-

Steckern ersetzt werden. Funktionieren wird das Telefon jedoch nur dann, wenn die Belegung der UAE - dies ist die einfachste Variante - an die Steckerbelegung angepaßt ist.

Um die Belegung am Telefon ermitteln zu können, wird ein Durchgangsprüfer bzw. ein Widerstandsmeßgerät benötigt. Wer kein solches Gerät besitzt, der kann ein wenig improvisieren (Abb.: 5.34).

Der erste Schritt ist die Analyse der mit dem Telefon gelieferten Anschlußschnur: die Belegung des TAE-Steckers ist bekannt (Abb.: 5.35) es müssen also nur noch die Belegungen des "Western-Steckers" am Telefon ermittelt werden. Eine Prüfspitze des Durchgangsprüfers wird am bekannten Kontakt des TAE-Steckers gehalten. Mit der zweiten Prüfspitze wird am Western-Stecker die markierte Ader gesucht und das Ergebnis notiert. Mit dem nun gefundenen Angaben kann die UAE passend beschaltet werden. Die neue Anschlußschnur hat an beiden Seiten einen "Western-Stecker".

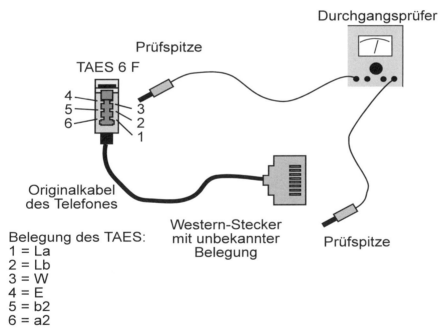

Belegung des TAES:
1 = La
2 = Lb
3 = W
4 = E
5 = b2
6 = a2

Abb.: 5.35 Mit Hilfe eines Durchgangsprüfers kann man - anhand der vorhandenen Originalanschlußschnur - die erforderliche Belegung der UAE ermitteln.

5.3.2.2 *Western-Anschlußsysteme selbst gemacht*

Anschluß- und Verbindungsschnüre mit dem Universalanschlußsystem lassen sich mit einer eigens dafür vorgesehenen "Crimpzange" schnell und einfach selbst herstellen. Sicher, für den Heimgebrauch rentiert sich die Investition zur Anschaltung einer solchen Crimpzange nicht, jedoch sollte dieses Werkzeug in keinem Servicekoffer fehlen, wenn häufiger Arbeiten an Anlagen mit dem Universalanschlußsystem durchgeführt werden. Auch für den Fachhandel ist eine gute Crimpzange für Modularstecker eine lohnende Anschaffung, können doch Anschluß- und Verlängerungskabel in nahezu jeder beliebigen Länge hergestellt werden.

Eine gute Crimpzange kann neben der eigentlichen Befestigung des Modularsteckers noch mehr. Sie sollte sich ferner zum Abisolieren und Schneiden von Telefonkabeln eignen.

Mit Hilfe der Crimpzange werden Kabel innerhalb weniger Sekunden konfektioniert. Sie benötigen lediglich Modularstecker und Telefon-Flachkabel (mit 4, 6 oder 8 Adern erhältlich). Der Arbeitsablauf ist kinderleicht:
- Sie schneiden das Kabel auf die gewünschte Länge,
- setzen den Modularstecker an das Kabelende passend an und
- "quetschen" das Steckergehäuse mit der Crimpzange auf das Kabel.

Die Abisolierung wird dabei automatisch durchgeführt. Sie müssen jedoch darauf achten, daß die Adern nicht spiegelverkehrt auf die Kontakte des Steckers gelegt werden. Prüfen Sie das, bevor der Stecker verschlossen wird, denn eine nachträgliche Korrektur ist nicht mehr möglich (Abhilfe im Ernstfall: abschneiden und neuen Stecker verwenden!)

5.3.3   ISDN-Anschluß-Einheit (IAE)

Die von der Telekom eingesetzte **ISDN-Anschluß-Einheit** (IAE) ist eine Sonderform der achtpoligen **Universal-Anschluß-Einheit** (UAE). Der wesentliche Unterschied ist die doseninterne Verdrahtung und die veränderte - vierpolige Klemmleiste. Wegen dem achtpoligen Steckergesicht und der vierpoligen Klemmleiste lautet die Bezeichnung der ISDN-Anschluß-Einheit: IAE 8(4).

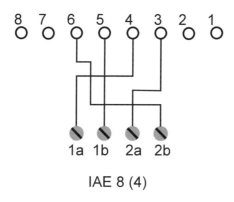

IAE 8 (4)

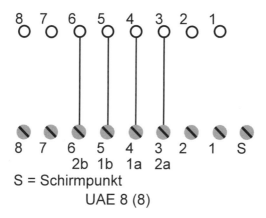

S = Schirmpunkt

UAE 8 (8)

Abb.: 5.36 Vergleich der ISDN-Anschluß-Einheit (IAE) mit der Universal-Anschluß-Einheit (UAE):

Wenn die Verdrahtungsunterschiede beachtet werden, können am ISDN-S_0-Bus sowohl IAE als auch UAE angeschaltet werden.

5.4 Anschlußtechnik in Österreich

Die österreichische Post verwendet für die Anschaltung der Endgeräte *Telefonsteckdosen* (TDo) mit drei Steckplätzen. Die Buchsen sind zehnpolig ausgelegt. Vom Prinzip her sind die österreichischen Telefonsteckdosen den deutschen Telekommunikations-Anschluß-Einheiten (TAE) sehr ähnlich, jedoch bestehen die Unterschiede nicht nur in der Anzahl der Kontakte, sondern auch in der Kennzeichnung der Stecker für Telefone und Zusatzeinrichtungen. Während in der deutschen TAE mittels einer mechanischen Kennzeichnung ("Nasen" am Stecker und Aussparungen in der Dose, vgl. 5.1) Stecksysteme für den Anschluß eines Telefones und für Zusatzgeräte unterschieden werden, bedient sich die österreichische Post einer symbolischen Kennzeichnung (Dreieck, Kreis, Telefonhörer). Das entsprechende Symbol wird den Endgeräten in Österreich bei der Zulassung zugewiesen.

Die Montage der Telefonsteckdosen erfolgt in Österreich übrigens ausschließlich durch die Post.

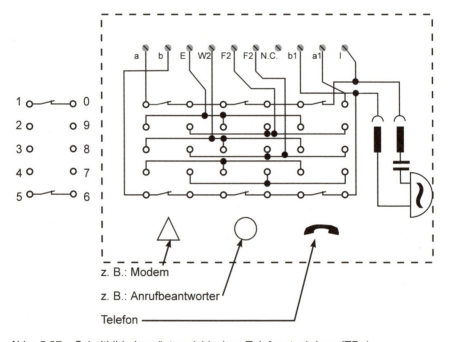

Abb.: 5.37   Schaltbild einer österreichischen Telefonsteckdose (TDo)

- a = a-Ader
- b = b-Ader
- E = E-Ader
- W2 = aus dem Telefon herausgeführte W-Ader
- F2 = parallel zum Telefon geführte Leitungen für Zusatzlautsprecher etc.
- b1 = weiterführende b-Ader
- a1 = weiterführende a-Ader für zweites Telefon
- l = weiterführende a-Ader (über doseninterne Öffnerkontakte) für die Verdrahtung einer Dosenanlage

5.4.1 Besonderheiten der österreichischen Telefonsteckdose

Die zehnpolige Telefonsteckdose besitzt keinen passiven Prüfabschluß (Reihenschaltung aus einer Diode und einem 470 kΩ-Widerstand). Damit der Anschluß jedoch auch bei gezogenem Telefon prüf- und anrufbar bleibt, wird in die Dose eine Rufeinrichtung eingebaut. Die Rufeinrichtung wird an die Klemmen für die weiterführenden a- und b-Adern angeschaltet. Da auch hier - wie bei der deutschen TAE - Öffnerkontakte durch den Stecker betätigt werden, ist die Rufeinrichtung bei gestecktem Telefon abgeschaltet. In Dosenanlagen ist die Rufeinrichtung übrigens stets in der letzten TDo zu installieren.

Ein weiteres charakteristisches Markmal der TDo sind zwei mit "F2" bezeichnete Klemmen. Diese Anschlüsse gestatten den Anschluß eines externen Lautsprecher an einer x-beliebigen TDo, der weiteren Personen die passive Teilnahme am Gespräch (mithören) ermöglicht. Diese beiden Anschlüsse sind sehr vorteilhaft, denn in älteren Telefonen aus dem Programm der damaligen Deutschen Bundespost konnten zusätzliche Lautsprecher nur induktiv angekoppelt(vgl. 6.4.1) oder - an dafür vorgesehenen Klemmen - innerhalb des Telefones angeschaltet werden.

Für den Anschluß eines Modems ohne automatische Wählfunktion wird ein spezielles Telefon - das den Verbindungsaufbau steuert - benötigt. Um mit der Datenübertragung beginnen zu können, wird mittels einer Datentaste die Verbindung an das Modem übergeben. Die österreichische TDo sieht dafür zwei der zehn Kontakte (Kontakte 4 und 7) vor. Zum Vergleich: soll in Deutschland ein älteres Modem mit einem Telefon mit Datentaste betrieben werden, so wird eine ADo 8-Dosenanlage (siehe 7.3.5.2) benötigt.

5.4.2 Dosenanlagen mit TDo

Bei der Dosenanlage mit österreichischen Telefonsteckdosen muß darauf geachtet werden, daß die Rufeinrichtung - die gleichzeitig einen Prüfabschluß darstellt - in die letzte (!) Dose installiert wird. Im Gegensatz zur deutschen TAE-Technik mit dem passiven Prüfabschluß in der ersten TAE können die österreichischen Techniker die gesamte Dosenanlage prüfen, wenn kein Telefon gesteckt ist.

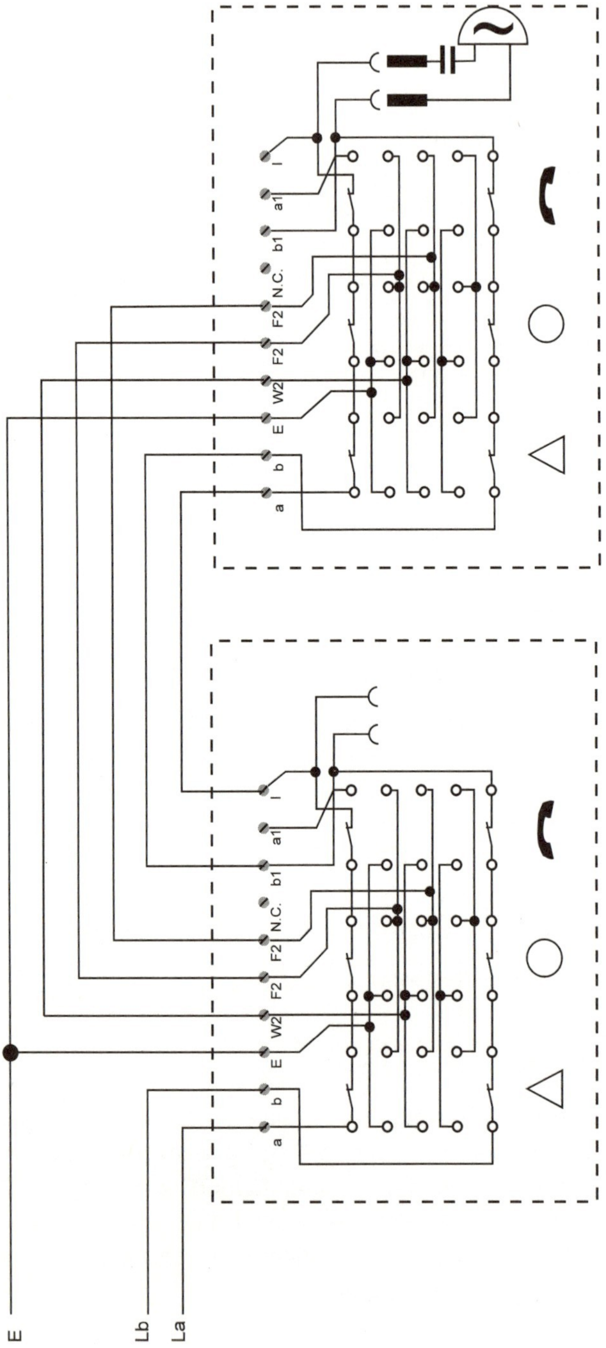

Abb.: 5.38 Dosenanlage mit österreichischen Telefonsteckdosen

5.5 Adapter

Sie haben im Laufe dieses Kapitels eine Reihe unterschiedlicher Telefonanschlußsysteme kennengelernt. Nun wird die Vielfalt dieser Systeme nicht nur durch die internationalen Einigungsprozesse gefördert, sondern auch national durch diverse herstellerspezifische Eigenkreationen. National kann man sich doch aber auf den Standard seines Netzbetreibers verlassen - oder? Zweifel sind - zumindestens in Deutschland - berechtigt, denn obwohl die Telekom voll auf die TAE 6-Technik setzt und eine solche Steckdose auf Wunsch an jeden Telefonanschluß - nach dem 31.12.94 kostenlos (!) - installiert wird, sind immer noch ältere Systeme, insbesondere ADo 4-Dosenanlagen im Einsatz.

Wie nun kann es dazu kommen?

5.5.1   Wann braucht man einen Adapter?

Nehmen wir den folgenden Fall an: Sie besitzen einen Telefonanschluß mit einer ADo 4-Dosenanlage und sind mit dem System zufrieden. Nun möchten Sie einen zweiten Telefonanschluß in der gleichen Wohnung installieren lassen. Wie ich Ihnen ab Seite 164 erklärt habe, wird bei jedem Besuch eines Telekom-Technikers automatisch eine Monopol-TAE installiert. Dies wird auch am bereits vorhandenen Telefonanschluß durchgeführt.

Der Haken an der ganzen Angelegenheit ist, daß lediglich die Installation der Monopol-TAE in diesem Fall kostenlos ist. Alle weiteren TAE, die anstelle der ADo 4 gesetzt werden müßten, werden *nach Aufwand* abgerechnet. Unter Umständen hat der Monteur keine passende Anschlußschnur dabei, die es gestattet, das vorhandene Telefon auf TAE-Technik umzurüsten. Ergebnis wird sein, daß die Monopol-TAE *vor* die bestehende ADo 4-Dosenanlage geschaltet wird. Wenn Sie nun ein anderes Telefon erwerben, wird dieses in der Regel mit der TAE-Technik versehen sein. Es paßt somit nicht mehr an die bestehende ADo 4-Dosenanlage. - Sie benötigen einen Adapter.

Ein anderes Beispiel: an eine Nebenstellenanlage sollen Telefone mit TAE-Stecksystem angeschaltet werden. Auch hier ist ein Adapter nötig, wenn das Hausnetz mit dem Universal-Anschluß-System ausgestattet wurde.

5.5.2 Anschlußschnüre

Die Anschlußschnüre müssen stets von zwei Seiten betrachtet werden:
- Anschlußseite für die Netzanschlußdose und
- Anschlußseite für das Telefon.

Für den Anschluß am Telefonnetz haben Sie bereits die gängigsten Anschlußsysteme kennengelernt:
- TAE-F,
- TAE-N,
- AS4 (Anschluß für vierpolige Steckverbinderdose, SVDo bzw. VDo) und
- Western- bzw. Modularstecker

Am Telefon können folgende Anschlußsysteme verwendet werden:
- AS 4
- MSV 4 (vierpoliger Mikrosteckverbinder)

Will man auf einen Anschlußadapter verzichten, können unter Umständen die passenden Anschlußschnüre eingesetzt werden:
- TAES 6 - AS 4,
- TAES 6 - Western 6(4),
- TAES6 - MSV 4
- AS 4 - AS 4
- AS 4 - MSV 4 etc.

Anschlußschnüre werden jedoch nicht nur zur Anpassung eines Telefones an das bestehende Anschlußsystem, sondern auch dann eingesetzt, wenn die Original-Anschlußschnur am Telefon zu kurz ist. Es sind Leitungslängen von 3 m bis sogar 25 m erhältlich. Bei sehr langen Anschlußschnüren kann das Telefon leicht zur Stolperfalle werden. Unter Umständen sollte statt einer langen Anschlußschnur eine Dosenanlage eingesetzt werden.

5.5.3 Verlängerungsschnüre

Verlängerungsschnüre können einerseits als Adapter (Anpassung des Anschlußsteckers ans Telefon und an die vorhandene Anschlußdose) und gleichzeitig als Verlängerung dienen. Auch Verlängerungsschnüre werden in Längen ab 3 m (bis 25 m) vertrieben.

Der wesentliche Unterschied zu den vorab erläuterten Anschlußschnüren besteht darin, daß die Verlängerungsschnur an einem Ende eine Kupplung (flexible Steckbuchse) besitzt, an der die Original-Anschlußschnur angeschaltet wird.

Abb.: 5.39 Die Auswahl an Steckverbindersystemen in der Telefontechnik ist sehr vielseitig
Quelle: Kräcker AG, Berlin

5.5.4 Steckadapter

Steckadapter, d. h. Adapter ohne Verbindungsschnur zwischen den Steckelementen werden direkt zwischen die Dose und den Stecker des Telefones geschaltet. Der große Vorteil ist, daß keine unnötige Verlängerung der Anschlußschnur erfolgt und somit keine zusätzliche Stolper-Gefahrenstelle geschaffen wird, die praktisch jede freiliegende Leitung darstellt. Damit wir uns nicht falsch verstehen: eine *gewollte* Verlängerung der Anschlußschnur stellt sicher keinen Nachteil dar, doch wenn die bisherige Länge der Anschlußschnur ausreicht, sollte man auch diese Länge beibehalten.

Ein weiterer Vorteil der Steckadapter ist, daß dieser generell an einem bestimmten Ort auffindbar ist. Die Suche nach der Kontaktstelle an einer womöglich mit anderen Leitungen verknoteten Anschlußschnur erübrigt sich.

Auch bei den Steckadaptern gibt es das große Problem der ungewissen Belegung bei Universal-Anschluß-Einheiten (UAE). Da Sie jedoch nie so recht wissen werden, mit welcher Belegung Sie gerade zu rechnen haben, sollten Sie flexibel zu handhabende Adapter verwenden.

Im Folgenden möchte ich Ihnen eine kleine Auswahl aus dem vielfältigen Angebot von Steckadaptern, deren Beschaltung und unter Umständen Modifikationsmöglichkeiten aufzeigen.

5.5.4.1 Western-Buchse mit TAE 6-Stecker

Ein vorbildliches Beispiel zum Stichwort "Flexibilität" bietet die Firma Rutenbeck-Fernmeldetechnik an. Beim "Telekommunikations-Stecker TS US F", der werkseitig mit der Belegung: 1 = a2 (weiß), 2 = W (schwarz), 3 = a (rot), 4 = b (grün), 5 = E (gelb) und 6 = b2 (blau) an der UAE 6-Buchse geliefert wird, können die Belegungen nachträglich modifiziert werden.

Die Steckerbelegung wird folgendermaßen geändert:
- bei noch offenem (!) Steckergehäuse werden die zu ändernden Drähte im Stecker mit einer Spitzzange aus den Federkontakten des TAE 6 F-Steckers herausgezogen.
- Die Drähte werden ebenfalls mit einer Spitzzange an die richtige Position gesteckt.

- Bei noch geöffneten (!) Steckergehäuse wird nun eine Funktionsprüfung durchgeführt. Achtung, wenn das Gehäuse erst einmal verschlossen ist, sind keine Korrekturen mehr möglich!
- *Nach* dem erfolgreichen Funktionstest wird das Gehäuse verschlossen.

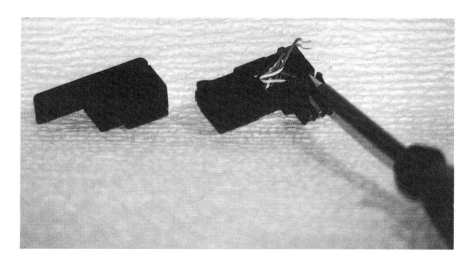

Abb.: 5.40 Die interne Verdrahtung des Rutenbeck-Steckers "TS US F" läßt sich problemlos an die gegebenen Verhältnisse anpassen. Foto: Gabi Schoblick

Abb.: 5.41 Adapterstecker mit UAE 6-Buchse (links ADo 4-Stecker, rechts: TAE 6-Stecker). Quelle: Kräcker AG, Berlin

Ein weiterer Steckadapter mit TAE 6 F-Stecker oder TAE 6 N und UAE 6-Buchse wird von der Kräcker AG, Berlin angeboten (Abbildung 5.41).

Ein Steckadapter, der jedoch nicht nur die TAE-Anschlußtechnik in Western-Technik umsetzt, sondern neben einer UAE 6(4)-Buchse auch noch zusätzlich eine TAE 6 N-Buchse am Ausgang bietet, wird von der Firma BTR-TELECOM angeboten (siehe Abbildung 5.43 rechts oben).

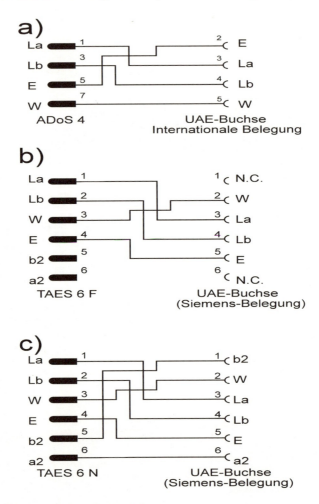

Abb.: 5.42 Belegungsbeispiele für Adapter:

- a) ADo S 4 - UAE (int.)
- b) TAE S T F - UAE (Siemens)
- c) TAE S 6 N - UAE (Siemens)

5.5.4.2 UAE auf UAE-Adapter

Wie bereits mehrfach angedeutet, ist das so eine Sache mit der richtigen Belegung einer UAE. Jeder Hersteller hat da so seine eigenen Vorstellungen. Aus diesem Grunde gibt es spezielle Adapter, die im Zweifelsfall auch den Anschluß eines Siemens-Telefones an eine von der Telekom installierten UAE (z. B. an einer Nebenstellenanlage) erlauben. Die äußere Form eines solchen Steckers zeigt die Abbildung 5.43 (unten). Beschaltungsbeispiele finden Sie in der Abbildung 5.44.

5.5.4.3 TAE 6 F auf TAE 6 NFN-Adapter

Adapter, die sowohl am Eingang als auch am Ausgang mit der TAE-Technik ausgestattet sind, erscheinen auf den ersten Blick überflüssig. Nun, wo ein Adapter eingesetzt wird, gibt es in der Regel Abweichungen vom Standard. Diese Abweichung vom Standard wurde eine Zeit lang sogar von der Telekom selbst installiert, denn zu Beginn der Einführung der TAE-Technik wurden teilweise - ganz offiziell - TAE 6 F-Dosen installiert. Der Anschluß eines Anrufbeantworters ist damit allerdings nicht möglich. Will man nun eine kostenpflichtige Umrüstung vermeiden, kann man sich mit Hilfe eines TAE 6 F - TAE 3x6 NFN-

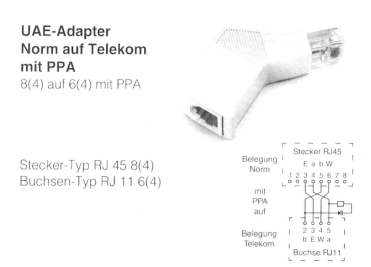

**UAE-Adapter
Norm auf Telekom
mit PPA**
8(4) auf 6(4) mit PPA

Stecker-Typ RJ 45 8(4)
Buchsen-Typ RJ 11 6(4)

Belegung Norm

Stecker RJ45
E a b W
1 2 3 4 5 6 7 8

mit PPA auf

Belegung Telekom

2 3 4 5
b E W a
Buchse RJ11

Abb.: 5.43 Steckadapter für den Anschluß von Telefonen und Zusatzgeräten. Quelle: BTR-TELECOM, Blumberg

Adapters behelfen (Abbildung 5.43 zeigt einen solchen Adapter links oben).

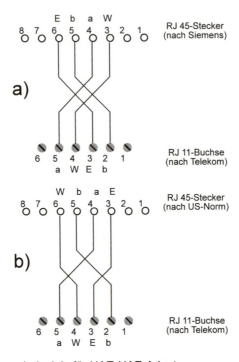

Abb.: 5.44 Schaltungsbeispiele für UAE-UAE-Adapter:

- a) Siemens-Telefon mit Telekom-Adapter
- b) Telefon nach US-Norm auf Telekom-Buchse.

5.5.5   ADo 4-Stecker an TAE-Dose

Ältere Telefone und Zusatzgeräte, die bislang an einer ADo 4 bzw. ADo 8-Dosenanlage betrieben wurden, können auch weiterhin mit einer **Anschlußdose**nkupplung (ADoK) verwendet werden.

Eine Anschlußdosenkupplung besteht aus einem TAE-Stecker (N oder F, je nach Bedarf) und einer ADo-Kupplung. Dazwischen befindet sich ein ca. 10 cm langes Verbindungskabel (vgl. Abb.: 5.45).

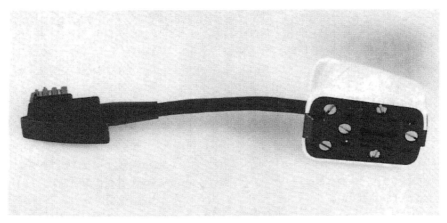

Abb.: 5.45 Über eine Anschlußdosenkupplung (ADoK) können Endgeräte mit ADo
4 bzw. ADo 8-Stecker an der TAE 6 N bzw. F betrieben werden.
Quelle: Kräcker AG, Berlin

5.5.6 Zur Beachtung beim Anschluß eines Adapters an TAE-Dosenanlagen

Wer z. B. einen TAE-UAE-Adapter in eine TAE 6 F-Dose schaltet, die
wiederum Bestandteil einer Dosenanlage ist, wird feststellen, daß die
weiterführenden Adern abgeschaltet sind. Es genügt also nicht, nur den
Western-Stecker vom Adapter zu trennen. Für die TAE-Dosen ist der
Adapter der eigentliche Stecker.

5.5.7 VDo-Adapter

Die Firma BTR TELECOM aus Blumberg bietet in ihrem Sortiment
einen fest zu installierenden Adapter an, an dessen einem Kabelende ein
vierpoliger Steckverbinder und am anderen Kabelende eine TAE 3 x 6
NFN vorzufinden ist. Diesem Adapter stehe ich mit sehr gemischten
Gefühlen gegenüber, denn

• zum einen ist das Öffnen einer VDo am Telefon-Hauptanschluß untersagt

• und zum anderen wäre die Installation einer echten TAE 3 x 6 an mit
VDo abgeschlossenen *Nebenstellen* vermutlich günstiger.

Natürlich kann man niemanden daran hindern, den Grenzen des Telefonnetzmonopols zum Trotz den VDo-Adapter anzuschließen, zumal eine schraubenfreie Installation der Dose an der Wand mit Hilfe eines Klebestreifens möglich ist. Der VDo-Adapter kann somit jederzeit wieder spurlos entfert werden (sofern nicht ein Kabelanschluß in den Deckel der VDo geschnitten wurde). Dennoch empfehle ich den legalen Weg (siehe 5.1).

Durchaus sinnvoll ist der VDo-Adapter unter Umständen an Nebenstellen einer privaten Telefonanlage. Und zwar dann, wenn derjenige, der anstelle der VDo eine TAE 6 NFN benötigt, sich nicht mit der Telefonanschlußtechnik auskennt. Durch den speziellen Aufbau des Verbindersteckers ist eine versehentlich falsche Beschaltung ausgeschlossen. Dennoch - wie bereits angedeutet - ist die Original-TAE sinnvoller.

5.6 Grenzen der Legalität

Zum Schluß dieses Kapitels möchte ich noch einige Worte zu den illegalen Schaltungen am Telefonanschluß verlieren. Wenn Sie das nun folgende beherzigen, können sie sich viel Ärger und auch viel Geld sparen.

5.6.1 Eingriff in den Monopolbereich des Telefonnetzes

Für den Privatmann und technischen Laien ist der Monopolbereich erst an der Steckdose, zu der auch das Gehäuse zählt, zu Ende. Wer die in Kapitel 3 beschriebenen Voraussetzungen erfüllt, der darf das Gehäuse öffnen und ab Klemme 5 und 6 der ersten TAE eine weitergehende Endstellenleitung verlegen.

Ich habe zwar noch nie gehört, daß jemand Schwierigkeiten bekam, wenn die erste Telefonanschlußdose (TAE, ADo, VDo, TDo etc.] beim tapezieren vorübergehend von der Wand entfernt wurde, dennoch möchte ich darauf hinweisen, daß auch dies einen Eingriff in den Monopolbereich des Telefonnetzes darstellt und offiziell nicht gestattet ist.

5.6.2   Unerlaubte Parallelschaltung

Telefone parallel zu schalten, d. h. alle verwendeten Telefone direkt an La und Lb zu schalten, ist absolut untersagt! Dies hat mehrere Gründe:

- Die Speisung des Telefonanschlusses durch die Vermittlungsstelle könnte als Betriebsspannung für interne Gespräche genutzt werden. Die Stromversogung der Vermittlungsstelle würde stärker belastet werden und die ersten Wahlstufen wären - für den öffentlichen Telefonverkehr - sinnlos blockiert.

- Nehmen mehrere Telefone (parallel geschaltet) am Gespräch teil, so ist die Verständigung unter Umständen zu leise, weil die Dämpfung durch die zusätzlichen Telefone erhöht wird.

- Bei parallel geschalteten Telefonen kann ein Gespräch heimlich mitgehört werden. Das Fernmeldegeheimnis ist also nicht unbedingt gewahrt. Dies kann und darf ein Netzbetreiber nicht zulassen.

- Neben den netztechnischen Folgen stellen die beiden ersten Punkte eine Erschleichung von Leistungen (interne Verbindungen und Konferenzschaltung) dar, die bezahlt werden müßte. Der Netzbetreiber könnte den Tatbestand des Betruges erfüllt sehen und Strafanzeige erstatten.

5.6.3   Ein kühner Spruch: "Das merken die doch nie!"

Leider weiß heutzutage kaum noch jemand, welche Befugnisse der Betreiber eines Telefonnetzes hat, denn einerseits ist der Zugang zum Telefonanschluß - auch in der privaten Wohnung - für technische Prüfungen stets zu gestatten. Verwechseln Sie das nicht mit einer Hausdurchsuchung, es geht hier lediglich um die Teile des Telefonanschlusses, die dem Netzbetreiber gehören!

Für eine Besichtigung des Anschlusses wird man mit Ihnen einen Termin vereinbaren, denn auch wenn das Recht, den Anschluß zu prüfen besteht, so hat die Telekom oder im Ausland die Post, nicht das Recht, gegen Ihren Willen die privaten Räume zu betreten. Es besteht allerdings das Recht, den Anschluß abzuschalten, wenn der Verdacht auf Betriebsstörung, Verletzung des Fernmeldegeheimnisses oder gar Gefährdung von Personen besteht.

Eine Alternative zur Besichtigung des Anschlusses vor Ort kann auch die Fernprüfung darstellen. Hierbei werden Spannungs-, Widerstands- und Kapazitätswerte gemessen. Eine unerlaubte Parallelschaltung kann bei geringem Widerstands- und hohen Kapazitätswerten vermutet werden.

Eine Erweiterung des bestehenden Anschlusses, die Installation eines weiteren Anschlusses oder die Behebung einer Störung machen den Besuch eines Technikers erforderlich. Diesem Techniker werden die entsprechenden Informationen über einen bereits vorhandenen Anschluß durch seinen Disponenten anhand der bestehenden Schaltungs- und Bestandsunterlagen mitgeteilt. Jeder Techniker kennt somit den betreffenden Anschluß als ob er ihn erst kürzlich selbst installiert hätte.

Ein weiterer Grund für einen Technikerbesuch können Störungen sein, die nicht vom Anschlußinhaber selbst gemeldet wurden. Der Auslöser kann ein Anrufer sein, der selbst bei häufigen Anrufversuchen keinen Anschluß erhält. Vorerst werden jedoch in der Regel Fernprüfungen durchgeführt und darüber hinaus versucht, mit dem Anschlußinhaber einen Termin zu vereinbaren.

5.6.4   Telefonieren auf fremde Rechnung wird teuer

Die wohl lächerlichste Form der Manipulation eines Telefonanschlusses ist die Anzapfung fremder Leitungen. Dies ist kein Kavaliersdelikt und wird strafrechtlich verfolgt (Betrug, Verletzung des Fernmeldegeheimnisses).

Wer einen Telefonanschluß manipuliert, merkt in der Regel selten, daß er in Verdacht gerät. Optisch festgestellte Leitungsanzapfungen, Zählvergleichseinrichtungen mit exakter Gesprächsdokumentation und weitere Hilfsmittel stellen nicht nur vor Gericht hervorragende Beweismittel dar, sie helfen auch den Übeltäter zu ermitteln.

Der Anstoß ist häufig ein Widerspruch gegen die Telefonrechnung.

6 Anschluß und Betrieb von Zusatzeinrichtungen

Für Steuerungs-, Signalisierungs- und einfache Verteilzwecke können am Telefonanschluß Zusatzgeräte angeschaltet werden.

Im nun folgenden Kapitel werden Sie erfahren, wie sich ankommende Anrufe an x-beliebigen Orten signalisieren lassen, wie Sie die Richtigkeit Ihrer Telefonrechnung überprüfen können und wo dabei die Grenzen liegen. Sie lernen Sperreinrichtungen und Umschalter (manuell und automatisch) kennen. Beginnen möchte ich mit der externen Anrufsignalisierung.

6.1 Zusätzliche Rufgeräte

Die Klingel oder der Tonruf im Telefon reicht im allgemeinen zur Anrufsignalisierung aus, denn laut genug eingestellt ist das Telefon selbst in einer vier-Zimmer-Wohnung in jedem Raum gut zu hören. Der Nachteil dabei ist, daß die Anrufsignalisierung in dem Raum, in dem das Telefon steht, als störend empfunden werden kann. Vorteilhafter ist es auch, in anderen Räumen den Ruf in einer wesentlich angenehmeren Lautstärke signalisieren zu lassen.

Nicht nur im Privatbereich stellen zusätzliche Rufgeräte eine nützliche und unter Umständen "nervenschonende" Alternative zur eingebauten Klingel (bzw. Tonruf) im Telefon dar, denn besonders in der kommerziellen Anwendung zeigen sich die Vorteile dieser externen Rufeinrichtungen. Stellen Sie sich eine große Werkhalle vor, in der es sehr laut zugeht oder nehmen wir als praktisches Beispiel ein Freibad an. Die Bademeister verbringen den größten Teil des Tages am Becken und auf dem Gelände. Ein klingelndes Telefon hören sie also garantiert nicht. eine sehr laute Signaleinrichtung (z. B. Hupe) unterstützt durch eine optische Signalisierung (z. B. Rundumleuchte) sind dagegen auch in lauten Umgebungen besser wahrnehmbar.

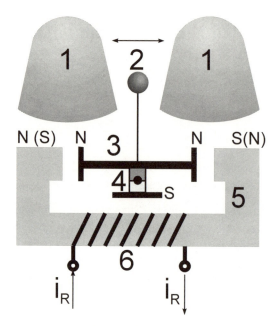

Abb. 6.1:   Prinzip eines mechanischen Weckers:

- 1 = Klangkörper
- 2 = Klöppel
- 3 = Anker
- 4 = Dauermagnet des Ankers
- 5 = Eisenkern
- 6 = Spule
- I_R = Rufwechselstrom (25 Hz)

6.1.1   Arten zusätzlicher Rufgeräte

Es gibt unterschiedliche Rufeinrichtungen für die externe Anschaltung am Telefonanschluß:

- Summer,
- Einschalenwecker,
- Zweischalenwecker,
- Klangstabwecker,
- Drei-Ton-Ruf,
- Starkstromanschalterelais,
- optische Signalisierungsgeräte etc.

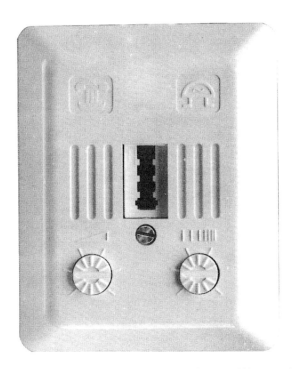

Abb. 6.2:   Tonrufzweitgerät mit TAE 6 F, Quelle: Quante, Wuppertal

6.1.1.1 Wecker

Die wohl ältesten zusätzlichen Rufgeräte sind die Wecker. Wecker sind mechanische Klingeln, bei denen ein Klöppel gegen ein oder zwei Klangschalen bzw. Klangstäbe schlägt. Das Prinzip eines Weckers ist recht einfach: der Anker des Weckers ist mit einem kleinen Dauermagneten magnetisch vorpolarisiert. Das Gegenstück zum Anker stellt ein Eisenkern dar, der von einer Spule umgeben ist. Diese Spule wird nun bei einem Anruf von 25 Hz-Rufwechselstrom (in Österreich: 50 Hz) durchflossen und ändert in Abhängigkeit der Stromrichtung ständig die magnetische Polarität im Eisenkern. Infolge der Magnetfeldänderungen wird der Anker entweder gezogen (magnetische Polarität des Ankerpols ist ungleich der des Eisenkerns) oder abgestoßen (die magnetischen Polaritäten des Ankerpols und des Eisenkerns sind gleich).

Am Anker ist ein Klöppel befestigt, der je nach Neigung des Ankers entweder den Klangkörper (Klangschale oder Klangstab) berührt oder nicht berührt. Wenn die Spule nun vom Rufstrom durchflossen wird, erzeugen die Schläge des vibrierenden Klöppels auf den Klangkörper das akustische Signal (vgl. Abb. 6.1).

6.1.1.2 Drei-Ton-Ruf

Ein bedeutend angenehmeres Rufsignal als mechanische Wecker liefern elektronische Tonrufgeräte. Diese haben darüber hinaus nicht nur eine höhere Ansprechempfindlichkeit als mechanische Wecker, sie sind zudem wesentlich kleiner. Die Größe eines Tonrufes ermöglicht es, sogenannte Tonrufzweitgeräte in der Größe einer TAE herzustellen. Somit können diese Geräte unter Putz in sogenannten Schalterdosen bzw. in Geräteträgern eines Kabelkanals installiert werden.

Die Abbildung 6.2 zeigt ein Tonrufzweitgerät (TZG) mit einer integrierten TAE 6 F. Das von der Firma Quante in Wuppertal hergestellte Gerät bietet die Möglichkeit, die Taktfrequenz und die Lautstärke zu ändern. Das Signal kann somit nicht nur dem Hörgefühl angepaßt werden, sondern läßt auch die Unterscheidung der Signale verschiedener Telefonanschlüsse zu.

6.1.1.3 Optische Signaleinrichtungen

In lauten Räumen ist ein akustisches Signal oft nur sehr schwer wahrnehmbar. Zur Unterstützung der akustischen Anzeige können optische Signaleinrichtungen installiert werden. Das von der Kräcker AG, Berlin angebotene Gerät arbeitet mit einer 6 V-Xenon-Blitzlampe, wodurch das Signal selbst bei Tageslicht gut wahrnehmbar ist. Die Blitzfrequenz beträgt zwei bis drei Blitze pro Sekunde.

Für den Betrieb des "TeleFlash" (Abb.: 6.3) ist ein separates Netzteil 12 V/500 mA mit einem Hohlstecker nach DIN 45323 erforderlich.

6.1.1.4 Starkstromanschalterelais

Für die Anschaltung einer nicht-postalischen Signalisierungseinrichtung mit eigener Stromversorgung, dabei kann es sich z. B. um eine Hupe, eine Rundumleuchte oder - wenn es den persönlichen Geschmack trifft - ein Bandgerät mit "Beethovens fünfter" handeln, wird ein Starkstromanschalterelais (SAR) eingesetzt.

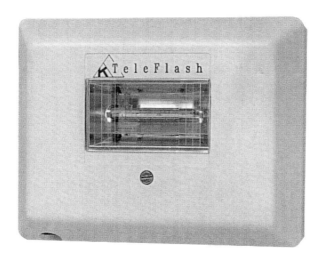

Abb. 6.3:   Optische Signalisierungseinrichtung mit Xenon-Blitzröhre: "TeleFlash",
Quelle: Kräcker AG, Berlin

Das Schaltbild der Standardausführung eines Starkstromanschalterelais
zeigt Abbildung 6.4. Ein Schalter im Rufwechselstromkreis ermöglicht
die Abschaltung des SAR, wodurch z. B. eine Hupe in der Nachtzeit
deaktiviert werden kann. Der Kondensator sorgt - wie bei jedem Ruforgan - für die Abblockung von Gleichstromanteilen. Die Rufwechselspannung kann - je nach Entfernung von der Vermittlungsstelle,
Leitungsquerschnitt etc. - unterschiedliche Werte annehmen. Zur Begrenzung der Rufwechselspannung ist nach dem Kondensator zwischen Wa-
und Wb-Ader ein Varisator (spannungsabhängiger Widerstand) geschaltet. Um ein Vibrieren des Relais zu verhindern wird der Rufstrom über
eine Gleichrichterschaltung geführt.

6.1.2   Anschaltung zusätzlicher Rufgeräte

Für die Anschaltung eines zusätzlichen Rufgerätes ist es relativ unerheblich, ob es sich um einen Zusatzwecker, ein Tonrufzweitgerät oder
um ein Starkstromanschalterelais handelt. Bei dieser Betrachtung wurde
natürlich eine eventuell zusätzliche Stromversorgung, wie z. B. das
12 V-Netzteil des TeleFlasch (s. o.), vernachlässigt.

209

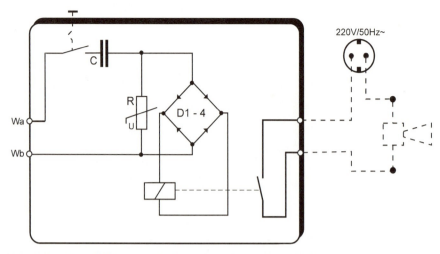

Abb. 6.4:   Schaltbild eines Starkstromanschalterelais (SAR)

Rufeinrichtungen werden generell mit einem Kondensator zur Ab-blockung von Gleichspannungen hergestellt. Die Gleichstromabblockung muß also nicht mehr bei der Anschaltung berücksichtigt werden.

Die Art der Anschaltung eines zusätzlichen Rufgerätes legt fest, unter welchen Voraussetzungen der Ruf signalisiert werden soll:
- der Anruf wird in jedem Fall signalisiert,
- der Anruf wird nur bei gestecktem Telefon signalisiert,
- der Anruf wird nur dann signalisiert, wenn kein Telefon gesteckt ist.

Die Abbildungen 6.5 bis 6.7 zeigen die Anschaltung einer Rufeinrich-tung in den obengenannten Betriebsarten. Die Wb-Ader wird stets von Klemme 2 (Lb) abgenommen.

6.1.2.1 Ruf nur bei nicht gestecktem Telefon

Soll die zusätzliche Rufeinrichtung nur dann einen Anruf signalisieren, wenn kein Telefon gesteckt ist, so wird die Wa-Ader ab der Klemme 6 (a2) der TAE geführt (in Dosenanlagen: letzte TAE!). Das a-Potential wird somit über den Öffnerkontakt (1 - 6) der TAE geführt.

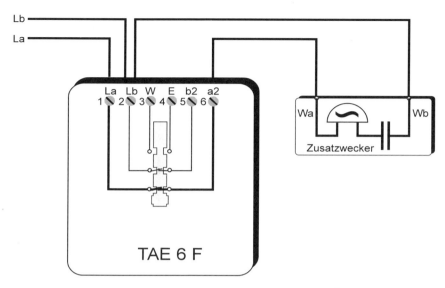

Abb. 6.5: Das Rufgerät spricht nur bei nicht gestecktem Telefon an (Darstellung am Beispiel einer TAE).

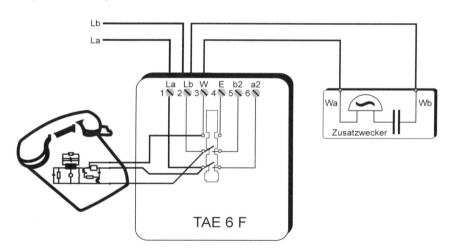

Abb. 6.6: Das zusätzliche Rufgerät spricht nur bei gestecktem Telefon an (Darstellung am Beispiel einer TAE).

Die Schaltung funktioniert jedoch nur dann, wenn das Telefon eine W-Ader in der Anschlußleitung führt. Einige moderne Telefone verfügen jedoch lediglich über zwei Adern (La und Lb).

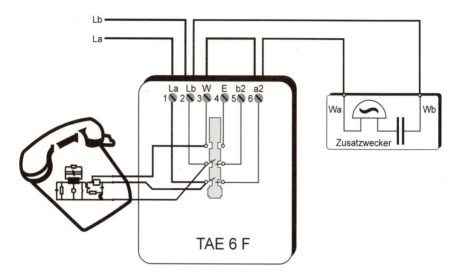

Abb. 6.7:   Der Anruf wird bei dieser Schaltung in jedem Fall am zusätzlichen Rufgerät signalisiert.

Auch hier gilt: die Anrufe werden bei gestecktem Telefon nur dann am zusätzlichen
Rufgerät signalisiert, wenn das Telefon eine W-Ader zur Dose führt.

Diese Form der externen Anrufsignalisierung wird übrigens in Österreich
bei Verwendung der 10poligen Telefonsteckdose (TDo) eingesetzt. In
der österreichischen Telefonsteckdose wird ein Tonrufmodul in die Dose
integriert (bei Dosenanlagen in der letzten TDo).

6.1.2.2 Ruf nur bei gestecktem Telefon

Ein Telefon führt intern die a-Ader wieder direkt auf die TAE an die
Klemme 3 (W). Wird an Klemme 3 die Wa-Ader des zusätzlichen
Rufgerätes angeschaltet, so wird dieses nur bei gestecktem Telefon den
Anruf signalisieren.

In Dosenanlagen wird die W-Ader über die Klemme 3 jeder TAE
gebrückt, wodurch das zusätzliche Rufgerät an jede beliebige Dose
angeschaltet werden kann.

Zu dieser Schaltungsvariante sollte jedoch noch eine wesentliche Einschränkung nicht ungenannt bleiben: es gibt - zugelassene - Telefone,
die nur über zwei Adern, nämlich a- und b-Ader angeschaltet werden.
Wird ein solches Telefon angeschaltet, funktioniert die Schaltung nicht.

6.1.2.3 Signalisierung in jedem Fall

Soll das zusätzliche Rufgerät den Anruf signalisieren, egal ob nun ein Telefon gesteckt ist oder nicht, so muß das a-Potential einerseits über Klemme 6 und andererseits über Klemme 3 (W) der TAE geführt werden (siehe Abb.: 6.7).

Auch für diese Schaltungsvariante gilt, daß der Anruf nur dann bei gestecktem Telefon am zusätzlichen Rufgerät signalisiert wird, wenn vom Telefon eine W-Ader an die Klemme 3 der TAE geführt wird.

Abb. 6.8:   Das IQ-Tel 2 aus dem Vertriebsprogramm der Telekom verfügt über einen integrierten Einheitenzähler.
Quelle: Telekom, Pressestelle der Generaldirektion, Bonn

6.2 Private Einheitenzähler

Nach der Schaltung eines 16 kHz-Zählimpulses in der Vermittlungsstelle ist ein Einheitenzähler in der Lage, die Anzahl der beim Gespräch anfallenden Tarifeinheiten zu erfassen und auszuwerten. Diese Einheitenzähler können für eine private Überprüfung der Telefonrechnung verwendet werden, stellen jedoch keinen Beweis gegenüber der Telekom bzw. dem jeweiligen nationalen Netzbetreiber dar, weil das Zählergebnis beeinflußbar ist.

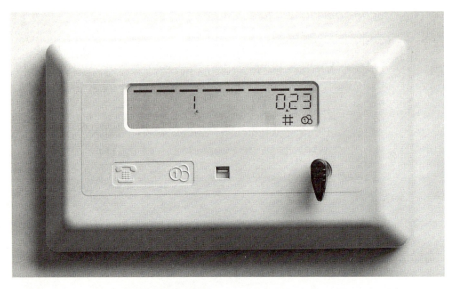

Abb. 6.9:   Der Vorsatzgebührenanzeiger PLUS 90 verfügt über eine "Trendanzeige", die eine Abschätzung der verbleibenden Zeit in der laufenden Tarifeinheit erlaubt. Quelle: Quante, Wuppertal

6.2.1   Arten von Einheitenzählern

Die älteren Modelle, wie sie zum Teil in älteren Telefonen eingebaut wurden, arbeiten mechanisch. Diese *Walzenzähler* können lediglich die Anzahl der Einheiten anzeigen, nicht jedoch Auswertungen nach monetären Beträgen durchführen. Dies ist jedoch ein Komfort, den heutzutage jeder zu schätzen weiß.

Etwas moderner ist die Anzeige auf dem LC-Display. Die Zählerelektronik ermöglicht die Programmierung eines bestimmten Betrages pro Tarifeinheit. Der Zähler bietet folgende Möglichkeiten:

* Anzeige der Anzahl der Tarifeinheiten pro Gespräch,
* Anzeige der Anzahl der Summe aller Tarifeinheiten seit der letzten Zählerrücksetzung,
* Anzeige des bisher angefallenen Gesprächspreises während eines Gespräches,
* Anzeige des Gesprächspreises (zuletzt geführtes Gespräch),
* Anzeige des Summenpreises seit der letzten Zählerrücksetzung etc.

Einheitenzähler, ob Walzenzähler oder LCD-Zähler, könnnen sowohl im Telefon integriert, wie z. B. im IQ-Tel 2 (Abb.: 6.8) als auch als Vorsatzgebührenanzeiger - z. B. der Gebührenzähler PLUS 90 der Firma Quante (Abb.: 6.9) - ausgeführt sein. Der Gebührenzähler PLUS 90 von Quante kann mit einem verriegelten TAE 6 N-Stecker an die TAE angeschaltet werden. Dieser Stecker kann nur mit Hilfe eines Werkzeuges gelöst werden, damit der Zähler nicht problemlos und vorübergehend vom Netz getrennt werden kann.

6.2.2 Funktion und Anschluß eines Vorsatzeinheitenzählers

Damit der Einheitenzähler die Gebührenzählung der Vermittlungsstelle registrieren kann, muß die Zählinformation über die Sprechadern (La und Lb) übertragen werden. Hierfür werden 16 kHz-Tonsignale zum privaten Einheitenzähler übertragen. Das 16 kHz-Tonsignal liegt außerhalb des Frequenzbereiches in dem die Sprachinformationen übertragen werden, dennoch ist das Signal in Telefonen ohne *16 kHz-Sperre* hörbar und kann in diesem Fall - besonders bei Ferngesprächen mit kurzen Zeittakten - störend wirken. Einige Vorsatzeinheitenzähler haben daher eine integrierte 16 kHz-Sperre, die jedoch eine weitere Zählung - z. B. mit dem im Telefon integrierten Zähler - unmöglich macht.

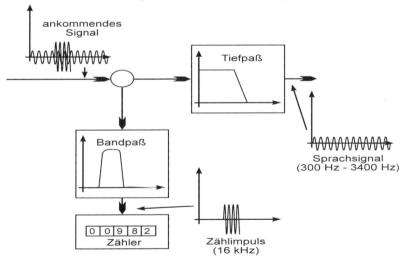

Abb. 6.10: Ein Tiefpaß blockt den 16 kHz-Zählimpuls von der nachfolgenden Endstellenleitung ab. Für die Zählung jedoch stören u. U. die Sprachsignale. Diese werden mit einem 16 kHz-Bandpaß vom Zählwerk abgeblockt.

6.2.2.1 Anschluß eines Vorsatzeinheitenzählers

Ein Vorsatzeinheitenzähler wird über die TAE 6 N an den Telefonanschluß geschaltet. In Dosenanlagen sollte die erste TAE etc. (Monopolabschluß) für die Anschaltung gewählt werden (Beachten Sie, daß ein gesteckter TAE 6 F-Stecker die weiteren Dosen einer Dosenanlage abschaltet; ein in der nachfolgenden Dose gesteckter Vorsatzeinheitenzähler könnte somit in der vorgeschalteten TAE 6 F über die Öffnerkontakte abgeschaltet werden).

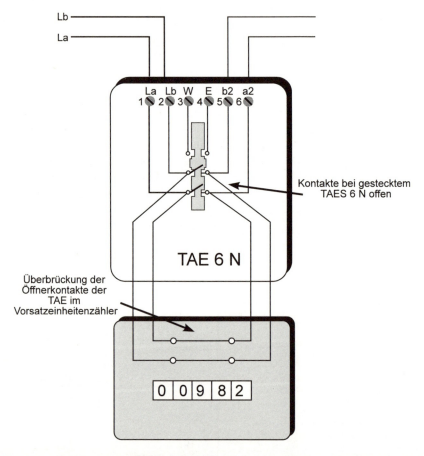

Abb. 6.11: Ein gesteckter TAES 6 N öffnet die Ruhekontakte in der TAE: Damit die Zusatzeinrichtung nicht die nachfolgenden Leitungen abschaltet, müssen die über Klemme 1 und 2 zugeführten Adern La und Lb wieder auf die weiterführenden Klemmen 5 und 6 gebrückt werden.

Auch ein TAE 6 N-Stecker öffnet die Kontakte der TAE-Dose, die die folgende Leitung abschalten, jedoch werden beim Einheitenzähler die Adern La und Lb wieder auf die Klemmen 5 und 6 der TAE heraus-geführt. Die geöffneten Kontakte werden überbrückt (Abb.: 6.11).

6.2.3   Protokoll statt Zählung: der Phone-Recorder

Die Bedeutung eines gewöhnlichen Einheitenzählers wird vom Anschluß-inhaber oft überschätzt. So wird der Zählerstand häufig als Beweis bei Einwendungen gegen die Telefonrechnung angeführt. Leider ist der Einheitenzähler nicht manipulationssicher, denn er kann

- zurückgesetzt,
- aus der TAE gezogen,
- und mit einem Filter gegen den Erhalt der 16 kHz-Impulse abgeschrimt werden.

Der Verband der Postkunden fordert verplompte Einheitenzähler für den Vergleich mit der Telefonrechnung. Das hört sich in der Theorie recht einfach an, stößt allerdings an einige Grenzen der Realisierbarkeit:

- Zwischen APL und 1. TAE können sich unter Umständen ungesicherte Etagenverteiler befinden,
- Die Ablesungen der Zähler in den Vermittlungsstellen erfolgen nicht immer zur gleichen Uhrzeit. Unstimmigkeiten sind somit vorprogram-miert.
- Die sichere Übertragung der 16 kHz-Impulse kann nicht garantiert wer-den. Wenn Impulse "verloren gehen", führt dies zu Anfechtungen der wahrscheinlich richtigen Telefonrechnung.

Um die berechtigten Forderungen nach einer Kontrollmöglichkeit der Telefonrechnung zu erfüllen und dabei zusätzlich eine Beweismöglich-kcit zu schaffen, die vor einem ordentlichen Gericht anerkannt wird, hat die Firma Swissphone Systems ein Gerät entwickelt, das - cinem Flug-schreiber ähnlich - alle Daten abgehender Gespräche protokolliert.

Der bereits patentierte *Phone-Recorder* von Swissphone Systems ist vom BZT unter den Nummer A112 740E (PR 300), A113 540E (PR200) und A113 607E (PR100) zugelassen worden.

6.2.3.1 Prinzip des Phone-Recorders

Der Phone-Recorder dokumentiert alle abgehenden Gespräche mit
* Datum,
* Uhrzeit,
* Rufnummer und
* Gesprächsdauer.

Es handelt sich hierbei um die gleichen Daten, die im Falle einer Einwendung gegen die Telefonrechnung von einem Zählvergleichssystem in der Vermittlungsstelle erfaßt werden.

Ferner dokumentiert das Gerät jeden Manipulationsversuch, denn es ist schaltungstechnisch möglich, eine Aufschaltung *vor* dem Anschaltepunkt des Phone-Recorders sowie den Ausfall der Netzspannung zu erkennen. Der Sicherheitsadapter macht es unmöglich, den Phone-Recorder unauffällig von der TAE zu trennen.

Wie Sie im Kapitel 2 erfahren haben, liegen an der Telefonleitung bestimmte Spannungsverhältnisse an (La = - 60 V). Der Phone-Recorder kann also - im Vergleich von Eingangs- und Ausgangsseite des Gerätes - alle möglichen elektrischen Verhältnisse am Anschluß erkennen.

Bevor jedoch der Phone-Recorder beweisfähige Aussagen liefern kann, muß er initialisiert werden. Dies geschieht nach der korrekten Anschaltung an das Telefonnetz durch Anruf einer Servicerufnummer. Der dort erreichbare Operator nimmt den Auftrag zur Initialisierung entgegen und ruft kurz darauf zurück. Per Datenfernübertragung wird nun die Kennung im Phone-Recorder eingegeben und das Gerät aktiviert. Voraussetzung für die Initialisierung ist jedoch, daß der Phone-Recorder in der richtigen TAE gesteckt und durch den Sicherheitsadapter fixiert wurde.

6.2.3.2 Vorteil nicht nur für den Telefonkunden

Vom Einsatz des Phone-Recorders profitiert nicht nur der Telefonkunde. Auch die Telekom hätte einen großen Nutzen von einer eindeutigen Belegbarkeit der aufgestellten Rechnungen. Ferner können Fremdaufschaltungen schneller entdeckt und "Schwarztelefonierer" rasch zur Verantwortung gezogen werden.

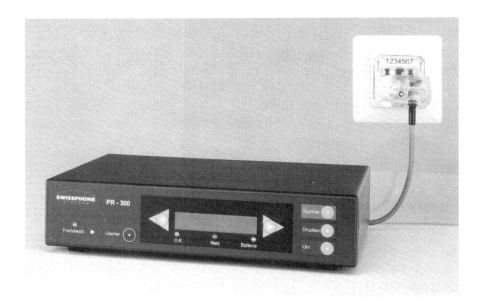

Abb. 6.12: Der Phone-Recorder der Firma Swissphone Systems wird in drei Varianten angeboten: PR100, PR200, PR300. Die wichtigsten Leistungsmerkmale des PR300 sind:

- Aufzeichnung von 3500 Gesprächdaten,
- automatisches Löschen aller Daten, die älter als drei Monate sind,
- Auswertung durch Tonanalyse,
- Auswertung der Gebührenimpulse zum zusätzlichen Vergleich,
- Erkennen von Fremdaufschaltungen,
- Einzelgesprächsnachweis als Ausdruck,
- LCD-Anzeige,
- Quarzuhr,
- elektronische Verriegelung durch Rückruf,
- mechanische Verriegelung durch Sicherheitsadapter (s. rechts oben),
- serielle Schnittstelle für den Sachverständigen,
- Notstromversorgung über Batterie u. v. m.

Quelle: Swissphone Systems GmbH, Hannover

Die Beantwortung der Fragen, ob und in welcher Höhe von dem betreffenden Anschluß Gespräche geführt wurden sowie von welcher Seite des Phone-Recorders (alle legalen Telefonanschlüsse sind nach dem Phone-Recorder geschaltet) bedeutet für die Telekom eine erhebliche Arbeitserleichterung, denn die umfangreiche Bearbeitung von Gebühreneinwendungen könnte drastisch vereinfacht werden. Eine detaillierte Fehlersuche ist dann nur noch in relativ wenigen Fällen nötig.

Ein Vertrieb des Gerätes durch die Telekom ist zwar z. Zt. (Stand: 10.94) noch nicht im Gespräch, würde jedoch beiden Seiten - sowohl der Telekom als auch dem Telefonkunden - entgegenkommen. In Anbetracht der beiderseitigen Vorteile wäre ein gewisses finanzielles Entgegenkommen zugunsten des Kunden durchaus angemessen. - Lassen wir uns also überraschen.

6.2.3.3 Rechtliche Beweissituationen

Hochschullehrer aus dem Fachbereich Rechtswirtschaft an den Universitäten Hannover und der Humboldt-Universität Berlin haben ein Gutachten erstellt, das dem Phone-Recorder eine - mit großer Sicherheit behaftete - Beweiskraft bescheinigt. Der "*Beweis des Anscheins*", der von den Gerichten in den überwiegenden Fällen zugunsten der Telekom ausgelegt wurde, gerät mit den Daten des Phone-Recorders merklich ins wanken

6.2.3.4 Phone-Recorder mit Rechnungsausdruck

Wer sein Gesprächsverhalten genau dokumentieren und archivieren möchte, der kann an den Phone-Recorder einen Thermodrucker - den Phone-Printer PP100 - anschließen.

Alle gespeicherten und für den Anschlußinhaber zugänglichen Daten lassen sich somit zu Papier bringen. Nicht ausdruckbar sind jedoch einige Informationen, die nur von einem Sachverständigen abgefragt werden können; der Grund: Datenschutz.

6.3 Sperrmöglichkeiten am Telefonanschluß

Das Telefon ist längst nicht mehr nur ein Verständigungsmedium zweier räumlich voneinander getrennter Gesprächspartner, sondern auch ein Informationsmedium und - leider muß man es so nennen - ein nettes Spielzeug für kleine und große "Kinder".

Für den Anschlußinhaber spielt es keine Rolle ob irgend jemand einen kleinen "Plausch" nach Übersee führt oder ob "geistreiche Erotiknummern" angerufen werden. Fest steht dabei lediglich, daß beides zu einem teuren Spaß werden kann.

Abhilfe schaffen Sperrmöglichkeiten, die den abgehenden Telefonverkehr ganz oder teilweise einschränken. Telefon-Nebenstellenanlagen bieten heutzutage fast alle die Möglichkeit, abgehende Gespräche in einem begrenzten Rahmen zu halten (nur interne Gespäche, nur Ortsgespräche, nur Inlandsgespräche und "keine Beschränkung"). Leider sind Nebenstellenanlagen nicht unbedingt ganz billig, was solche Geräte für den privaten Haushalt unwirtschaftlich macht. Es kommt hinzu, daß - will der Anschlußinhaber selbst ein Ferngespräch führen - die Sperrfunktion wieder deaktiviert werden muß, was unter Umständen zu aufwendig ist. Glücklicherweise gibt es einfachere - zum Teil sehr wirkungsvolle - Methoden, um die Höhe der Telefonrechnung auf das korrekte Maß zu begrenzen. Eine Auswahl von einfachen Sperrmöglichkeiten am Telefonanschluß möchte ich Ihnen auf den nun folgenden Seiten zeigen.

6.3.1 Sicherung des Telefonapparates

Für die Absicherung des Telefonapparates gibt es verschiedene Möglichkeiten:

- Einsetzen eines Sicherungszylinders in die Wählscheibe des Nummernschalters (möglich bei älteren Telefonen, wie z. B. Post: Fe Ap 611 oder bei Designtelefonen mit Nummernschalter); wird der Zylinder in das zur Ziffer "3" gehörige Loch der Wählscheibe gesteckt, ist der Anruf bei der Feuerwehr (112) noch möglich.
- Abschließbare Tastaturabdeckungen (Ziffern 0, 1 und 2 bleiben für Notruf unter 110 und 112 unverdeckt) sind für postalische Telefone bis zum Typ FeAp 01 Lx auf dem Markt erhältlich.
- Das Telefon besitzt ein mechanisches (Schlüsselschalter) oder elektronisches (Ziffern-Code) Sperrschloß (Abb.: 6.8 zeigt das IQ-Tel 2 aus dem Vertriebsprogramm der Telekom mit einem mechanischen Sperrschloß).

Die Sicherung des Telefonapparates stellte einst eine reltiv wirksame Schutzfunktion gegen unbefugte Benutzung des Anschlusses dar. Heute jedoch, zu Zeiten der TAE-Technik in Deutschland bzw. der Telefonsteckdosentechnik in Österreich etc. kann das gesperrte Telefon relativ problemlos aus der Dose entfernt und gegen ein ungesperrtes Gerät ausgewechselt werden. Will man sich auf die Sperrfunktion des Telefones - im maximal möglichen Rahmen - verlassen können, müssen zusätzliche Vorkehrungen getroffen werden:

**TAES 6 F, rastend
(ohne Werkzeug abziehbar)**

**TAES 6 F, riegelnd
(nur mit Werkzeug abziehbar)**

Abb. 6.13: Riegel und Raste am TAE-Stecker

- Die Anschlußschnur des Telefones muß einen verriegelten TAE-Stecker (Abb. 6.13) an einem Ende und einem zumindenstens verriegelten Steckanschluß zum Telefon am anderen Ende haben. Ein einfacher Steckeranschluß der Anschlußschnur zum Telefon stellt für einen "Einheitendieb" kein Hindernis dar.
- Unterstellt man eine gesicherten Anschlußschnur und einen verriegelten TAE-Stecker, so ist eine Sperre des Telefones wirkungslos, wenn das Telefon in einer Dosenanlage nicht in der ersten Dose geschaltet ist.
- Besitzt die Anschlußschnur des Telefones keinen verriegelten Stecker und möchte man diesen Zustand nicht ändern, so kann eine Telefon-Dosen-Sicherung (TDS), wie sie die Firma Quante aus Wuppertal anbietet, verwendet werden (Abb. 6.14).

Die obengenannten Sperrmöglichkeiten am Telefon haben einen wichtigen Vorteil gegenüber der Sicherung von Telefonanschlußsystemen (s. u.):

- Anrufe können entgegengenommen werden,
- die Anwahl der Notrufnummern, zumindestens der Rufnummer 112 bleibt möglich,

6.3.2 Sicherung der TAE

Steht kein abschließbares Telefon mit verriegeltem Stecker zur Verfügung und möchte man auch keine Sperreinrichtung installieren lassen, so kann man auch die TAE auf einem einfachen Wege mechanisch sperren. Es sei jedoch vorweggenommen, daß diese relativ preiswerte Lösung gewisse Einschränkungen mit sich bringt:

- der Anschluß ist nicht mehr anrufbar,
- es kann kein abgehendes Gespräch, auch nicht zu den Rufnummern 110 und 112 geführt werden.

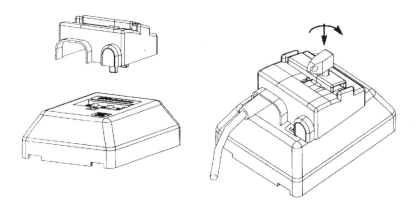

Abb. 6.14: Mit Hilfe einer Telefon-Dosen-Sicherung kann der Anschluß schnell und preiswert gegen unbefugte Benutzung gesichert werden. Durch das besondere Material sind Manipulationsversuche sofort erkennbar.
Quelle: Quante AG, Wuppertal.

Eine solche mechanische Sperre für die TAE wird von der Firma Quante in Wuppertal angeboten: die **Telefon-Dosen-Sicherung** (TDS) verhindert die Benutzung freier Steckerplätze in der TAE genauso wirkungsvoll wie das Ziehen eines gesteckten Apparatesteckers. Im letzten Fall kann es sich z. B. um den Stecker eines Telefones mit aktivierter Sperrfunktion oder um den Stecker eines Einheitenzählers handeln.

Die in Abbildung 6.14 skizzierte Telefon-Dosen-Sicherung (TDS) kann darüber hinaus zur Sperre einer Dosenanlage eingesetzt werden. Mit einem Trick genügt dafür eine einzige TDS:
- In die erste TAE der Dosenanlage wird ein TAE 6 F-Blindstecker gesteckt, durch den die Öffnerkontakte in der TAE betätigt und somit die nachfolgenden Leitungen abgeschaltet werden.
- Über den TAE 6 F-Blindstecker wird die TDS gesteckt und verschlossen.

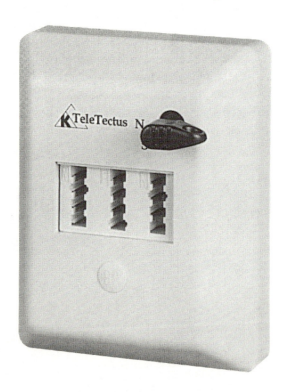

Abb. 6.15: Die bilinguale Telefon-Sperreinrichtung TeleTectus kann im Normalbetrieb (Stellung: N) als TAE 3 x 6 NFN eingesetzt werden. Im Sperrbetrieb (Stellung: S) sind die Steckbuchsen und die Klemmen 5 und 6 gesichert.

Der Anschluß ist sowohl in Schlüsselstellung "N" als auch in Schlüsselstellung "S" stets anrufbar.
Quelle: Kräcker AG, Berlin

Als TAE 6 F-Blindstecker kann ein TAE 6 F-Stecker-Bausatz für die eigene Anfertigung einer Anschlußschnur verwendet werden. Steckeradapter sind ungeeignet, da sie eine neue Anschlußmöglichkeit bieten oder schlicht und einfach nicht unter die TDS passen. Natürlich kann anstelle des TAE 6 F-Blindsteckers auch ein Telefon mit Sperrfunktion geschaltet werden. Achten Sie jedoch darauf, daß die Anschlußschnur nicht ohne Werkzeug gelöst werden kann.

6.3.3 Sperreinrichtungen

Fest installierte **Sp**erreinrichtungen (SpE) unterdrücken im aktiven Zustand lediglich die Aussendung der Wahlinformationen. Hierbei sollte jedoch stets beachtet werden, daß es ältere Modelle gibt, die lediglich die Impulswahl verhindern. Ein modernes tonwahlfähiges Telefon kann diese Sperreinrichtung überlisten, wenn der Telefonanschluß an eine digitale Vermittlungsstelle (EWSD oder S 12, vgl. Kapitel 2) angeschaltet ist.

An digitalen Vermittlungsstellen sind also nur die sogenannten *bilingualen Sperreinrichtungen* - wie z. B. die Sperreinrichtung der Kräcker AG *TeleTectus* - wirksam. Die Sperreinrichtung unterdrückt zwar die Wahlinformationen, gestattet jedoch den Anruf des gesperrten Telefonanschlusses.

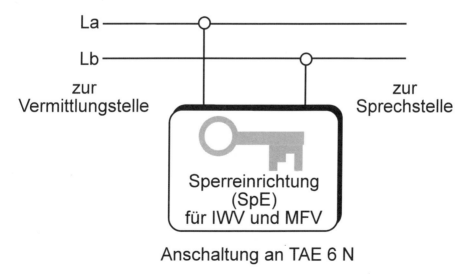

Abb. 6.16: Anschaltung der Sperreinrichtung (SpE)

225

6.3.3.1 Sperreinrichtung und Tonrufzweitgerät in einem Gehäuse

Eine Kombination aus Tonrufzweitgerät mit veränderbarer Lautstärke und Taktfrequenz sowie einer bilingualen Sperreinrichtung wird von der Kräcker AG, Berlin angeboten.

An dem Gerät kann ferner ein Telefonapparat über die TAE 6 F angeschaltet werden.

Abb. 6.17: Frei nach dem Motto: "Aus drei mach eins!", die Sperreinrichtung mit Tonrufzweitgerät und TAE 6 F-Buchse. Die Lautstärke kann auf Null gesenkt werden, dennoch werden Anrufe durch eine LED optisch signalisiert.
Quelle: Kräcker AG, Berlin

6.3.3.2 Die Ideal-Lösung: kontrolliertes Sperren

Neben dem Phone-Recorder hat die Firma Swissphone Systems ein weiteres nützliches Gerät entwickelt, das nur noch die Anwahl bestimmter Rufnummern zuläßt. Das Gerät ist unter der Bezeichnung Phone-Control PC-100 auf dem Markt gekommen (BZT: A113 563E).

Die Vorteile gegenüber der Sperreinrichtung oder einer Telefondosensicherung liegen auf der Hand:

* bestimmte Rufnummern können angewählt werden,
* Notrufe können nicht gesperrt werden,

6.4 Mithören mit Zusatzlautsprecher

Viele moderne Telefone besitzten heutzutage eingebaute Lautsprecher, die weiteren Personen im Raum die passive Teilnahme (Zuhören) am Telefongespräch gestatten. Das Lauthören war schon immer sehr beliebt, jedoch - besonders bei älteren Telefonen - fast nie möglich. Ich möchte Ihnen daher zwei Varianten vorstellen, wie Sie einen zusätzlichen Lautsprecher - auch für ältere Telefone - anschließen können.

6.4.1 Zusatzlautsprecher mit induktiver Kopplung

Wenn sie sich die Abbildung 1.1 im Kapitel 1 ansehen, werden Sie auf den sogenannten Gabelübertrager stoßen. Dieser Gabelübertrager koppelt das ankommende Sprachsignal induktiv in den Hörstromkreis ein. Das dafür verantwortliche Magnetfeld kann auch für den Betrieb eines externen Lautsprechers genutzt werden. Dabei ist keinerlei leitende Verbindung zum Telefon erforderlich.

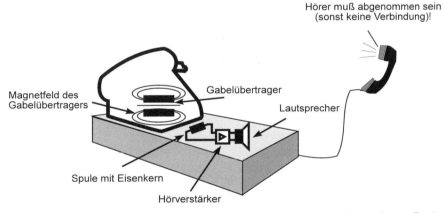

Abb. 6.18: Das Magnetfeld des Gabelübertragers genügt, um in einer weiteren Spule mit Eisenkern die Hörsignalspannung zu induzieren.

Die übertragenen Hörsignale werden verstärkt und im Lautsprecher wieder in Schallwellen umgesetzt.

Es sollte nicht unerwähnt bleiben, daß in modernen Telefonen nur noch selten Gabelübertrager eingesetzt werden. An Telefonen mit einer soge-nannten *aktiven Sprechschaltung* (siehe Kapitel 1) funktionieren diese induktiv gekoppelten Zusatzlautsprecher nicht mehr!

6.4.2   Zusatzlautsprecher "in der Hörerschnur"

Von der Telekom wird ein BZT-zugelassener Hörverstärker vertrieben, der in die Hörerschnur eingeschleift wird. Zu diesem Zweck verfügt das Gerät über eine Anschlußschnur mit Western-Stecker und - für den Anschluß der originalen Hörerschnur - eine entsprechende Western-Steckbuchse.

Besitzt das Telefon keine Hörerschnur mit Westerntechnik, müssen ent-sprechende Anschlußadapter verwendet werden.

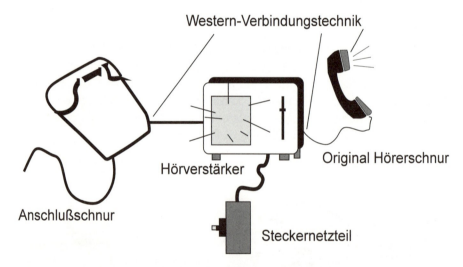

Abb. 6.19: Die Telekom und die Firma "Sasse-Elektronik" bieten Hörverstärker für die Einschleifung in die Hörerschnur an.

6.5 Mehrere Telefone an einem Anschluß

Die Parallelschaltung zweier oder mehrerer Telefone ist - wie bereits mehrfach angedeutet - unzulässig. Dennoch können mehrere Telefone an einen Telefonhauptanschluß angeschaltet werden. Die wichtigste Bedin-gung dabei ist, daß im *aktiven Zustand* (Hörer ist abgehoben) lediglich ein einziges Telefon funktionsfähig sein darf. Im *passiven Zustand* (Hörer aufgelegt) dürfen die Telefone parallel am Netz liegen.

Ungeachtet dessen, mit welcher Technik der Anschluß realisiert wird, bedeutet dies, daß zwar alle Telefone bei einem Anruf "klingeln", jedoch nur an einem dieser Telefone gesprochen werden kann.

6.5.1 Manueller Umschalter

Die einfachste und billigste Möglichkeit, zwei - jeweils mit einem Telefon bestückte - Sprechstellen an einem Telefonanschluß legal zu betreiben, ist der Einsatz eines manuellen Umschalters. Mit Hilfe des Umschalters wird eines der beiden Telefone zweipolig (La und Lb) auf die "Amtsleitung" geschaltet. Das andere Telefon ist abgeschaltet. Auch ein Anruf wird nur an dem Telefon signalisiert, welches durch den Umschalter ausgewählt wurde.

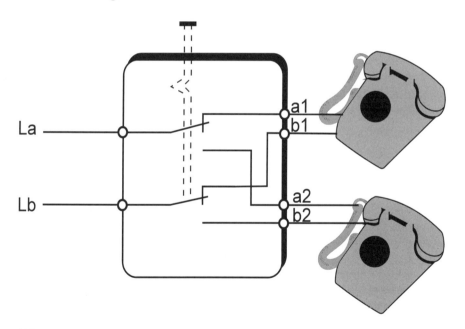

Abb. 6.20: Mit einem manuellen Umschalter kann eines von zwei Telefonen ausge-wählt werden. Das jeweils andere Telefon ist "stromlos".

6.5.2 Automatischer Wechselschalter in der Anschlußdose (AWADo)

Will man sich das lästige Umschalten am manuellen Umschalter ersparen, so kann ein automatischer Wechselschalter verwendet werden. Dieser sogenannte AWADo wird in drei grundlegenden Ausführungen geliefert:

- AWADo 1,
- AWADo 2,
- AWADo 1/2.

Alle drei Typen lassen eine Anrufsignalisierung an beiden angeschalteten Telefonen und zusätzlich an einer zusätzlichen Rufeinrichtung zu. Der gravierende Unterschied liegt darin, daß ein Telefon unter Umständen bevorrechtigt geschaltet werden kann. Das wesentliche Merkmal des ursprünglichen AWADo ist, daß die W-Ader zu Steuerungszwecken benötigt wird. Zweipolige Telefone verursachen Fehlfunktionen!

6.5.2.1 AWADo 1

Der Anruf wird an beiden Telefonen signalisiert und der Sprechstelle zugewiesen, an der zuerst der Hörer abgenommen wird. Wird an der anderen Sprechstelle ebenfalls der Hörer abgenommen, so verbleibt das Gespräch dort, wo zuerst abgehoben wurde. Die andere Sprechstelle ist stromlos. Dies gilt natürlich auch für abgehende Gespräche.

6.5.2.2 AWADo 2

Wie auch beim AWADo 1 wird ein Anruf an beiden Telefonen signalisiert. Auch beim AWADo 2 kann natürlich der Anruf von beiden Telefonen entgegengenommen werden. Der Unterschied zum AWADo 1 ist, daß ein Telefon bevorrechtigt geschaltet ist.

Wird nun am bevorrechtigten Telefon der Hörer abgenommen, so wird dies sofort an die Amtsleitungen geschaltet. Das zweite Telefon ist in diesem Moment stromlos. Es ist dabei übrigens egal, ob am zweiten Telefon gerade gesprochen wird oder nicht.

6.5.2.3 AWADo 1/2

Der AWADo 1/2 vereint die Möglichkeiten des AWADo 1 mit denen des AWADo 2. Je nachdem, für welche Anwendung der AWADo eingesetzt wird, kann er durch Umstecken einer kleinen Brücke - einem sogenanntem "Jumper" - die Funktion des AWADo 1 oder AWADo 2 annehmen.

6.5.3 Automatischer Mehrfachschalter (AMS)

Artverwandt mit den älteren AWADo sind die automatischen Mehrfachschalter (AMS).

Automatische Mehrfachschalter können für die Anschaltung von Telefonen ohne W-Ader verwendet werden. Eine Weiterentwicklung war der AMS 1/4, der die Anschaltung von maximal vier Telefonen zuläßt.

6.5.3.1 AMS 1/2

Ähnlich wie beim AWADo können am AMS 1/2 zwei Telefone angeschaltet werden. Der AMS 1/2 der Firma BTR TELECOM sieht zwar eine Klemme "W" und eine Klemme "E" vor, jedoch dienen diese Klemmen nur ihrem eigentlichen Zweck (vgl. Kapitel 1). Für die Funktion des AMS sind diese Klemmen bedeutungslos.

6.5.3.2 AMS 1/4

Bald schon eine kleine Telefonanlage mit vier "Nebenstellen" ist der AMS 1/4. Die Ausführung der Firma Kuke KG erlaubt auf Wunsch die Bevorrechtigung des Telefones an Position 1.

6.5.4 Private Telefonanlagen für ein oder zwei Amtsleitungen

Bedeutend komfortabler als ein AWADo, ein AMS, eine Dosenanlage oder gar ein manueller Umschalter ist eine private Telefonanlage (PTA) für ein oder zwei Amtsleitungen. Diese Minitelefonanlagen vereinen die Vorteile des relativ kleinen AWADo oder AMS mit den Leistungsmerkmalen hochwertiger Nebenstellenanlagen. Der einzige Unterschied - von der Baugröße und den Anschaltekapazitäten einmal abgesehen - zu großen Systemen besteht in der fehlenden Durchwahlfähigkeit.

Für den Betrieb einer privaten Telefonanlage ist eine zusätzliche Stromversorgung erforderlich. Die fernmeldetechnische Anschaltung ist ähnlich der eines automatischen Mehrfachschalters AMS.

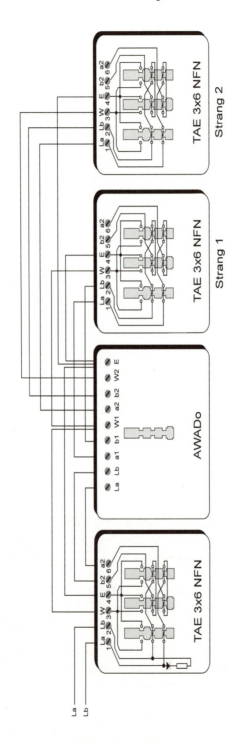

Abb. 6.21: Anschaltung zweier Telefone über den AWADo an einem Telefonanschluß. Die W-Adern werden für die Funktion des AWADo unbedingt benötigt. Moderne Telefone, die nur zweipolig (La und Lb) angeschaltet werden, verursachen Probleme!

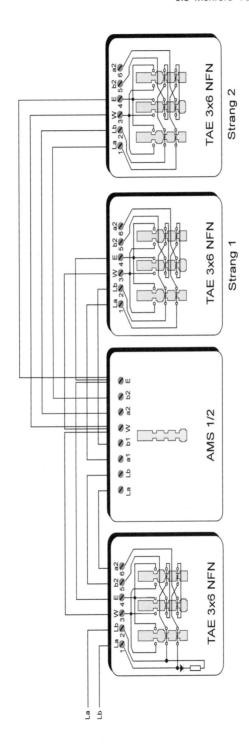

Abb. 6.22: Beschaltung des AMS 1/2: Wahlweise kann das Telefon 1 direkt am AMS 1/2 oder an der TAE angeschaltet werden. Ein Stecker in der Buchse des AMS schaltet die externen Klemmen für Telefon 1 ab. Eine unzulässige Parallelschaltung ist somit nicht gegeben.
Die W-Ader ist für eine korrekte Funktion nicht unbedingt notwendig. Sie wird lediglich zur Anschaltung eines externen Rufgerätes benötigt.

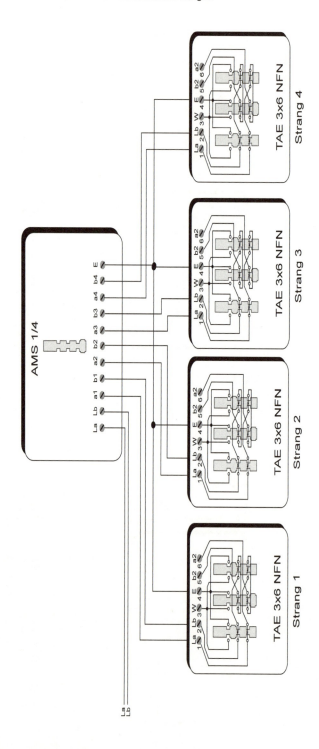

Abb. 6.23: Am AMS 1/4 können vier Telefone angeschaltet werden, von denen jedoch nur eines zur Zeit betrieben werden kann. Eine W-Ader ist für den Betrieb nicht erforderlich.

Abb. 6.24: Privaten Telefonanlage MAXIMA 1800.
Quelle: Quante AG, Wuppertal

6.5.4.1 Auswahl möglicher Leistungsmerkmale einer privaten Telefonanlage

Wie bereits angedeutet, liegt der wesentliche Unterschied einer PTA gegenüber einem AMS darin, daß Leistungsmerkmale, wie sie normalerweise nur mit teuren Telefonanlagen genutzt werden können, auch an ein oder zwei Amtsleitungen im privaten Bereich bzw. in kleinen Geschäftsräumen, Arztpraxen, Anwaltskanzleien etc. zur Verfügung stehen:

• Berechtigungsbeschränkung an den Sprechstellen (Amtsgespräche abgehend möglich/nicht möglich),

• Rückfrage,

• Makeln,

• Sammelruf,

• Anklopfen,

- interne Konferenzschaltung,
- Umlegen/Umlegen besonderer Art,
- Raumüberwachung,
- Bevorrechtigung einer Sprechstelle,
- Ruhe vor dem Telefon

Die Tabelle 6.1 zeigt als Beispiel die Programmiersequenzen der privaten Telefonanlage *Maxima 1800* der Firma Quante AG aus Wuppertal.

6.5.5   Telefon und Telefax

Telefaxgeräte haben heutzutage einen hohen technischen Standard und ein niedriges Anschaffungspreisniveau erreicht. Sie sind im modernen Geschäftsleben längst nicht mehr wegzudenken und werden dabei nicht nur von den großen Firmen genutzt. Auch kleinere Firmen oder Privatpersonen schaffen sich ein Telefaxgerät an, verzichten jedoch häufig auf einen zusätzlichen Telefonanschluß. Das Telefon, das Telefaxgerät und ein Anrufbeantworter sollen gemeinsam an einer Leitung betrieben werden. Dies alles soll nach Möglichkeit automatisch funktionieren.

Das Problem wird durch automatische Telefon-Telefax-Umschalter gelöst.

6.5.5.1 Montage eines automatischen Telefon-Telefax-Umschalters

Die Telefon-Telefax-Umschalter benötigen eine externe Stromversorgung, die über ein separates Steckernetzteil für den Anschluß an das 220 V/50 Hz~-Netz bereitgestellt wird. Mit Hilfe einer Anschlußschnur mit TAE 6 F-Stecker kann und darf das Gerät sogar von einem Laien installiert werden.

Rein äußerlich wirken die meisten Telefon-Telefax-Umschalter wie eine TAE 3 x 6 NFN. Eine Ausnahme bildet jedoch der Fax-Manager der Firma Kuke KG aus Berlin. Auch dieses Gerät kann jedoch vom Laien angeschaltet werden. Statt der TAE-Buchsen befinden sich auf der Rückseite des Gerätes Western-Anschluß-Buchsen.

Tab. 6.1: Programmierung der Maxima 1800 von Quante

Funktion	Code
Reset	8711
Ruhe vor dem Telefon	
Ruhe vor dem Telefon an Sprechstelle 1 ein	8111
Ruhe vor dem Telefon an Sprechstelle 1 aus	8110
Ruhe vor dem Telefon an Sprechstelle 2 ein	8121
Ruhe vor dem Telefon an Sprechstelle 2 aus	8120
Ruhe vor dem Telefon an Sprechstelle 3 ein	8131
Ruhe vor dem Telefon an Sprechstelle 3 aus	8130
Ruhe vor dem Telefon an Sprechstelle 4 ein	8141
Ruhe vor dem Telefon an Sprechstelle 4 aus	8140
Ruhe vor dem Telefon aus	8100
Amtsrufzuordnung	
Klingeln an Sprechstelle 1 ein	8211
Klingeln an Sprechstelle 1 aus	8210
Klingeln an Sprechstelle 2 ein	8221
Klingeln an Sprechstelle 2 aus	8220
Klingeln an Sprechstelle 3 ein	8231
Klingeln an Sprechstelle 3 aus	8230
Klingeln an Sprechstelle 4 ein	8241
Klingeln an Sprechstelle 4 aus	8240
Klingeln an allen Sprechstellen ein	8200
Bevorrechtigung	
Bevorrechtigung an Sprechstelle 1 ein	8311
Bevorrechtigung an Sprechstelle 2 ein	8321
Bevorrechtigung an Sprechstelle 3 ein	8331
Bevorrechtigung aus	8300
Rufumleitung	
Rufumleitung zur Zielsprechstelle (X) ein	84 X 1
Rufumleitung zur Zielsprechstelle (X) aus	84 X 0
Amtsberechtigung	
alle Sprechstellen sind amtsberechtigt	8500
Sprechstelle 2 halbamtsberechtigt	8521
Sprechstelle 2 amtsberechtigt	8520
Sprechstelle 3 hslbamtsberechtigt	8531
Sprechstelle 3 amtsberechtigt	8530
Sprechstelle 4 halbamtsberechtigt	8541
Sprechstelle 4 amtsberechtigt	8540
Rufsequenz	
5-Sekunden-Ruf (alte Bundesländer und neue AsB in den neuen Ländern)	8610
10-Sekunden-Ruf (alte AsB der neuen Bundesländer)	8611

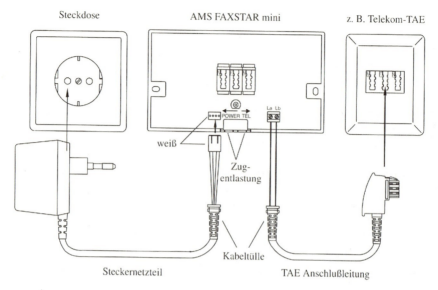

Abb. 6.25: Installation eines Telefon-Telefax-Umschalters,
Quelle: BTR TELECOM Blumberg

6.5.5.2 *Funktionsprinzip eines Telefon-Telefax-Umschalters*

Der Telefon-Telefax-Umschalter nimmt den Anruf auf jeden Fall an. Empfängt das Gerät das CNG-Signal (ein Telefax-Erkennungssignal), so wird die Verbindung zum Telefaxgerät durchgeschaltet. Ist kein CNG-Signal zu empfangen, wird die Verbindung zum Telefon und gegebenenfalls zum Anrufbeantworter geschaltet.

Bis zu diesem Zeitpunkt wurde der Anruf vom Telefon-Telefax-Umschalter zwar - für den Anrufer gebührenpflichtig - angenommen, das angeschaltete Telefon hat jedoch noch nicht einmal geklingelt. Die Rufwechselspannung für das angeschaltete Telefon und den Anrufbeantworter sowie den Hörton (modifizierter "Rufton") wird vom Gerät simuliert.

Um die Telefonrechnung des Anrufers nicht ins "unermeßliche" zu strapazieren, werden nur eine begrenzte Anzahl von Rufen ausgesendet. Anschließend wird entweder auf die Anschlußleitung des Telefaxgerätes umgeschaltet (manueller Telefaxbetrieb) oder die Verbindung abgebrochen.

6.6 Telefonisch gesteuertes Netzschaltegerät

Der Betrieb eines PC rund um die Uhr ist weder besonders wirtschaftlich noch wirkt er sich positiv auf dessen Lebensdauer aus. Wird jedoch ein Computer für den Betrieb einer Mailbox oder als Telefax eingesetzt, so muß er rund um die Uhr erreichbar sein.

Damit beide Bedingungen "unter einen Hut gebracht" werden können, kann ein telefonisch gesteuertes Netzschaltegerät wie es z. B. von der Firma BTR TELECOM unter dem Produktnamen "Stand-by Startautomatik" vertrieben wird, verwendet werden.

6.6.1 Betrieb eines telefonisch gesteuerten Netzschaltegerätes

Bei einem Anruf wird - ähnlich dem Starkstromanschalterelais - elektronisch gesteuert ein Schalter betätigt. Anders als beim Starkstromanschalterelais schließt der Schalter nicht im Intervall des Rufsignals, sondern bleibt für eine gewisse Zeit (einstellbar von 5 bis 25 Minuten) geschlossen. Bei einer bestehenden Verbindung ist das Zeitlimit nicht begrenzt.

Bei einem Anruf muß der PC innerhalb von 20 Sekunden betriebsbereit sein. Dauert die, zum "booten" benötigte Zeit länger, so bricht die Verbindung zusammen. Für den Empfang eines Telefaxes ist dies jedoch relativ unkritisch, denn die automatische Wahlwiederhohlung eines Telefaxgerätes startet nach ca. drei Minuten einen erneuten Übertragungsversuch. Der PC ist dann sofort empfangsbereit.

6.6.2 Anschaltung eines telefonisch gesteuerten Netzschaltegerätes.

Die Stromversorgung wird vom Netzschaltegerät, an dem sich für den Anschluß des Computers eine Schutzkontaktsteckdose befindet, bereitgestellt. In dem Gerät befindet sich auch der Zeitschalter.

Das Steuergerät zum Netzschaltegerät wird über eine Anschlußschnur mit einem TAE 6 N-Stecker an den Telefonanschluß angeschaltet. Der Modem kann an eine im Steuergerät befindliche TAE 6 N-Steckdose angeschaltet werden.

Unter Umständen kann es störend sein, wenn beim Abheben des ange-schalteten Telefones der PC automatisch eingeschaltet wird (entspricht der Werkseinstellung). Dieses läßt sich durch Umsetzen einer Steck-brücke ändern.

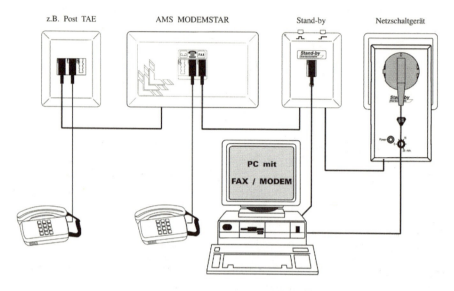

Abb. 6.26: Anschaltung des telefonisch gesteuerten Netzschaltgerätes der Firma BTR TELECOM (Quelle: BTR TELEKOM, Blumberg)

6.7 Überspannungsschutz für Telekommunikationsendgeräte

Schaltvorgänge an großen Maschinen, Netzschwankungen und natürlich Spannungsspitzen infolge von Blitzentladungen können die Funktion von Telekommunikationsendgeräten negativ beeinflussen bzw. zu deren Zer-störung führen. Besonders anfällig sind dabei Geräte deren Versorgung über Freileitungen vorgenommen wird.

Viele höherwertige Telekommunikationsend und -zusatzgeräte können nicht in ausreichendem Maße von der Vermittlungsstelle gespeist wer-den. Sie benötigen daher eine eigene Stromversorgung über das Stark-stromnetz (220 V/50 Hz~).

Ein wirksamer Überspannungsschutz kann daher nur dann gegeben sein, wenn sowohl der Anschluß an das Telefonnetz als auch der Anschluß an das 220 V/50 Hz~-Netz gegen zu hohe Spannungsspitzen gesichert wird. Zu diesem Zweck werden Überspannungsschutzgeräte direkt vor das Gerät in die jeweilige Anschlußleitung geschaltet.

Überspannungsschutzgeräte gibt es in unterschiedlichen Ausführungen:
*   Überspannungsschutz für TAE 6 F als auf- oder unter-Putz-Dose.
*   Überspannungsschutz für TAE 6 N als auf- oder unter-Putz-Dose,
*   Überspannungsschutz für 220 V/50 Hz-Netzanschluß (Steckerbauart),
*   Kombi-Überspannungsschutz für TAE 6 F und für 220 V/50 Hz-Netzanschluß,
*   Kombi-Überspannungsschutz für TAE 6 N und für 220 V/50 Hz-Netzanschluß.

Die Abschaltzeiten liegen im Bereich von wenigen Nanosekunden (10 - 20 ns) bei Überspannungen zwischen den zu schützenden Adern und ca. 100 ns bei Überspannungen gegen Erde (PE = Protection Earth). Darüber hinaus verfügen einige Überspannungsschutzgeräte über einen Überlastschutz ähnlich einer normalen Sicherung. Spricht der Überlastschutz an, so muß das Überspannungsschutzgerät ausgewechselt werden.

6.7.1 Anschaltung des Überspannungsschutzgerätes

Die Art der Anschaltung hängt vom verwendeten Überspannungsschutzgerät ab. Ich möchte dazu beispielhaft die Geräte der Firma Kuke KG, Berlin vorstellen.

6.7.1.1 Anschaltung mit eigener Anschlußschnur

Die Überspannungsschutz-Kombigeräte der Kuke KG besitzen eine Anschlußleitung mit einem Schutzkontaktstecker für den Anschluß an das 220 V/50 Hz-Netz und eine Anschlußschnur mit einem TAE-F oder -N-Stecker (je nach Ausführung). Das zu sichernde Endgerät wird nun komplett an das Überspannungsschutzgerät angeschaltet. Zu diesem Zweck ist das Überspannungsschutzgerät mit den beiden entsprechenden Steckdosen ausgestattet.

6.7.1.2 TAE-Dose mit Überspannungsschutz

Die in TAE-Dosen integrierten Überspannungsschutzgeräte werden wie TAE 6 F oder TAE 6 N-Dosen angeschlossen und betrieben. Auch äußerlich ist bis auf die Bezeichnung kein Unterschied erkennbar. Markant ist jedoch der Schutzleiteranschluß, von dem aus eine grün-gelbe

Einzelader zum Potentialausgleich bzw. einem mit dem Potentialausgleich verbundenen Schaltpunkt verlegt werden muß.

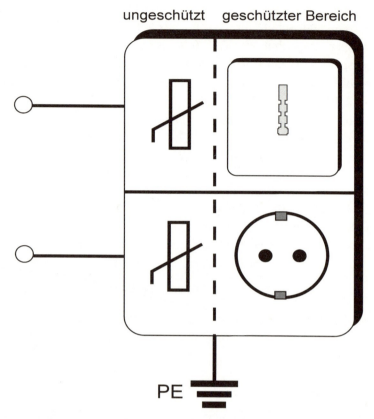

Abb. 6.27: Das TAE-Anschlußsystem ist von den Starkstromkreisen getrennt. Beide Komponenten werden allerdings über den gemeinsamen Schutzleiter über die 220 V-Steckdose mit dem Potentialausgleich und somit mit der Erdungsanlage verbunden.

6.7.1.3 *Anschaltung des Steckdosen-Schutzadapters 220 V/50 Hz*

Am einfachsten gestaltet sich der Anschluß eines Überspannungsschutzgerätes mit Steckeranschluß: der Steckdosen-Schutzadapter wird in die 220 V/50 Hz-Netzsteckdose und der Anschlußstecker des zu schützenden Gerätes in die dafür vorgesehene Schutzkontaktsteckdose des Adapters gesteckt.

Der Steckdosen-Schutzadapter ist für einen Nennstrom von 10 A ausgelegt und somit u. a. auch für den Schutz eines Computers, Drucker etc. geeignet.

7 Anschluß und Betrieb von Zusatzgeräten

Während Zusatzeinrichtungen in der Regel zum Endstellenleitungsnetz oder zur Endstelle gehören bzw. nur in deren Abhängigkeit betrieben werden können, sind Zusatzgeräte eigenständige und - von einem Telefon unabhängige - funktionsfähige Geräte. Lediglich über die Begriffszuordnung von Telekommunikationsanlagen läßt sich streiten. Ich habe sie - nicht zuletzt wegen ihrer Komplexität in dieses Kapitel aufgenommen.

7.1 Automatische Anrufbeantworter

Automatische Anrufbeantworter erfreuen sich in der heutigen Zeit immer größerer Beliebtheit. Sie werden längst nicht nur dann eingeschaltet, wenn gerade niemand zu Hause ist, sondern dienen auch zur "Vorselektion" der Anrufer. Möchte man das Gespräch mit bestimmten Personen vermeiden oder fühlt man sich von obzönen Anrufern etc. belästigt, so kann man - wenn sich der Anrufer identifiziert hat - individuell entscheiden, ob man in die bestehende Verbindung durch Abheben des Hörers einsteigt oder nicht.

Auch die Fernabfrage von Anrufbeantwortern gehört mittlerweile zum Standard. Wird ein spezieller Codesender oder einfach nur ein Telefon mit MFV-Funktion verwendet, so kann der daheim stehende Anrufbeantworter von jedem Telefon auf der Welt abgehört werden. Aber Achtung, denn gerade hier liegt ein Risiko, wenn es darum geht, das Fernmeldegeheimnis zu wahren: viele Anrufbeantworter arbeiten mit dreistelligen Zugangskennnummern, eine Art Passwort, bei der jedoch zwei Ziffern fest eingestellt sind (z. B.: Panasonic KX-T 1435 BS). Für die dritte Ziffer stehen oftmals auch nur zwei bis drei Alternativen bereit. Mit einem bißchen Glück kann der Anrufbeantworter somit auch von fremden Personen abgehört werden. Weniger Glück, lediglich offene Augen brauchen Verwandte und Bekannte, wenn sie etwas neugierig sind: Sie ändern den Code? - Macht nichts, nur zwei bis dreimal probiert und schon gibt das Band alle gespeicherten Geheimnisse preis.

Wenn Sie also Wert auf die Wahrung Ihrer Privatsphäre legen, so sollten Sie einen Anrufbeantworter mit einer individuell zu programmierenden Zugangskennzahl wählen oder auf die Fernabfragefunktion ganz verzichten. Übrigens: gefährlich ist in diesem Zusammenhang die integrierte Raumüberwachungsfunktion (sehr praktisch, wenn man seine Sprößlinge einmal alleine zu Hause läßt). Potentielle Einbrecher könnten feststellen, ob jemand daheim ist und neugierige Personen könnten bei privaten Plaudereien unauffällig zuhören.

Falsche Anschaltung:
Das Telefon wird hier dem Anrufbeantworter parallel geschaltet.

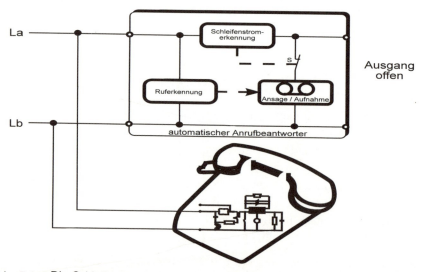

Abb.: 7.1   Die Schleifenstromerkennungsschaltung kann das Abheben des Hörers nicht erkennen, da die Ausgänge des Anrufbeantworters nach wie vor hochohmig sind. Aus der Sicht des Anrufbeantworters wurde das Gespräch somit *nicht* angenommen. Der Öffnerkontakt "S" bleibt geschlossen, die Ansage/Aufzeichnung läuft weiter!

7.1.1   Prinzip und Anschluß des Anrufbeantworters

Moderne Anrufbeantworter arbeiten mit einer Schleifenstromkennung, d. h. sie erkennen das Abheben des Hörers (a/b-Schleife ist geschlossen). Dies funktioniert jedoch nur dann, wenn der Anrufbeantworter vor dem Telefon - in Dosenanlagen: vor dem ersten Telefon - geschaltet ist. Ist der der Anrufbeantworter parallel zu einem Telefon (unzulässig!)

oder wird er nach einem Telefon an den Telefonanschluß geschaltet, so funktioniert er nicht oder nicht einwandfrei.

7.1.1.1 Anrufbeantworter wird unzulässigerweise parallel zum Telefon geschaltet

Der Anrufbeantworter empfängt problemlos das Rufsignal, worauf er anläuft. Wird nun jedoch der Hörer am Telefon abgenommen, so kann der Anrufbeantworter die geschlossene Schleife nicht erkennen. Er wird mit der Ansage oder Aufzeichnung fortfahren.

7.1.1.2 Anrufbeantworter wird "hinter" das Telefon geschaltet

Wer seinen Anrufbeantworter auf diese Weise installiert, der braucht eigentlich gar keinen, denn die nachfolgende Endstellenleitung wird ab der TAE, in die das Telefon gesteckt ist, abgeschaltet. Das Rufsignal wird vom Anrufbeantworter nicht erkannt, er schaltet sich erst gar nicht ein!

Falsche Anschaltung:

Der Anrufbeantworter wird hier dem Telefon nachgeschaltet.

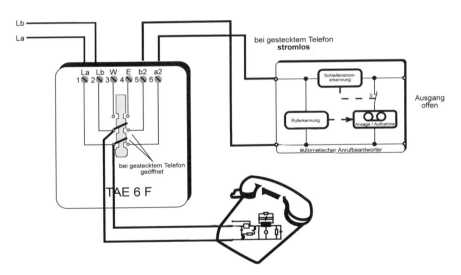

Abb.: 7.2   Bei gestecktem Telefon ist der Anrufbeantworter vom Telefonanschluß völlig getrennt. D. h.: ein ankommender Ruf wird nicht von der Ruferkennungsschaltung wahrgenommen. Ist kein Telefon gesteckt, so kann der Anrufbeantworter zwar anlaufen, allerdings kann nicht in das Gespräch eingestiegen werden.

Die Schaltung funktioniert nur dann, wenn kein Telefon gesteckt ist. In diesem Fall kann der Ruf den Anrufbeantworter erreichen; er läuft an. In die laufende Verbindung kann jedoch wegen des fehlenden Telefones nicht eingestiegen werden.

7.1.1.3 Anrufbeantworter vor dem Telefon

Wird der Anrufbeantworter vor das Telefon geschaltet, so kann die Ruferkennungsschaltung einen Anruf wahrnehmen, worauf der Anrufbeantworter korrekt anläuft (Ansage, Aufzeichnung der Nachricht des Anrufers und gegebenenfalls Schlußansage).

Das Abheben des Hörers kann ebenfalls richtig erkannt werden, worauf die Schleifenstromerkennungsschaltung die Ansage bzw. die Aufnahme abschaltet. Die einwandfreie Funktion des Anrufbeantworters ist - vom schaltungstechnischen Aspekt - gewährleistet.

Der Anrufbeantworter wird mit Hilfe eines N-codierten TAE-Steckers an den Telefonanschluß angeschaltet.

Richtige Anschaltung:

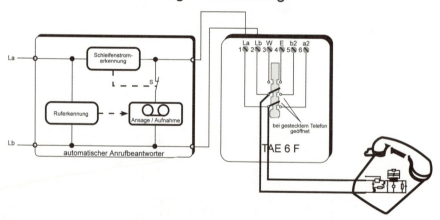

Abb.: 7.3   Korrekte Anschaltung eines automatischen Anrufbeantworters: der Anrufbeantworter wird stets in eine TAE 6 N *vor* das erste Telefon geschaltet.

7.1.2   Ansagetexte für den Anrufbeantworter

Die Formulierung der Ansagetexte (Begrüßungsansage und Schlußansage oder Hinweisansage) obliegen dem individuellen Geschmack und natürlich der Bestimmung. Dabei sind witzige Ansagetexte an privaten Telefonanschlüssen ein absoluter Renner, an Geschäftsanschlüssen jedoch unangebracht.

Es sollten bei der Formulierung der Texte folgende Regeln berücksichtigt werden:

- Wenn keine zeitliche Begrenzung des Ansagetextes nötig ist, fassen Sie sich dennoch kurz. Der Anrufer könnte ein Ferngespräch führen.

- Wenn der Anrufbeantworter ein bestimmtes Zeitraster für die Ansage vorgibt, so nutzen Sie bitte diese Zeit möglichst optimal. "Schweigeminuten" zwischen Ansage und Signalton verwirren den Anrufer.

- Teilen Sie dem Anrufer Ihren Namen oder Ihre Rufnummer mit, denn nur so kann er prüfen, ob er richtig verbunden ist. Wenn Sie verhindern möchten, daß jemand anhand Ihres Namens im Telefonbuch die Adresse ermittelt (sofern Sie im amtlichen Telefonbuch eingetragen sind), nennen Sie in der Ansage nur Ihre Rufnummer.

- Viele Anrufer sind - auch heutzutage - nicht im Umgang mit einem Anrufbeantworter geübt. Von einem fragenden "Hallo?" haben sowohl Sie als auch der Anrufer nicht viel, weil Sie keine Möglichkeit haben, zurückzurufen. Teilen Sie dem Anrufer daher in Ihrem Ansagetext mit, welche Informationen Sie benötigen (Name, Rückrufnummer, beste Rückrufzeit, aktuelles Datum und Uhrzeit sowie das Anliegen des Anrufers).

7.1.2.1 Beispiel für einen Ansagetext im privaten Bereich

"Guten Tag, Sie haben die Rufnummer (0815) 4711 gewählt. Leider bin ich nicht zu Hause oder stehe unter der Dusche. Sie haben die Möglichkeit, mir ein weiteres Stück Seife vorbeizubringen oder nach dem Signalton eine Nachricht zu hinterlassen. Vielen Dank."

7.1.2.2 Beispiel für einen Ansagetext im geschäftlichen Bereich

"Guten Tag, Sie sind mit dem Anschluß (0815) 4711 der Firma XYZ verbunden. Sie erreichen uns während der Geschäftszeiten von Montag bis Freitag 9 bis 18 Uhr und Samstag von 9 bis 13 Uhr. Sie können uns auch eine Nachricht sowie Ihren Namen und Ihre Rückrufnummer hinterlassen. Wir rufen Sie dann umgehend zurück. Sprechen Sie bitte nach dem Signalton.

247

7.1.3   Probleme mit dem Anrufbeantworter

Wie auch bei jedem anderen elektronischen Gerät kann es mit Anruf-beantwortern Schwierigkeiten geben, die unterschiedliche Ursachen haben können:

- Bedienungsfehler,
- Verschleiß mechanischer Komponenten (Cassetten, Bandlaufwerk, Tasten etc.),
- Gerätefehler,
- Fehler bei der Anschaltung des Gerätes,
- Anpassungsprobleme an die Umgebung.

7.1.3.1 Bedienungsfehler

Bedienungsfehler rangieren ganz oben in der "Hitliste" der Fehlerquellen. Oftmals erscheint die Funktion des Gerätes so eindeutig, daß auf die Lektüre der Bedienungsanleitung entweder gänzlich verzichtet oder sie zumindestens nur "überflogen" wird. Pech jedoch, wenn gerade wichtige Funktionen von augenscheinlich unwesentlichen Details abhängen.

Jeder Gerätetyp stellt zum Beispiel eigene Anforderungen an die Ansage. So ist es wichtig zu wissen,

- welche Ansagen der Anrufbeantworter bei der Aufnahme erwartet (Begrüßungsansage, Schlußansage und gegebenenfalls eine Ansage ohne die anschließende Möglichkeit, eine Nachricht zu hinterlassen) und in welcher Reihenfolge die Ansagen aufgenommen werden,
- welche maximale Zeit für jede Ansage zur Verfügung steht,
- wie lange die Ansage mindestens dauern muß,
- ob und wie lange Sprechpausen im Ansagetext zulässig sind und
- wie die Ansage am besten aufgenommen wird (ist sie zu leise, kann es Probleme geben!).

7.1.3.2 Verschleiß mechanischer Komponenten

Viele Anrufbeantworter arbeiten mit Tonbandcassetten. Dabei kann es sich um ganz gewöhnliche Compact-Cassetten, um Mikro-Cassetten oder um Cassetten mit einem Endlosband (für die Ansage) handeln! Cassetten sollten in regelmäßigen Abständen ausgewechselt werden.

Auch das oder die Bandlaufwerke unterliegen Verschleißerscheinungen. Eine regelmäßige Reinigung der Aufnahme- und Wiedergabeknöpfe sowie der Antriebs- und Andruckwelle verhindert Störungen. Zur Reinigung der Köpfe und Antriebswellen eignet sich ein mit reinem Alkohol getränktes Wattestäbchen (vgl. Abb.: 7.4).

Anrufbeantworter mit digitalem Aufzeichnungsverfahren kennen diese Probleme zwar nicht, jedoch kann ein - wenn auch nur kurzer - Stromausfall die Ansage löschen. Um dies zu verhindern, werden Pufferbatterien verwendet, die jedoch regelmäßig gewechselt werden müssen. Die Batterien sollten auslaufsicher sein.

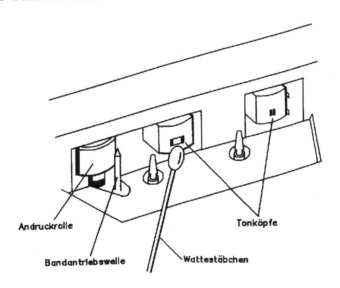

Abb.: 7.4   Die regelmäßige Reinigung des Bandlaufwerkes eines Anrufbeantworters gewährleistet eine gute Verständigungsqualität und beugt Funktionsstörungen vor. Denken Sie daran, daß der Anrufbeantworter neben den Nachrichten auch Steuersignale aufzeichnet, ohne deren richtige Interpretation z. B. weder eine Ansage vernünftig gesteuert noch zum Anfang einer aufgezeichneten Nachricht gespult werden kann.
Quelle: Tiptel AG, Ratingen

7.1.3.3 Gerätefehler

Fehler am Gerät selbst können infolge von Verschleißerscheinungen oder unsachgemäßer Behandlung auftreten. Einmal von den - für Sie unvermeidbaren - Fehlern, die bereits im neu gekauften Gerät auftreten können abgesehen, können Sie sehr viel für die lange Lebensdauer des Anrufbeantworters tun. Eine gute Voraussetzung für eine lange Funktionssicherheit ist die Auswahl des richtigen Aufstellungsortes. Nicht nur Anrufbeantworter, sondern auch andere elektronische Geräte "lieben" ein ganz bestimmtes Klima.

*   Wählen Sie für die Aufstellung des Anrufbeantworters nicht unbedingt die Küche oder das Bad. Abgesehen davon, daß diese Orte höchst unpraktische Standorte für einen Anrufbeantworter sind, sind feuchte Räume Gift für elektronische und auch feinmechanische Geräte.
*   Vermeiden Sie heiße Räume (z. B. Heizräume) oder die direkte Sonneneinstrahlung. Während Wärme schädlich für die elektronischen Bauteile ist (in erster Linie Halbleiter wie Transistoren und integrierte Schaltkreise), können sich durch die direkte Sonneneinstrahlung das Gehäuse und wichtige mechanische Teile verformen.
*   Schädlich - vor allem für die Mechanik - sind staubige Standorte sowie solche, die starken Erschütterungen ausgesetzt sind.
*   Zur allgemeinen Sicherheit sollte nicht vergessen werden, daß jeder mechanische Schalter Funken ziehen kann. Explosionsgefährdete Räume sind als Standort für einen Anrufbeantworter tabu!

Ich möchte ergänzend betonen, daß die angeführten "exotischen" Beispiele als Standort eines Anrufbeantworters keinesfalls unrealistisch sind, denn diese Geräte finden sich nicht nur in Arztpraxen, Anwaltskanzleien, Büros und dem privaten Wohnzimmer. Sie werden auch in Baubüros eingesetzt. Firmen, die sich kein Containerbüro auf der Baustelle einrichten lassen, werden mit dem Bauwagen oder einem Hausanschluß- bzw. Heizraum vorlieb nehmen müssen. Dort können durchaus die obengenannten klimatischen Verhältnisse auftreten. Übrigens stellt der Anrufbeantworter auch in diesem Bereich neben dem Funktelefon und dem Telefaxgerät ein mittlerweile unentbehrliches Kommunikationsinstrument dar.

7.1.3.4 Fehler bei der Anschaltung des Anrufbeantworters

Neben den bereits erläuterten Fehlern, die bei der Installation und Anschaltung des Anrufbeantworters gemacht werden können (vgl. Seite 244) gibt es bei der Anschaltung des Gerätes noch weitere Faktoren, die sporadisch zu Störungen führen können.

Die Folgen einer falschen Anschaltung habe ich bereits erläutert. Sie wissen also, daß moderne Anrufbeantworter stets vor dem ersten Telefon in einer TAE 6 N-Dose an das öffentliche Telefonnetz bzw. an die

Nebenstelle angeschlossen werden. Eine unerlaubte Parallelschaltung verhindert das Abschalten des Anrufbeantworters sobald der Hörer abgehoben wird, eine "Anschaltung" nach dem Telefon stellt gewissermaßen eine Isolierung vom Telefonnetz dar; der Anrufbeantworter funktioniert überhaupt nicht.

Wenn Sie den Anrufbeantworter an eine Dosenanlage anschalten, achten Sie darauf, daß er an der schaltungstechnisch *ersten* TAE, d. h. bei einem Telefonhauptanschluß an der Monopol-TAE, angeschlossen wird. Anderenfalls wird der Anrufbeantworter solange funktionieren, wie das Telefon in der gleichen oder einer nachfolgenden TAE angeschaltet ist. Wird für die Anschaltung eine Dose *vor* dem Anrufbeantworter gewählt, so tritt der oben beschriebene Fall einer kompletten Abschaltung durch die Öffnerkontakte der TAE 6 F ein; der Anrufbeantworter liegt an einer "toten" Leitung!

Ein Anrufbeantworter kann auch an einer sogenannten A2-Schaltung, die mit einem AWADo realisiert wird, betrieben werden. Unkritisch ist dabei die Annahme des Anrufes durch den Anrufbeantworter, jedoch gilt es - will man in die bestehende Verbindung von beiden Strängen des AWADo einsteigen können - einiges zu beachten:

- Ein AWADo 1 ist ungeeignet, da beide Stränge gleichberechtigt sind. Wurde das Gespräch über einen Strang bereits vom Anrufbeantworter angenommen, so kann dies nicht vom zweiten Strang übernommen werden.
- Bei der Verwendung eines AWADo 2 (ein Strang ist bevorrechtigt) darf der Anrufbeantworter *nicht* im bevorrechtigten Strang angeschaltet werden, da auch in diesem Fall - ähnlich wie bei der Verwendung eines AWADo 1 - das Gespräch nicht über beide Stränge vom Telefon übernommen werden könnte.

Im Kapitel 6 haben Sie spezielle Telefon-Telefax-Umschalter kennengelernt. Diese Geräte sehen oftmals eine spezielle Anschlußbuchse für einen automatischen Anrufbeanworter vor. Die Buchsen für das Telefaxgerät und den automatischen Anrufbeantworter (beides TAE 6 N) dürfen dabei nicht verwechselt werden, da der Telefon-Telefax-Umschalter nur am Anschluß des Anrufbeantworters ein Rufsignal simuliert, welches die Ruferkennungsschaltung für den Start der Ansage benötigt.

7.1.3.5 Netztechnische Probleme

Ältere Anrufbeantworter, wie z. B. die ersten Geräte vom Typ "Code-A-Phone" haben beim Anschluß an mechanische Vermittlungsstellen in den neuen Bundesländern Deutschlands und dem Ostteil Berlins Probleme. Wie bereits angedeutet, wertet eine Ruferkennungsschaltung im Anrufbeantworter die Rufintervalle (60 V/25 Hz-Rufwechselspannung mit der Dauer von einer Sekunde und vier Sekunden Pause) aus. In älteren Vermittlungsstellen der neuen Bundesländer Deutschlands stellt sich das Rufintervall jedoch anders dar (eine Sekunde Ruf, neun Sekunden Pause).

Alle Anrufbeantworter sind so programmiert, daß sie erst nach einer bestimmten Anzahl von Rufsignalen anlaufen. Darüber hinaus müssen die Geräte auch den Abbruch des Verbindungswunsches (Anrufer legt vorzeitig auf) erkennen, damit der interne Zähler zurückgesetzt werden kann. Den abgebrochenen Anrufversuch erkennt der Anrufbeantworter aus der verstrichenen Zeit nach dem letzten Rufsignal. Die Zeitgrenze, nach der der Zähler zurückgesetzt und der Anrufversuch als abgebrochen interpretiert wird, liegt natürlich über fünf Sekunden. Liegt diese Grenze jedoch unterhalb von neun Sekunden, so kann der Anrufbeantworter nicht an Vermittlungsstellen mit sogenannten *Zehn-Sekunden-Ruf* betrieben werden.

Eine weitere Ursache, daß der Anrufbeantworter nicht funktioniert, kann eine fehlende Stromversorgung (Netzstecker gezogen, Sicherung hat ausgelöst, sonstiger Stromausfall) sein. Weil der Anrufbeantworter bei einem Stromausfall nicht durch das Telefonnetz "notgespeist" wird, funktioniert in diesem Fall nur das Telefon.

7.2 Telefaxgeräte

Längst wird das Telefonnetz nicht mehr nur zur Übertragung von Sprache, sondern unter anderem auch zur Übertragung auf Papier geschriebener Texte und Grafiken benutzt. Fernkopierer, wie Telefaxgeräte auch bezeichnet werden, sind dabei nicht nur eine Erfindung neuerer Zeit. Bereits 1842 führte der Schotte Alexander Bain erste Experimente durch. Der Durchbruch des Telefaxdienstes kam jedoch erst 1974 durch das erste Telefaxgerät der Gruppe 1, das von der Firma Rank Xerox entwickelt wurde.

Den heutigen Standard stellen Telefaxgeräte der Gruppe 3 im analogen Telefonnetz und Geräte der Gruppe 4 im ISDN dar. Auch ältere Geräte der Gruppe 2 werden noch betrieben und können am Telefaxdienst der Telekom teilnehmen. Für die mittlerweile technisch absolut überholten Telefaxgeräte der Gruppe 1 gilt dies nicht mehr.

7.2.1 Prinzip der Telefaxgeräte

Für die Übertragung eines Dokumentes über die Telefonleitung muß dieses Dokument zuerst abgetastet und anschließend jeder einzelne Bildpunkt sowie dessen Position zum Empfänger übertragen werden. Im Empfänger werden die einzelnen Bildpunkte wieder zu Papier gebracht. Dieses Grundprinzip ist bei allen Telefaxgeräten gleich. Der wesentliche Unterschied liegt im Übertragungsverfahren.

7.2.1.1 Telefax Gruppe 1

Telefaxgeräte der Gruppe 1 benachteiligen sich im Vergleich zu den modernen Technologien durch eine sehr geringe Auflösung (ca. 3,85 Zeilen/Punkte pro Millimeter) und eine extrem langsame Übertragungszeit (ca. 6 Minuten für eine DIN A 4-Seite). Gruppe 1-Faxgeräte kennen keine Datenkompression, d. h.: die Informationen werden Punkt für Punkt übertragen. Telefaxgeräte der Gruppe 1 nehmen nicht am Telefaxdienst der Telekom teil.

7.2.1.2 Telefax Gruppe 2

Telefaxgeräte der Gruppe 2 bringen eine ähnliche Auflösung wie die Geräte der Gruppe 1 (ca. 3,85 Zeilen/Punkte pro Millimeter). Auch diese Geräte kennen noch keine Datenkompression, wodurch die Übertragungszeit sehr langsam ist. Durch eine Bandbreitenkompression - Faxgeräte der Gruppe 2 arbeiten nach dem Restseitenbandverfahren mit Phasenmodulation - erreichen Geräte dieser Klasse Übertragungszeiten von ca. 3 Minuten pro DIN A 4-Seite.

Im Gegensatz zu den Telefaxgeräten der Gruppe 1 sind Telefaxgeräte der Gruppe 2 zur Teilnahme am Telefaxdienst der Telekom zugelassen. Die genauen Anforderungen an die Telefaxgeräte und dem Übertragungsverfahren sind der technischen Richtlinie FTZ 18 TR 52 zu entnehmen.

7.2.1.3 Telefax Gruppe 3

Den heutigen Standard im Telefaxdienst über das analoge Telefonnetz stellen Telefaxgeräte der Gruppe 3 dar. Neben der Bandbreitenkompression werden Redundanzen in den zu übertragenden Bildinformationen drastisch verringert. Statt einzelner Bildpunkte werden für Serien unterschiedlicher Länge weißer - oder schwarzer Bildpunkte lediglich bestimmte Codes übertragen. Die Übertragungszeit wird durch diese Maßnahme drastisch reduziert (ca. 1 Minute pro DIN A 4-Seite im Durchschnitt). Im wesentlichen hängt die Übertragungszeit bei Telefaxgeräten der Gruppe 3 also vom Bildinhalt ab. An etwas späterer Stelle erfahren Sie mehr zur Gestaltung von Telefaxformularen und wie dabei Übertragungszeit und somit Geld gespart werden kann.

Die Anforderungen an Telefaxgeräte der Gruppe 3 sind in der technischen Richtlinie FTZ 18 TR 53 beschrieben.

Die Auflösung bei Telefaxgeräten der Gruppe 3 ist im Gegensatz zu den Gruppen 1 und 2 bedeutend höher: die Zeilenauflösung beträgt acht Zeilen pro Millimeter.

Innerhalb der Zeilen können unterschiedliche Auflösungen gewählt werden:
- normale Auflösung = 3,85 Punkte pro Millimeter
- feine Auflösung = 7,7 Punkte pro Millimeter
- superfeine Auflösung = 15,4 Punkte pro Millimeter

7.2.2   Das richtige Telefaxpapier

Sehr moderne, jedoch auch sehr teuere Telefaxgeräte arbeiten mit Normalpapier, wie es auch in Laserdruckern und Fotokopiergeräten verwendet wird.

Geläufiger und vor allem preiswerter ist die Wiedergabe auf Thermopapier. Es handelt sich um einseitig mit einer wärmeempfindlichen Beschichtung versehenes Papier. Thermopapier für Telefaxgeräte wird auf Rollen unterschielicher Größe angeboten. Es ist wichtig, die richtigen Rollen auszuwählen, da kompakte Kombinationsgeräte (Telefax, Telefon und Anrufbeantworter) unter Umständen nur sehr wenig Platz für die Papieraufnahme bieten.

Für die Wiedergabe des Bildinhaltes wird das Thermopapier - gesteuert von einem Schrittmotor - über einen Kamm mit ca. 1700 Hitzeelementen geführt. Auf diese Art und Weise wird das Bild zeilenweise zu Papier gebracht.

7.2.3   Tips zur Gestaltung eines Telefaxformulares

Sie haben die Besonderheit von Telefaxgeräten der Gruppe 3 - nämlich die vom Vorlageninhalt abhängige Übertragungszeit - bereits kennengelernt. Dies können Sie in einem Experiment nachvollziehen: übertragen Sie zuerst ein weißes Blatt und anschließend einen Bogen Millimeterpapier. Sie werden feststellen, daß Sie zur Übertragung des Millimeterpapieres beinahe eine Zeit wie mit einem Gruppe 2-Telefaxgerät benötigen.

7.2.3.1 Vermeiden Sie schwarz-weiß-Wechsel

Oftmals wird die Übertragung von Dokumenten per Telefax mit einem entweder sachlichen oder humorvollen Deckblatt eingeleitet. Firmenlogos gehören auf ein Telefaxformblatt wie auf einen Geschäftsbrief. Dabei sollten unterschiedliche Graustufen sowie Karo- und Linienmuster allerdings vermieden werden.

Auf Umrandungen wird, will man Übertragungszeit sparen, besser verzichtet. Hilfs- und Rasterlinien (siehe Beipiel mit dem Millimeterpapier) sind eine absolute Übertragungsbremse. Wenn Sie auf Hilfslinien nicht verzichten wollen, so sollten Sie eine schwer abtastbare Farbe, wie z. B. hellblau oder besser noch gelb wählen.

7.2.3.2 Informationen im Telefaxformular

Datum, Uhrzeit und Ihre Telefaxkennung werden stets automatisch in der Kopfzeile der empfangenen Kopie abgedruckt. Sie können im Prinzip auf diese Angaben verzichten. Wichtiger sind also zusätzliche Informationen:

- Wer ist der Absender (Name und Abteilung, gegebenenfalls Position in der Abteilung),
- Rückrufnummer (Durchwahl) für den Fall, daß es Übertragungsfehler gab,
- Anzahl der übermittelten Seiten zu Kontrollzwecken beim Empfänger.

7.2.4 Anschluß eines Telefaxgerätes

Moderne Telefaxgeräte besitzen eine eigene Wählschaltung, so daß sie unabhängig von einem Telefon betrieben werden können. Ältere Telefaxgeräte, die in nicht unerheblichem Maße noch in Betrieb sind und als günstige Gebrauchtgeräte angeboten werden, kommen jedoch nicht ohne ein zusätzliches Telefon aus.

7.2.4.1 Anschluß eines Telefaxgerätes mit Wählschaltung

Telefaxgeräte, die über eine eigene Wählschaltung verfügen, sind in der Regel modernen Standards. Sie besitzen also eine Anschlußschnur mit einem TAE 6 N-Stecker. Obwohl diese Geräte nicht unbedingt ein Telefon für den Verbindungsaufbau benötigen, kann natürlich nebenbei auch ein Telefon mit einem TAE 6 F-Stecker an den Anschluß angeschaltet werden.

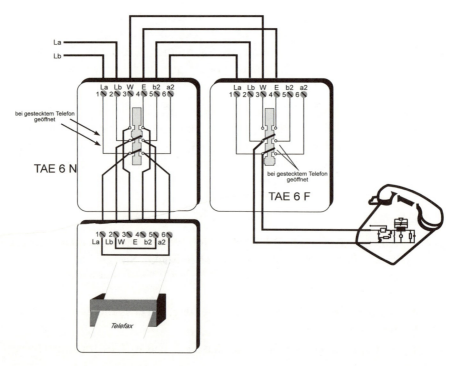

Abb.: 7.5   Im Telefaxgerät werden die - vom TAE 6 N-Stecker - unterbrochenen Öffnerkontakte überbrückt, so daß ein nachgeschaltetes Telefon betriebsbereit bleibt.

In Dosenanlagen ist jedoch stets zu beachten, daß ein TAE 6 F-Stecker über die Öffnerkontakte in der TAE-Dose die nachfolgenden Dosen über die a- und b-Ader abschaltet. Ein mittels TAE 6 N-Stecker an die Dosenanlage geschaltetes Telefaxgerät überbrückt intern die Öffnerkontakte in der TAE-Dose, so daß ein nachgeschaltetes Telefon betriebsbereit bleibt.

7.2.4.2 Anschluß eines Telefaxgerätes ohne eigene Wählschaltung

Telefaxgeräte ohne eine eigene Möglichkeit, eine Verbindung aufzubauen, benötigen auf jeden Fall ein separates Telefon.

Die Anschaltung erfolgt bei diesen älteren Geräten in der Regel über eine kleine ADo-Dosenanlage.

7.2.4.3 Anschluß von Kombigeräten

Für den privaten Nutzer von Telefaxgeräten oder für einen sehr kleinen Betrieb rechnet sich oftmals ein eigener Telefaxanschluß nicht. Auch wenn nur sehr schwierig ein Telefonanschluß zu bekommen ist, wie es z. B. kurz nach der deutschen Wiedervereinigung in den neuen Bundesländern der Fall war, werden sowohl Telefon als auch Telefax über einen Telefonanschluß betrieben.

Leider ist der Vorteil des automatischen Telefaxempfanges dahin, wenn man nicht einige technische Möglichkeiten nutzt. Kombinationen von Telefon und Telefaxgerät, die zusätzlich auch noch mit einem automatischen Anrufbeantworter ausgestattet sein können, lösen dieses Problem auf elegante Weise. Die Anschaltung dieser Telefon-/Telefaxkombinationen erfolgt dabei - wie bei einem Telefon - mit dem TAE 6 F-Stecker.

Beachten Sie bitte: weil das Kombigerät ein Telefon enthält, werden die nachfolgenden Anschlüsse (Klemme 5 und 6 der TAE) abgeschaltet!

7.2.4.4 Anschaltung über Telefon-Telefax-Umschalter

Mit Hilfe eines - im Abschnitt 6.5.5 beschriebenen - Telefon-Telefax-Umschalters kann je ein Telefon, Telefaxgerät und eventuell (je nach Ausführung des Umschalters) auch ein automatischer Anrufbeantworter angeschaltet werden.

Der Telefon-Telefax-Umschalter ist in der Lage das CNG-Signal (CNG = **Calling** Tone, ein Rufsignal mit der Frequenz von 1100 Hz) zu erkennen. Der Umschalter stellt dann die Verbindung zum angeschalteten Telefaxgerät her. Wird kein CNG-Signal empfangen, so muß - die Verbindung ist ja aus der Sicht der Vermittlungsstelle bereits zustandegekommen - das Rufsignal (Läuten des Telefones) vom Telefon-Telefax-Umschalter simuliert werden. Besonders wichtig ist dies für den Start eines automatischen Anrufbeantworters.

Telefon-Telefax-Umschalter haben in der Regel einen Anschlußstecker mit einer TAE 6 N-Codierung (z. B. AMS-Faxstar der Firma BTR TELECOM, Blumberg). Eine interne Schaltung im Umschalter garantiert dabei, daß nachfolgende Leitungen bei einem gesteckten Telefon abgeschaltet werden.

7.3 Datenfernübertragung über das Telefonnetz

Seit Anfang der 80er Jahre, als der Heimcomputer Einzug in die Wohnzimmer vieler privater Haushalte und besonders in viele Büros hielt, werden nicht nur Daten von Privatpersonen sowie Geschäftsleuten verarbeitet, sondern auch ausgetauscht. Eine elegante Möglichkeit für die Datenübermittlung stellt die Verwendung des Telefonnetzes als Übertragungsmedium dar. Leider ist das Telefonnetz im Grunde genommen gar nicht in der Lage, digitale Signale ohne weiteres zu übertragen (Grund: die Ortsleitungsübertrager bzw. ähnliche Schaltkreise in den Anschlußbaugruppen digitaler Vermittlungsstellen und Leitungskapazitäten). Die digitalen, durch zwei Spannungspotentiale dargestellten Null- und Einswerte müssen also für die Übertragung über das Telefonnetz in der Form analoger Tonfrequenzen dargestellt werden.

Für diesen Zweck wird ein sogenannter *Modem* verwendet. Modem ist ein Kunstwort, das aus den Begriffen **Mo**dulator und **Dem**odulator gebildet wurde. Im Prinzip ist damit bereits die Aufgabe des Modem beschrieben: binäre Informationen werden auf eine analoge Trägerfrequenz (im Tonfrequenzbereich) aufmoduliert. Nach der Übertragung via Telefonnetz werden die binären Informationen wieder durch Demodulation zurückgewonnen und an den Zielcomputer weitergeleitet.

A-Teilnehmer

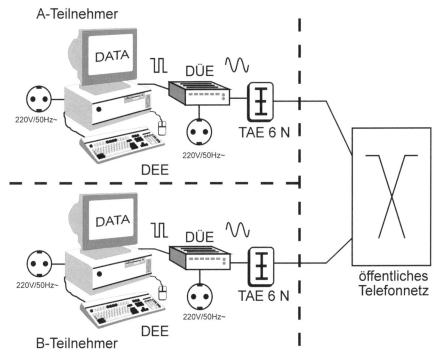

Abb.: 7.6 Für die Datenfernübertragung via Telefonnetz müssen - aufeinander ab-gestimmte Modems verwendet werden. Der Modem setzt die binären - durch Span-nungspotentiale dargestellen - Informationen in - über das Telefonnetz - übertragbare analoge Tonfrequenzen um.

7.3.1 Abstimmung der Modems aufeinander

Damit überhaupt eine Datenfernübertragung über das Telefon funktionie-ren kann, müssen die Modems an beiden Endstellen der Verbindung aufeinander abgestimmt sein. Es ist dabei relativ unwichtig, ob es sich um die gleichen Computertypen (PC, Commodore-Amiga, Atari ST, Apple-Macintosh oder Großrechner) handelt; von Bedeutung ist in erster Linie, daß die Modems

- auf eine einheitliche Übertragungsgeschwindigkeit eingestellt sind bzw. die Fähigkeit besitzen, sich automatisch auf eine einheitliche Übertra-gungsgeschwindigkeit einzustellen,
- die Sende- und Empfangsträgerfrequenzen geklärt sind,
- das Format der Datenblöcke für die Auswertung im Modem (Stopbits, Parität, Anzahl der Datenbits) einheitlich ist und
- die Übertragungsprotokolle (Kommunikationssoftware im Rechner) übereinstimmen.

7.3.1.1 Standardisierte Datenübertragungsgeschwindigkeiten

Zuerst einmal möchte ich an dieser Stelle mit einem weitverbreiteten Mißverständnis aufräumen, denn die Einheiten "Baud" und "Bit per second" bzw. "Bit pro Sekunde" (bps) werden oftmals verwechselt oder gar gleichgesetzt. In Baud wird die Schrittgeschwindigkeit bei der Übertragung, in Bit pro Sekunde (bps) der wirkliche Datendurchsatz angegeben. Werden z. B.von einem Modem nach V.22bis 2400 bps übertragen, so beträgt die Schrittgeschwindigkeit lediglich 600 Baud. Die Ursache dafür liegt in der Modulationsart, die eine Übertragung von vier Bit mit jedem Übertragungsintervall ermöglicht.

Die technischen Details der Modulation bzw. Demodulation sowie die Übertragungsraten werden vom CCITT (= Comité Consultatif International Télégraphique et Téléfonique) in den sogenannten V-Normen festgelegt:

- V.21: Datendurchsatz = 300 bps
- V.22: Datendurchsatz = 1200 bps
- V.22bis: Datendurchsatz = 2400 bps
- V.23: Datendurchsatz = 1200 bps im Hauptkanal, 75 bps im Hilfskanal (Btx über DBT-03)
- V.32: Datendurchsatz = 9600 bps
- V.32bis: Datendurchsatz = 14400 bps
- V.32Terbo: Datendurchsatz = 19200 bps
- V.34: Datendurchsatz = 28800 bps

7.3.1.2 Format der Datenblöcke

Bei der asynchronen Übertragung werden kleine Taktsignale auf einer parallelen Leitung zur Synchronisation von Sender und Empfänger übermittelt. Weil jedoch eine Synchronisation der Datenübertragungsendeinrichtungen (DEE), wie z. B. Modems im "Postdeutsch" genannt werden, unbedingt erforderlich ist, muß dies auf anderem Wege hergestellt werden.

Vor und/oder nach der Übertragung eines bestimmten Datenblocks wird auf der Leitung ein bestimmter Signalzustand gehalten. Zwischen Sender und Empfänger müssen allerdings die Anzahl der sogenannten *Start-* oder *Stopbit* vereinbart werden.

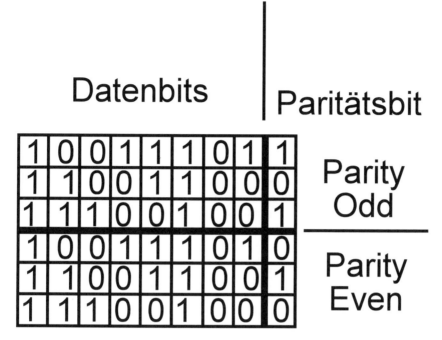

Abb.: 7.7   Beispiele für das Ergebnis einer Paritätsprüfung: Paritätsbit = 1, wenn die Anzahl der Einsen im Datenblock ungerade (odd Parity) bzw. wenn die Anzahl der Einsen gerade (even Parity) ist.

Eine relativ einfache Kontrollfunktion der Übertragungsqualität stellen Paritätsbits dar. Mit Hilfe des Paritätsbits wird die Anzahl der übertragenen "1"-Bits geprüft. Auch hier muß das Prüfkriterium vereinbart werden:

- No Parity (keine Parität): Auf eine Paritätsprüfung wird zugunsten eines Stopbits oder einer schnelleren Übertragungsrate verzichtet.
- Odd Parity (ungerade Parität): Das Paritätsbit wird auf "1" gesetzt, wenn die Anzahl der Einsen des übertragenen Datenblocks ungerade ist.
- Even Parity (gerade Parität): Das Paritätsbit wird auf "1" gesetzt, wenn die Anzahl der Einsen des übertragenen Datenblocks gerade ist.

Das Paritätsbit gewährleistet allerdings keine 100 %ige Fehlererkennung, denn wenn zwei oder eine beliebige ganzzahlige Fehleranzahl in einem Datenblock auftreten, wird das Paritätsbit eine scheinbar korrekte Übertragung vermuten. Eine Fehlerkorrektur ist durch das Paritätsbit in keinem Fall möglich.

7.3.2   Die Schnittstelle zwischen Rechner und Modem

Die Standardschnittstelle für den Anschluß eines Modems an den Rechner ist die serielle V.24-Schnittstelle. Diese Schnittstelle entspricht der amerikanischen RS 232C-Norm. Für die Anschaltung wird ein 25-poliger Amphenolstecker verwendet.

Die CCITT-Empfehlung V.24 beschreibt für die serielle Schnittstelle Daten- und Steuerleitungen sowie Melde- und Taktleitungen.

7.3.2.1 Datenleitungen

Für den seriellen Datenaustausch stehen für die Sende- und Empfangseinrichtung jeweils eine Leitung zur Verfügung:
- Sendedatenleitung: TxD (Transmit Data)
- Empfangsdatenleitung: RxD (Receive Data)

7.3.2.2 Steuerleitungen

Die Aufforderung zur Aussendung der Daten an die Gegenstelle und eine Statusmeldung über den Betriebszustand des Gerätes werden über Steuerleitungen realisiert:
- Aufforderung zur Übertragung: RTS (Request to Send)
- Betriebsbereitschaft des Gerätes: DTR (Data Terminal Ready)

7.3.2.3 Meldeleitungen

Meldeleitungen zeigen die Bereitschaft zur Aussendung von Daten und die Betriebsbereitschaft des Senders an.
- Senderbetriebsbereitschaft: DSR (Data Set Ready)
- Sendebereitschaft: CTS (Clear to Send)

7.3.2.4 Weitere Leitungen der V.24-Schnittstelle

Weitere Leitungen der V.24-Schnittstelle dienen der Taktsynchronisation und dem Potentialausgleich.
- Sendeschrittakt von der Datenübertragungseinrichtung (Modem): TC
- Empfangschrittakt von der Datenübertragungseinrichung (Modem): RC
- Betriebserde: GND
- Schutzerde

Tab.: 7.1 Belegung des 25-poligen V.24-Steckers

Pin	Kürzel	Bezeichnung	Betrachtungsrichtung	
			DÜE	DEE
1	%	Schutzerde	%	%
2	TxD	Sendedatenleitung	Eingang	Ausgang
3	RxD	Empfangsdatenleitung	Ausgang	Eingang
4	RTS	Aufforderung zur Übertragung	Eingang	Ausgang
5	CTS	Betriebsbereitschaft des Gerätes	Ausgang	Eingang
6	DSR	Sendebetriebsbereitschaft	Ausgang	Eingang
7	GND	Betriebserde	%	%
8	DCD	Empfangssignalpegel O.K.	Ausgang	Eingang
9	%	Nicht belegt	%	%
10	%	Nicht belegt	%	%
11	%	Sendefrequenz	Eingang	Ausgang
12	%	Empfangssignalpegel-Kontrolle HK	Ausgang	Eingang
13	%	Bereit zum Senden auf Hilfskanal	Ausgang	Eingang
14	%	Sendedatenleitung Hilfskanal	Eingang	Ausgang
15	TC	Sendeschrittakt DÜE	Ausgang	Eingang
16	%	Empfangsdatenleitung Hilfskanals	Ausgang	Eingang
17	RC	Empfangsschrittakt	Ausgang	Eingang
18	%	Nicht belegt	%	%
19	%	Hilfskanal Sender ein	Eingang	Ausgang
20	DTR	Betriebsbereitschaft DEE	Eingang	Ausgang
21	%	Empfangsgüte-Indikator	Ausgang	Eingang
22	RI	ankommender Ruf (Ring-Indicator)	Ausgang	Eingang
23	%	Übertragungsgeschwindigkeit	%	%
24	%	DEE-Schrittakt	Eingang	Ausgang
25	%	Nicht belegt	%	%

DEE = Datenendeinrichtung (z. B. PC)

DÜE = Datenübertragungseinrichtung (z. B. Modem)

HK = Hilfskanal

Die genannten Belegungen gelten für ein Modemkabel zwischen DEE und DÜE, nicht jedoch für ein "Nullmodem"-Kabel etc.

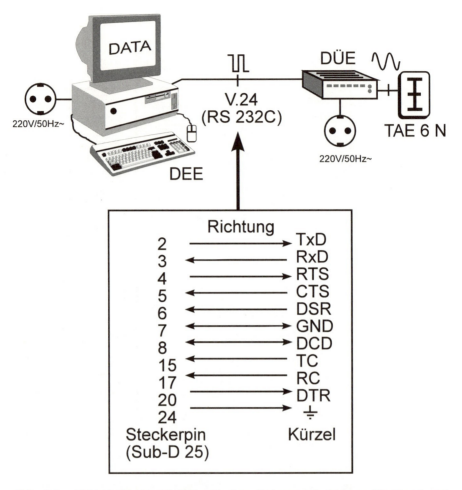

Abb.: 7.8   V.24-Verbindungskabel zwischen Datenendeinrichtung (Rechner) und Datenübertragungseinrichtung (Modem) sind ungekreuzt.

Weiterhin bietet die komplette V.24-Schnittstelle noch einen Hilfskanal mit ähnlichen Leitungen.

Tabelle 7.1 definiert die vollständige Belegung der V.24-Schnittstelle. Für die Anschaltung einer Datenendeinrichtung (Rechner) an eine Datenübertragungseinrichtung (z. B. Modem) werden sogenannte ungekreuzte Kabel verwendet. Die Verbindung eines Computers mit einem Modem kann nach Abbildung 7.8 hergestellt werden. Zum Vergleich dazu zeigt Abbildung 7.9 die Schaltung eines sogenannten *Nullmodem* für die direkte Kopplung zweier Rechner.

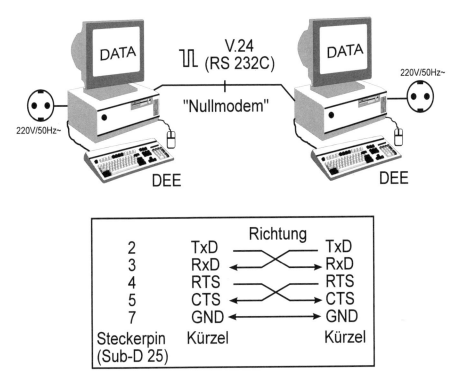

Abb.: 7.9   Zwei Rechner können über ein sogenanntes "Nullmodem" (=Verbindung ohne Modem) direkt gekoppelt werden. Das Kabel ist in diesem Fall zweimal gekreuzt (TxD auf RxD und RTS auf CTS).

Eine Datenfernübertragung via Telefonnetz ist damit allerdings nicht möglich!

7.3.3   Der Hayes-Befehlssatz

Zur Datenfernübertragung über das Telefonnetz gehören nicht nur die Hardware (Telefonanschluß, Modem, Datenendeinrichtung wie z. B. ein Computer und die Schnittstelle zwischen Datenendeinrichtung und Modem), sondern auch eine Protokollsoftware, die die Übertragung der Daten steuert sowie die Möglichkeit, das Modem zu initialisieren und zu steuern.

Für die Konfiguration des Modems über die Datenendeinrichtung wurde von der Firma Hayes Macrosystems Inc. ein Befehlssatz entwickelt, der sich im Laufe der Zeit zum Standard avancierte.

Der *Hayes-Befehlssatz* bietet Ihnen die unterschiedlichsten Einstellmöglichkeiten:

- Wahlverfahren (IWV oder MFV),
- Lautstärke des integrierten Kontrollautsprechers,
- Definition von Meldungen an die Datenendeinrichtung über den Verbindungszustand,
- Erkennung von Hörtönen,
- Definition der V.24-Schnittstellenparameter,
- Auswahl eines Anworttones (CCITT = 2100 Hz oder BELL 2250 Hz) u. v. m.

Tab.: 7.2 Hayes Grundbefehlssatz

Befehl	Bedeutung des Befehls
A	Modem Online schalten (Answer)
A/	letzten Befehl wiederholen
AT	Einleitung der Kommandosequenz (AT = Attention-Code)
B0	CCITT-Mode
B1	BELL-Mode
D	Anwahl der folgenden Rufnummer
E0	Echo aus
E1	Echo ein
H0	Modem Offline schalten (Verbindungsabbruch!)
I	Herstellercode auslesen
I1	ROM-Checksumme
I2	RAM-Checksumme
I5	CMOS-RAM-Parameter
L1	Lautsprecher = leise
L2	Lautsprecher = mittlere Lautstärke
L3	Lautsprecher = laut
M0	Lautsprecher aus
M1	Lautsprecher erst nach Verbindungsaufbau aus (akustische Kontrollfunktion)
M2	Lautsprecher ein
O	Vom Kommandomode in den Online-Mode
P	Impulswahlverfahren (IWV)
R	Anruf im Answer-Mode (bei Gegenstellen, die nur im Originate-Mode arbeiten)
T	Mehrfrequenzwahlverfahren (MFV)
W	Wählton abwarten
X0	CONNECT-Meldung bei erfolgreichem Verbindungsaufbau
X1	CONNECT-Meldung mit Übertragungsrate bei erfolgreichem Verbindungsaufbau
X2	Wähltonerkennung
X3	Besetzttonerkennung
X4	Wähl- und Besetzttonerkennung (gelegentlich Werkseinstellung)
Z0	Modem-Reset

Tab.: 7.3 Erweiterter Hayes-Befehlssatz

Befehl	Bedeutung des Befehls
$C0	Data Carrier Detect ein
&D0	DTR ignorieren
&G0	Guard-Tone aus
&G1	Guard-Tone 550 Hz
&G2	Guard-Tone 1800 Hz
&H0	Sendedatenkontrolle aus
&H1	hardwareseitige Sendedatenkontrolle
&H2	softwareseitige Sendedatenkontrolle
&H3	hard- und softwareseitige Sendedatenkontrolle
&I0	Empfangsdatenkontrolle aus
&I1	hardwareseitige Empfangsdatenkontrolle ein
&I2	softwareseitige Empfangsdatenkontrolle ein
&I3	hard- und softwareseitige Empfangsdatenkontrolle ein
&J0	Zweidrahtverbindung
&J1	Vierdrahtverbindung
&K0	Datenkompression aus
&K1	automatische Datenkompression
&K2	Datenkompression ein
&S0	DSR ein
&S1	DSR nach V.24
&Xn	Signaltakt auf dem Übertragungsweg
&Z	Speichern von Telefonnummern

Tab.: 7.4 Hayes -Enstellbefehle für das S-Register

Befehl	Bedeutung des Befehls
S0	Anzahl der Rufzeichen bis zur Anrufannahme durch das Modem
S1	Rufzeichenzähler
S2	Steuerzeichendefinition für Rückkehr in den Kommandomodus (ASCII)
S3	Steuerzeichendefinition für "Carriage-Return" = CR (ASCII)
S4	Steuerzeichendefinition für Zeilenvorlauf , LF = "Line-Feed" (ASCII)
S5	Zeichendefinition für Backspace, linkes Zeichen löschen (ASCII)
S6	maximale Wartezeit auf Wählton
S7	maximale Wartezeit bis zum Zustandekommen der Verbindung
S8	Pausenzeit für Rückkehr in den Kommandomodus
S9	Carrier-Erkennungs-Zeitraum
S10	Wartezeit bei Komma (siehe Hayes-Grundbefehlssatz)
S11	Puls-Pausenverhältnis für Impulswahl
S12	maximale Carrier-Ausfallzeit ohne Verbindungsabbruch

Der Hayes-Befehlssatz setzt sich aus einem Kontingent von Grundbe-
fehlen - die besonders wichtig für den Verbindungsauf- und -abbau sind
- sowie aus einem erweiterten Befehlssatz und Befehlen für die Einstellung des sogenannten S-Registers zusammen. Den Grundbefehlssatz müssen Hayes-kompatible Modems beherrschen (vgl. Tabelle 7.2). Das Verständnis des erweiterten Hayes-Befehlssatzes, das man ebenfalls in nahezu jedem modernen Hayes-kompatiblen Modem voraussetzen darf,
ermöglicht es, im Modem Einfluß auf die Flußsteuerung durch Modifi-
kation der V.24-Schnittstellenparameter u. ä. zu nehmen (Tabelle 7.3).

Eine dritte Befehlsgruppe des Hayes-Befehlssatzes beschreibt die Einstellbefehle für das *S-Register* im Modem. Im S-Register wird u. a. die
Anzahl der Rufsignale programmiert, nach denen das Modem automatisch den Verbindungswunsch beantworten soll. Ferner kann über das
S-Register eine Wartezeit eingestellt werden, in der das Modem das
entsprechende Trägersignal von der Gegenstelle erwarten kann. Bleibt
dieses Trägersignal aus, so wird die Verbindung abgebrochen. Eine
Auswahl der Einstellbefehle für das S-Register zeigt Tabelle 7.4.

Bei der Eingabe der Hayes-Befehle sollte gemischte Groß- und Klein-
schreibung vermieden werden.

7.3.4 Übertragungsprotokolle

Die Hauptaufgabe von Übertragungsprotokollen ist es, dafür Sorge zu
tragen, daß die zu übermittelnden Daten korrekt und dabei möglichst
schnell übertragen werden. Das Telefonnetz, auch wenn es über digitale
Vermittlungsstellen geführt wird, ist dazu nicht in der Lage. Die Anpassung der Übertragungsgeschwindigkeit sowie die Fehlerkorrektur obliegen somit dem Nutzer des Netzes.

Neben den in modernen Modems integrierten Fehlerkorrekturverfahren
nach MNP 4, MNP 5 oder V.42 arbeiten Terminalprogramme mit
sorfwaregesteuerten Protokollen. Bei diesen Protokollen wird immer nur
ein Teil der zu übertragenden Daten mit speziellen Prüfinformationen
versehen und an den Empfänger übermittelt. In der Empfängerdatenend-
einrichtung, in der ein beliebiges Terminalprogramm mit dem gleichen
Protokoll arbeiten muß, werden die empfangenen Daten mit Prüfinformationen verglichen. Liegt ein Übertragungsfehler vor, so kann dieser
anhand der Prüfinformationen eventuell genau lokalisiert und korrigiert

werden. Ist eine Fehlerkorrektur nicht möglich, so wird der empfangene Datenblock komplett verworfen und erneut angefordert.

Damit der Sender weiß, ob ein neuer Datenblock gesendet oder der vorherige wiederholt werden soll, muß eine Kommunikation zwischen den Endeinrichtungen gewährleistet sein (Übermittlung von Quittungen).

7.3.4.1 ASCII-Übertragung

Ein sehr einfaches Verfahren zur Datenübertragung, das jedoch weder Fehlererkennungs- noch Korrekturmöglichkeiten bietet, ist die Übertragung einzelner ASCII-Zeichen. Dieses Verfahren, bei dem eine Rückübertragung des gesendeten Zeichens (Echo) zur Kontrolle möglich sein sollte, eignet sich besonders gut für die interaktive Befehlseingabe am Terminal.

Das eingegebene Zeichen wird direkt zum Empfänger übermittelt.

7.3.4.2 X-Modem-Protokoll

Das X-Modem-Protokoll faßt die zu übertragene Datenmenge in Blöcken zu jeweils 128 Byte zusammen. Für jeden dieser Datenblöcke wird eine Prüfsumme gebildet, die mit dem Datenblock übertragen und im Empfänger ausgewertet wird. Ein fehlerhafter Datenblock wird verworfen und erneut übertragen.

Der große Nachteil des X-Modem-Protokolls ist die langsame Übertragung, da relativ kleine Blöcke jeweils mit einer Checksumme versehen werden müssen. Somit wird ein großer Anteil der Übertragungszeit mit der Übermittlung von Checksummen und Quittungen genutzt.

7.3.4.3 Y-Modem-Protokoll

Ähnlich dem X-Modem-Protokoll werden die zu übertragenen Daten zu Blöcken zusammengefaßt. Die Datenblöcke werden jedoch mit 1024 Byte rationeller zusammengesetzt. Nur bei schlechten Übertragungswegen wird die Blocklänge auf 128 Byte gedrosselt.

Das Y-Modem-Protokoll bietet gegenüber dem X-Modem-Protokoll zusätzlich den Vorteil, Dateinamen und Attribute übermitteln zu können. Mehrere Dateien können somit hintereinander im gleichen Übertragungszyklus übermittelt werden.

7.3.4.4 Z-Modem-Protokoll

Flexible Größengestaltung für die Datenblöcke, Übermittlung des Datei-namen und zusätzlich die Möglichkeit, bei einem vorübergehenden Aus-fall der Übertragungsstrecke die Übermittlung an der unterbrochenen Stelle fortzusetzen, zeichnet das Z-Modem-Protokoll aus. Die Zwischen-speicherung der nötigen Informationen wird vom Z-Modem-Protokoll unterstützt.

Ein sehr wichtiges Leistungsmerkmal des Z-Modem-Protokolls - die wesentliche Ursache für die weitere Verbreitung - ist die Möglichkeit, die Größe der Datenblöcke an die Qualität der Übertragungsstecke anzupassen. Über eine gute und stabile Übertragungsstrecke kann mit relativ großen Datenblöcken gearbeitet werden. Dabei werden relativ wenig Zusatzinformationen (z. B. Checksummen etc.) zugunsten der Nutzdaten in der gleichen Zeit übertragen, die für die Übertragung kleiner Datenblöcke benötigt wird.

7.3.5   Anschluß des Modem an den Telefonanschluß

Während ältere Modemtypen nicht in der Lage waren, selbständig eine Verbindung aufzubauen, besitzen moderne Geräte in der Regel eine automatische Wählschaltung. Über diese automatische Wählschaltung kann - softwaregesteuert - jeder beliebige Telefonanschluß angewählt werden. Modems ohne automatische Wähleinrichtung benötigen für den Betrieb ein spezielles Betriebstelefon mit einer Datentaste (Abb.: 7.11). Über das Telefon wird die Verbindung abgehend hergestellt. Sobald das Modemsignal der Gegenstelle empfangen wird, wird durch Betätigen der Datentaste das Modem an die Leitung angeschlossen und gleichzeitig das Telefon abgeschaltet.

7.3.5.1 Anschluß eines Modem mit automatischer
Wähleinrichtung

Ein Modem, das über eine - softwaregesteuerte - automatische Wählein-richtung verfügt, kann direkt an den Telefonanschluß angeschaltet wer-den (Abb.: 7.10). Ein zusätzliches - speziell mit einer sogenannten Datentaste konstruiertes - Telefon wird nicht benötigt.

Natürlich bedeutet die Tatsache, daß kein Telefon für den Modembetrieb benötigt wird, nicht gleichzeitig auch, daß kein Telefon angeschaltet werden darf. Wird nämlich ein Modem mit einer eigenen Datentaste verwendet, so kann zwischen Daten- und Sprachkommunikation - während einer bestehenden Verbindung - gewechselt werden. Ein Kontrollautsprecher im Modem erleichert dies. Ferner läßt sich der Telefonanschluß weiterhin für die Sprachkommunikation nutzen. Die Abbildung 7.10 beschreibt den Anschluß eines Modem mit einer automatischen Wähleinrichtung an die N-codierte Buchse der TAE 3 x 6 NFN. Nicht dargestellt, jedoch möglich ist die Anschaltung eines Telefones an die F-codierte Buchse und der Ausbau einer Dosenanlage ab Klemme 5 und 6 der TAE 3 x 6 NFN.

7.3.5.2 Anschaltung eines Modems ohne automatische Wähleinrichtung

Ohne automatische Wähleinrichtung und/oder ohne die "Auto-Answer-Funktion" benötigt ein Modem die Unterstützung eines speziellen Betriebstelefones mit einer Datentaste. Mit Hilfe der Datentaste (DT) wird die bestehende Verbindung vom Telefon an den Modem übergeben. Das Telefon wird im Modem über die Umschaltekontakte d1 und d2 abgeschaltet (vgl. Abb.: 7.11).

Im Ruhezustand sind die Anschlußleitungen La und Lb über die Umschaltekontakte d1 und d2 im Modem direkt zum Telefon geführt. Im Telefon selbst - der Hörer ist aufgelegt - wird über den Gabelumschalter (Kontakte GUI und GUII) der Rufstromkreis an die a- und b-Ader gelegt. Über die W-Ader wird zudem ein ankommender Ruf auch im Modem signalisiert. Wird ein ankommender Ruf nicht nach einer gewissen Zeit angenommen, so wird der Modem - *Auto-Answer* vorausgesetzt - den Anruf annehmen.

Wird der Anruf vom Telefon entgegengenommen, so wird beim Abnehmen des Hörers der Gabelumschalter (Kontakte GUI und GUII) betätigt. Die Hör- und Sprechschaltung liegt nun über den Kontakten GUI, GUII sowie die Umschaltekontakte d1 und d2 im Modem an der Amtsleitung des Telefonanschlusses.

Die Umschaltung zum Modem wird mit der *Datentaste* (DT) im Telefon eingeleitet. Die Datentaste legt das Potential der b-Ader über die G/W-Ader an das Relais D im Modem und unterbricht gleichzeitig den Hör-/Sprechstromkreis im Telefon. Über die Kontakte d1 und d2 des Umschalterelais D werden nun die Modem Schaltkreise an die Amtsleitung geschaltet. Gleichzeitig wird das Telefon abgeschaltet.

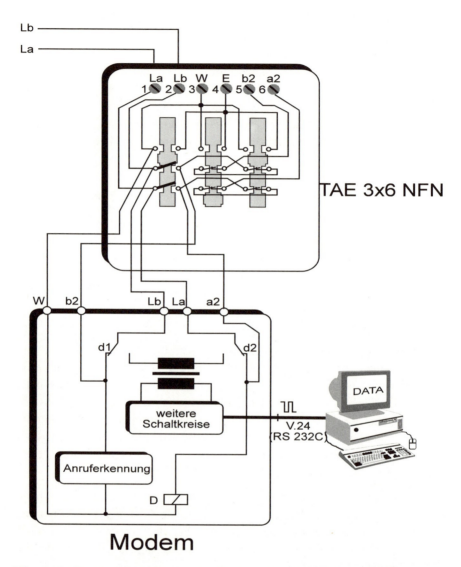

Abb.: 7.10 Für die Anschaltung eines Modem mit automatischer Wähleinrichtung wird kein zusätzliches Telefon mit Datentaste benötigt. Sollen ankommende Verbindungen möglich sein, so muß der Modem im Auto-Answer-Modus arbeiten. Die nötigen Einstellungen werden im S-Register vorgenommen (vgl. Hayes-Befehlssatz).

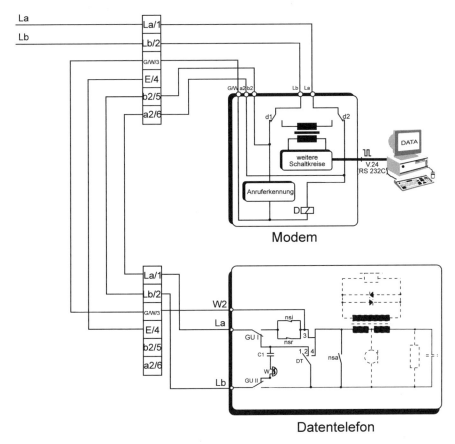

Abb.: 7.11 Verfügt ein Modem nicht über eine automatische Wähleinrichtung, so kann
ein spezielles Betriebstelefon mit einer "Datentaste" die zum Verbindungsaufbau nötigen Aufgaben übernehmen.

7.4 Telefon mit Notrufmelder

Gerade ältere, gebrechliche und behinderte Menschen sind - auch in
ihren eigenen "vier Wänden" - besonders gefährdet. Ein einfacher Sturz
in der eigenen Wohnung kann tödliche Folgen haben, was die immer
wiederkehrenden Berichte in der Presse zeigen, wenn weder das Telefon
noch die Wohnungstür erreicht werden kann. Immer wieder wird von
Fällen berichtet, in denen ältere Menschen in ihrer Wohnung nach einem
Sturz verhungert sind.

Nun, die oben genannten Fälle lassen sich vermeiden, denn es gibt Telefone, mit einem integrierten funkgesteuerten Notrufmelder. Dieser Notrufmelder in der Größe einer Streichholzschachtel kann wie ein Amulett an einer Kette getragen werden (Abb.: 7.12).

Der Notrufsender hat im freien Gelände eine maximale Reichweite von ca. 300 m. Innerhalb von Gebäuden - dies dürfte die Regelanwendung sein - reduziert sich die Reichweite allerdings auf 20 m bis 30 m (je nach Bausubstanz).

Abb.: 7.12 Mit dem "Secury" kann - auch in Notfallsituationen schnell Hilfe herbei-gerufen werden.

Foto: Telekom, Generaldirektion Bonn

7.4.1   Leistungsmerkmale einiger Notrufsysteme

Gute Geräte, wie z. B. das *Secury* aus dem Vertriebsprogramm der Telekom (Abb.: 7.12) oder das *Help Phone 5400* der Firma FMN-Fern-meldetechnik (Abb.: 7.13) können vier Rufnummern für den Notfall speichern. Wird der Notruf ausgelöst, so werden - beginnend mit der ersten - alle gespeicherten Rufnummern nacheinander angewählt, bis eine Verbindung zustande kommt. Wird unter keiner der vier Rufnummern abgehoben, so wiederholt sich der Ablauf solange, bis jemand erreicht wird. Bitte beachten Sie allerdings bei der Auswahl Ihrer Zielrufnummern, daß sie auf Rufnummern unter denen sich ein Anrufbeantworter meldet besser verzichten. Wenn Sie dringend Hilfe brauchen, kann ein nicht abgehörter Anrufbeantworter zur Sackgasse werden.

Nach der Auslösung des Notrufes wird - sobald die Verbindung zustande gekommen ist - eine Ansage gesendet, die auf den Notfall hinweist. Die Ansage kann individuell festgelegt werden. Nach der Ansage schaltet das Notruftelefon in den Freisprechbetrieb um.

Abb.: 7.13 "Help-Phone" ist eine gute Kombination aus Notrufmelder und Komforttelefon. Das Gerät ist jedoch nicht nur für ältere und gebrechliche Menschen entwickelt worden, denen es ein großes Stück eigene Unabhängigkeit verleiht, es ist darüber hinaus eine hervorragende Alarmzentrale. Foto: FMN Fernmeldetechnik GmbH, Nordhausen.

7.4.1.1 24-Stunden-Alarm

Ein Leistungsmerkmal des "Help-Phone" von der Nordhausener Firma FMN-Fernmeldetechnik ist der 24-Stunden-Alarm. Wird die Aussendung nicht mindestens zwei Minuten vor der eingestellten Alarmzeit durch Tastendruck verhindert, so wird der Notruf ausgelöst. Der frühest mögliche Zeitpunkt, um den 24-Stunden-Notruf zu stoppen, liegt 23 Stunden vor der eingestellten Alarmzeit.

Auf diese Weise werden alleinstehende Menschen "genötigt", einmal täglich dem Telefon gegenüber ein "Lebenszeichen" von sich zu geben, in dem sie eine bestimmte Taste betätigen. Einleitend zu diesem Thema habe ich Fälle angeführt, in denen ältere und gebrechliche Menschen gestürzt sind und alleine keine Hilfe herbeiholen konnten. Da leider auch ein Notruftelefon nicht ausschließt, daß der Handsender irgendwo auf einem Tisch (womöglich direkt neben dem Telefon) liegt und somit ebenfalls unerreichbar ist, kann dieses Leistungsmerkmal nur empfohlen werden. Ein Notruf wird dann im Ernstfall automatisch ausgesendet. Dies geschieht zwar verzögert, doch immer noch innerhalb einer kalkulierbaren Zeit.

7.4.1.2 Die telefonische Alarmzentrale

Mit Hilfe einer - als Option zu erwerbenden - *Sensorbox* wird das Help-Phone zu einer universellen Alarmanlage mit "stillem Alarm". Statt einer lauten Sirene, die einen potentiellen Einbrecher verjagen würde, werden telefonisch Nachbarn oder Bekannte alarmiert, die im Falle eines Einbruches die Polizei benachrichtigen können. Ob es sich um einen Fehlalarm handelt, kann über die am Help-Phone aktivierte Freisprecheinrichtung (Raumüberwachung) leicht nachvollzogen werden. Und ist letzten Endes nur "der Fußball des Nachbarjungen durch die Scheibe geflogen", so wird der Schaden schnell bemerkt. Selbst wenn der Wohnungsinhaber verreist ist, können von der alarmierten Person sichernde Maßnahmen ergriffen werden.

An der Sensorbox können vier Ruhe- und fünf Arbeitsstromkreise belegt werden. Durch Reihen- (Öffnerkontakte) und Parallelschaltung (Schließerkontakte) können beliebig viele Sensoren unterschiedlicher Art an die Sensorbox geschaltet werden:
- Glasbruchmelder,
- Reedkontakte,
- Kontakt-Trittmatten,
- Passive Infrarot-Bewegungsmelder,
- Lichtschranken etc.

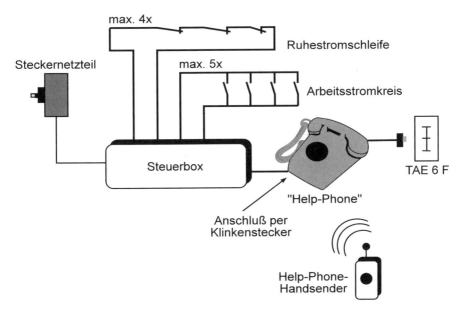

max. 4x

Ruhestromschleife

Steckernetzteil

max. 5x

Arbeitsstromkreis

Steuerbox

TAE 6 F

"Help-Phone"

Anschluß per
Klinkenstecker

Help-Phone-
Handsender

Abb.: 7.14 Installationsprinzip des "Help-Phone" der Firma FMN-Fernmeldetechnik GmbH als Komforttelefon, Notrufmelder und Alarmanlage.

7.4.2   Installation von Telefonen mit Notrufmelder

Das Telefon wird wie ein gewöhnliches Telefon mit einem F-codierten TAE-Stecker angeschaltet.

Etwas mehr Installationsaufwand ist jedoch nötig, wenn das Telefon als Alarmanlage dienen soll. Ich möchte jedoch die fachgerechte Installation der Sensoren einmal voraussetzen, da dies ein eigenes, sehr komplexes Thema ist. Für den Betrieb der Sensorbox ist eine eigene Stromversorgung über ein separates Netzteil erforderlich.

7.5 Fernwirken mit dem Telefonanschluß

Das Telefonnetz ist - wenn man an die Daten- und Textkommunikation denkt - längst nicht mehr nur zum telefonieren dar. Auch das sogenannte Fernwirken ist mit einem Telefonanschluß kein Problem mehr. Das für diese Anwendung kein TEMEX-Anschluß nötig ist, beweist die Firma Rutenbeck mit dem *Rubik-TeleControl*.

7.5.1   Leistungsmerkmale des Rubik-TeleControl

Das Fernwirkgerät *"Rubik-TeleControl"* kann bis zu vier elektrische Verbraucher ein- und ausschalten. Ferner stehen vier potentialfreie Meldeleitungen zur Verfügung. Eine vierstellige Codenummer verhindert, daß unbefugte Personen Geräte ein- und ausschalten bzw. sogar eine Melderufnummer verändern können. Dies ist nämlich - sofern Sie sich mit der gültigen Codenummer identifiziert haben, durchaus möglich. Sie können somit von jedem Ort der Welt die Meldungen des *Rubik-Tele-Control* an einen beliebigen Telefonanschluß schicken lassen.

Neben der - auch telefonisch veränderbaren - ersten Zielrufnummer, können noch zwei weitere Rufnummern programmiert werden. Wird ein Alarm ausgelöst, so wird jede der drei Zielrufnummern maximal viermal angewählt. Wird kein Anruf entgegengenommen, so kann örtlich eine Sirene und/oder ein Rundumlicht über ein Relais aktiviert werden.

7.5.2   Installation des Fernwirkgerätes

Die Anschaltung des *Rubik-TeleControl* erfolgt mit einem N-codierten TAE 6-Stecker. Das Fernwirkgerät wird dabei vor das erste Telefon geschaltet. Die Benutzung des Telefonanschlusses für die Sprachkommunikation etc. bleibt gewährleistet.

Rubik-TeleControl benötigt eine externe Stromversorgung in der Form eines Steckernetzteils.

Neben dem - recht einfachen - Anschluß an das Telefonnetz müssen auch die Steuer- und Meldeleitungen belegt werden. Für einen örtlichen Alarm (Hupe, Rundumleuchte etc.) ist ein eigener Schaltausgang vorgesehen.

Rubik-TeleControl kann über einen zusätzlichen Busankoppler an den europäischen Installationsbus (EIB) angeschaltet werden.

7.6 Anschluß nur für VIP's

Können Sie sich vorstellen, daß Sie nur von erwünschten Personen angerufen werden? Kein Vertreter, der Ihnen einen Termin für ein Beratungsgespräch zum Thema "steuerfreie Kapitalanlage" aufschwatzen will, kein obszöner Anruf, ja noch nicht einmal jemand, der sich "verwählt" hat, stört Ihre Ruhe. Nur die Anrufer kommen durch, denen Ihr persönlicher Sicherheitscode bekannt ist.

Ein solches Telefon ist längst keine "Zukunftsmusik" mehr, denn u. a. hat die Firma FMN-Fernmeldetechnik aus Nordhausen ein solches Gerät in ihrer Angebotspalette: das FMN 5600.

Das FMN 5600 ist - einmal von der "Anrufselektion" abgesehen - ein leistungsfähiges Komforttelefon:
- 100 Klangmelodien für den Tonruf,
- vier Ruflautstärken,
- voll digitaler Anrufbeantworter,
- optische Betriebszustandsanzeige,
- Tastatursperre,
- Flashtaste,
- Wahlwiederholung,
- erweiterte Wahlwiederholung,
- Direktruf,
- Wahl bei aufliegendem Hörer,
- Freisprechen,
- Mikrofonstummschaltung,
- IWV/MFV (fest einstellbar, temporär umschaltbar) etc.

Der besondere "Clou" des FMN 5600 ist jedoch - wie bereits angedeutet - die *Code-Call-Funktion*. Wird die Code-Call-Funktion aktiviert, wird Ihnen der Anruf nur dann signalisiert, wenn der Anrufer den vierstelligen Geheimcode per MFV-Sender oder MFV-fähigem Telefon richtig eingegeben hat. Dieser Code kann individuell festgelegt und jederzeit geändert werden.

Die Code-Call-Funktion kann manuell aktiviert und deaktiviert werden. Eine weitere Möglichkeit besteht darin, daß die Code-Call-Funktion nur zu bestimmten Zeiten, z. B. in der Nacht, nur wirklich wichtige Anrufer signalisiert.

Ruft trotz aktivierter Code-Call-Funktion jemand an, der die Identifikationsnummer nicht kennt, so wird der Anruf nicht am Telefon signalisiert. Für den Anrufer kann jedoch eine kurze Ansage eingespielt werden, die ihn darüber informiert, daß zur Zeit keine Anrufe - bis auf die wenigen Ausnahmen - entgegengenommen werden können. Jeder, der gerne Telefonterror betreibt, wird durch die Code-Call-Funktion relativ schnell aufgeben, denn es bringt nun wirklich nichts mehr und die 23 Pfennig sind auf jeden Fall im "Säckel" der Telekom.

Auf den Anschluß des FMN 5600 möchte ich nicht näher eingehen, denn das Gerät wird an eine TAE 6 F angeschaltet. Ferner ist eine externe Stromversorgung erforderlich, die durch ein mitgeliefertes Steckernetzteil realisiert wird. Für die Speicherung der Ansagetexte bei Stromausfall ist eine Pufferbatterie (9 V) notwendig.

7.7 Telekommunikationsanlagen

Einmal abgesehen von den privaten Telefonanlagen, die im Kapitel 6 beschrieben wurden, gibt es Telefonanlagen, die vom Umfang her durchaus mit einer öffentlichen Vermittlungsstelle konkurrieren können. Diese großen Telefonanlagen werden in der Regel in großen Unternehmen oder in Bürohäusern, Krankenhäusern, Behörden, Flughäfen etc. eingesetzt.

Die wichtigste Funktion einer Telefonanlage ist es, mehrere Sprechstellen mit relativ wenigen Amtsleitungen zu versorgen. Vorteilhaft - und bei mittleren und großen Anlagen bereits die Regl - sind durchwahlfähige Telefonanlagen, die es ermöglichen, eine beliebige *Nebenstelle* der Telefonanlage direkt anzurufen. Natürlich ist auch die Möglichkeit, interne Gespräche führen zu können, sehr wichtig. Diese Funktion führt zu erheblichen Einsparungen bei den Verbindungsentgelten.

Moderne Telefonanlagen können jedoch noch weit mehr: mit Hilfe unterschiedlicher Baugruppen sind Leistungsmerkmale nutzbar, die das Telefonieren als Nebensache erscheinen lassen. Man spricht daher heute - im "Neu-Deutsch" - von Telekommunikationsanlagen (TK-Anlagen).

7.7.1   Reihen-, Wählnebenstellen- und Hybridanlagen

Die geschichtliche Entwicklung brachte in erster Linie drei Anlagenarten hervor:
- die Reihenanlagen,
- die Wählnebenstellenanlagen und
- die modernen Hybridanlagen.

7.7.1.1 Reihenanlagen

Die Reihenanlagen haben ihren Namen von der Anschaltungsart erhalten. Tatsächlich wurde bei diesem Anlagentyp jede Amtsleitung zu jedem Telefon der Anlage geführt. Jedes Telefon war somit in der Lage, einen Anruf - egal auf welcher Leitung er einging - entgegenzunehmen. Natürlich konnte selbst bei den älteren Modellen jedem Telefon eine Amtsleitung fest zugewiesen werden. Ein Anruf wurde dann nur am zugehörigen Telefon signalisiert. Die Annahme des Anrufs war allerdings nach wie vor von jedem Telefon aus möglich. Interne Gespräche können innerhalb der Anlage kostenlos geführt werden. Für diesen Zweck stellen Reihenanlagen sogenannte interne Verbindungswege bereit.

Den großen Vorteil der Reihenanlage, auch Anrufe auf einer anderen als der eigenen Amtsleitung entgegen nehmen zu können, nutzt man auch heute noch besonders gerne im Büro. Moderne Reihenanlagen sind in der Regel jedoch von ihrem bislang größten Nachteil befreit: um jede Amtsleitung an allen Telefonen abfragen zu können, waren mitunter daumendicke Anschlußkabel an jedem Telefon nötig. Solche modernen Reihenanlagen können mit gewöhnlichen Telefonen (oftmals sogar mit nur zweiadriger Anschlußschnur) bestückt werden. Für den Anschluß wird entweder die TAE- oder Universalanschlußtechnik gewählt (beachten Sie bitte Kapitel 5).

7.7.1.2 Wählnebenstellenanlagen

Im Gegensatz zu den Reihenanlagen, bei denen die Anwahl der gewünschten Sprechstelle mit der Wahl der Amtsleitung vollzogen wird, arbeiten Wählnebenstellenanlagen mit einem eigenen Koppelnetz, wodurch weniger Amtsleitungen als Nebenstellen benötigt werden (Einsparung durch Konzentration). Die Amtsleitungen, an denen die Wählnebenstellenanlage angeschaltet ist, sind in der Regel unter der gleichen Rufnummer (Sammelanschluß) erreichbar.

Das Koppelnetz schaltet die Verbindungen - abhängig von der Wahl bestimmter Ziffern - zu der gewünschten Nebenstelle durch. Die Wahl innerhalb des Koppelnetzes der Telefonanlage kann bei ankommenden externen Gespächen direkt vom Anrufer erfolgen, wenn die Anlage und die Amtsleitungen durchwahlfähig sind. Ist die Anlage nicht durchwahlfähig, so wird das Gespräch von einer Abfragestelle, der *Telefonzentrale* entgegengenommen und weitervermittelt.

7.7.1.3 Hybridanlagen

Der Einsatz der Mikroprozessortechnik machte es möglich, die Vorteile der Reihenanlage (z. B. das "Heranholen eines Anrufes") und der Wählnebenstellenanlage (z. B. Konzentrator-Funktion durch eigenes Koppelnetz) zu kombinieren. Dieser heute sehr verbreitete Anlagentyp bekam seine Bezeichnung vom lateinischen Ausdruck für *zweierlei Herkunft*: hybrid.

7.7.2 Baustufen der Telefonanlagen

Je nach Größe, Aufgabengebiet und Funktionen werden Anlagen in bestimmte Baustufenkategorien eingeteilt.

Eine grobe Unterscheidung findet man bereits in der Gliederung nach Ausstattung 1 und Ausstattung 2. Zu den Anlagen nach Ausstattung 1 gehören alle älteren (vor 1978 gebauten) mechanischen und elektronischen Systeme. 1978 wurden eine Reihe von Rahmenbedingungen für Anlagen nach Ausstattung 2 festgelegt. Diese Rahmenregelungen sind Richtlinien des FTZ:

- 123 D 5: Rahmenregelungen für mittlere und große Wählanlagen nach Ausstattung 2,
- 123 D 6: Rahmenregelungen für kleine Wählanlagen nach Ausstattung 2,
- 123 D 7: Rahmenregelungen für mittlere und große Wählunteranlagen nach Ausstattung 2,
- 123 D 8: Rahmenregelungen für Reihenanlagen nach Ausstattung 2 und
- 123 D 9: Rahmenregelungen des ehemaligen FTZ für Vorzimmeranlagen nach Ausstattung 2.

7.7.2.1 Baustufenbezeichnungen für Vorzimmeranlagen nach Ausstattung 2

Die Baustufen der Vorzimmeranlagen (V) werden wie folgt mit den Ziffern 1 bis 4 definiert:

- 1 V,
- 2 V,
- 3 V,
- 4 V (Vorzimmeranlage besonderer Art).

Die Ausbaumöglichkeiten sind der Tabelle 7.5 zu entnehmen.

Tab.: 7.5: Vorzimmeranlagen nach Ausstattung 2

Bau-stufe	Anschlußorgane für Mindestausbau			Anschlußorgane für Maximalausbau		
	Wähl-leitungen	Sekretär-stellen	Chef-stellen	Wähl-leitungen	Sekretär-stellen	Chef-stellen
1V	2	1	1	2	1	1
2V	2	1	1	3	1	1
3V	3	1	1	7	2	2
4V	4	Mindestausbau: vier Sprechstellen, mindestens eine Sekretärstelle				

Tab.: 7.6: Reihenanlagen nach Ausstattung 2

Baustufe	Mindestausbau		Maximalausbau	
	Amtsleitungen	Reihen-Nebenstellen	Amtsleitungen	Reihen-Nebenstellen
1 R 4	1	1	1	4
2 R 5	2	1	3	5
2 R 11	3	1	6	11

Tab.: 7.7: Unteranlagen nach Ausstattung 2

Baustufe	Mindestausstattung		Maximalausbau	
	amtsberechtigte Erstnebenstellen	Zweit-nebenstellen	amtsberechtigte Erstnebenstellen	Zweit-nebenstellen
2 U 30	2	10	6	30
2 U 80	4	30	12	80
2 U 180	8	60	24	180
3 U 600	15	100	70	600
3 U 3000	30	300	>=300	>=3000

7.7.2.2 Baustufenbezeichnungen für Reihenanlagen nach Ausstattung 2

Die Bezeichnung für Reihenanlagen (R) sieht mit der führenden Ziffer eine Unterscheidung nach kleinen Reihenanlagen (1) oder großen Reihenanlagen (2) vor. Die letzte Zahl in der Bezeichnung gibt die Anzahl der maximal anschaltbaren Reihennebenstellen wieder, die neben dem 1. Telefon an der Anlage anschaltbar sind. An die große Reihenanlage mit der Bezeichnung 2 R 11 können also maximal 12 Sprechstellen - davon

11 Nebenstellen - angeschlossen werden. Die Tabelle 7.66 zeigt den Mindest- und den Maximalausbau von Reihenanlagen der folgenden Baugrößen:

- 1 R 4,
- 2 R 5 und
- 2 R 11.

Tab.: 7.8: Wählanlagen nach Ausstattung 2

Baustufe	Mindestausbau			Maximalausbau		
	Amts-leitungen	Neben-stellen	Innenverbindungswege	Amts-leitungen	Neben-stellen	Innenver-bindungswege
1 W 5	1	2	1	2	5	1
1 W 9	1	4	1	2	9	2
2 W 30	2	10	k. A.	6	30	k. A.
2 W 80	4	30	k. A	12	80	k. A.
2 W 180	8	60	k. A.	24	180	k. A.
3 W 600	15	100	k. A.	70	600	k. A
3 W 3000	30	300	k. A.	>=300	>=3000	k. A.

7.7.2.3 Baustufenbezeichnungen für mittlere und große Wählunteranlagen nach Ausstattung 2

Baustufenbezeichnungen für Unteranlagen (U) ähneln denen für die Reihenanlagen. Die führenden Ziffern bezeichnen mittlere (2) und große (3) Anlagen. Die abschließende Zahl benennt die maximal anschaltbaren Nebenstellen. Eine Ausnahme stellt hierbei jedoch die Baustufe mit der Bezeichnung 3 U 3000 dar: Anlagen diesen Typ's müssen im Endausbau mindestens 3000 Nebenstellen anschalten können. Eine höhere Kapazität darf bei der Entwicklung vorgesehen werden. Tabelle 7.7 zeigt die Kapazitäten im Mindest- und Maximalausbau für die mittleren Unteranlagen

- 2 U 30,
- 2 U 80,
- 2 U 180,

und die großen Unteranlagen

- 3 U 600 sowie
- 3 U 3000.

7.7.2.4 Baustufenbezeichnungen für Wählnebenstellenanlagen nach Ausstattung 2

Auch bei den Wählnebenstellenanlagen (W) gibt die führende Ziffer in der Bezeichnung Aufschluß über die grobe Größeneinteilung:

- 1 = kleine Anlage,
- 2 = mittlere Anlage,
- 3 = große Anlage.

Die abschließende Zahl gibt, wie auch bei anderen Anlagetypen, die maximale Anschaltekapazität von Nebenstellen an. Der Tabelle 7.8 können die Ausbauparameter für die kleinen Wählnebenstellenanlagen

- 1 W 5 und
- 1 W 9,

die mittleren Wählnebenstellenanlagen

- 2 W 30,
- 2 W 80 und
- 2 W 180 sowie

die großen Wählnebenstellenanlagen

- 3 W 600 und
- 3 W 3000

entnommen werden.

7.7.2.5 Bezeichnungen der Wählnebenstellenanlagen nach Ausstattung 1

Da auch ältere Anlagen nach Ausstattung 1 noch heute in Betrieb sind, sollen auch deren Baugrößen vorgestellt werden. Anlagen nach Ausstattung 1 werden in drei Baugruppen gegliedert:

- Baustufe I: maximal eine Amtsleitung und - je nach Anlage - maximal neun Nebenstellen,
- Baustufe II: maximal zehn Amtsleitungen und - je nach Anlage - maximal 100 Nebenstellen,
- Baustufe III: mindestens fünf Amtsleitungen und mindestens 50 Nebenstellen. Ab zehn Amtsleitungen können Anlagen dieses Typs als Durchwahlanlage ausgeführt sein.

Die Parameter für Wählnebenstellenanlagen sind in der Tabelle 7.9 dargestellt. Bitte beachten Sie, daß die Anlagen der Baustufe I sowie II V und II A nicht erweiterungsfähig sind. Für den Anlagentyp III W ist keine maximale Ausbaugrenze definiert.

Tab.: 7.9: Wählnebenstellenanlagen nach Ausstattung 1

Baustufe		Minimalausbau			Maximalausbau		
Gruppe	Bezeich-nung	Amts-leitungen	Neben-stellen	Innenver-bindungswege	Amts-leitungen	Neben-stellen	Innenver-bindungswege
I	1/1	1	1	1	1	1	1
I	1/2	1	2	1	1	2	1
I	1/3	1	3	1	1	3	1
I	1/5	1	5	1	1	5	1
I	1/9/1	1	9	1	1	9	1
I	1/9/2	1	9	2	1	9	2
II	II V	2	5	1	2	5	1
II	II A	2	10	2	2	10	2
II	II B/C	2	15	2	3	25	3
II	II D	3	25	3	5	25	4
II	II E	3	30	4	5	50	6
II	II F	3.	30	4	8	50	6
II	II G	5	50	5	10	100	12
III	III W 400	5	50	5	40	400	48
III	III W	5	50	5	nahezu unbegrenzter Ausbau		

7.7.3 Kosten- und Nutzenverhältnis moderner TK-Anlagen

Telefonanlagen erfordern zwar ein beachtliches Investionsvolumen (abhängig von der Größe und Ausstattung), sie bringen jedoch dafür langfristig einen gewissen Nutzen. Betrachtet man ausschließlich den finanziellen Vorteil (bei sehr alten Anlagen war dies in der Regel das Hauptkriterium), so stehen den Anschaffungs-, Montage- und gegebenenfalls Finanzierungs-/Zinsanfallkosten folgende Einsparungen gegenüber:

- einmalig: Einrichtungskosten für die eingesparten Telefonanschlüsse
- monatlich: Grundentgelte für die eingesparten Telefonanschlüsse
- Einsparungen bei den Verbindungsentgelten innerhalb des Hauses (bei Hauptanschlüssen gilt der Ortstarif, an Nebenstellenanlagen sind interne Gespräche gratis!)

Tab.: 7.10 Projektierungshilfe für Telefonanlagen 1 (2)

Gewünschter Anlagentyp			Hersteller		
	lfd. Nr	Menge	Bezeichnung, Katalognummer etc.	Stück- preis	Summe
Grundaussattung					
Zentraleinheit					
Stromversorgung					
Systemschränke					
Systemgehäuse					
Verbindungskabel					
Hauptverteiler					
sonstiges					
Infrastruktur			Summe Grundausstattung:		
Anschlußdosen					
Kabel, Typ A					
Kabel, Typ B					
Kabel, Typ C					
Verteilerelemente					
Kabelkanal, Typ A					
Kabelkanal, Typ B					
Kabelkanal, Typ C					
Montageleistungen					
Amtsleitungen			Summe Infrastruktur:		
HKZ					
IKZ					
S_0 (1 TR 6)					
S_0 (E-DSS1)					
S_{2M} (1 TR 6)					
S_{2M} (E-DSS1)					
sonstiges					
Sprechstellen			Summe Amtsleitungen:		
analoge Telefone					
ISDN-Telefone					
weitere Endgeräte					
Anschlußbaugruppe analog					
Anschlußbaugruppe ISDN					
Anschlußbaugr. Systemtelel.					
sonstiges					
			Summe Sprechstellen:		
Summe					

287

Tab. 7.11: Projektierungshilfe für Telefonanlagen 2 (2)

Summenübertrag aus Projektierungshilfe für Telefonanlagen 1 (2):			
Sprechstellen mit großer Entfernung zu Anlage	in Meter	Bemerkungen (Abschirmung nötig)	
analoge Sprechstellen			
digitale Sprechstellen			
Sprechstellen mit Systemtelefonen			
weitere Bemerkungen			
gewünschte Zusatzfunktionen, Leistungsmerkmale etc.		Preis/Pos.	Summe
Summe:			
Summe aus Übertrag:			
Summe Zusatzfunktionen			
Montagekosten (ohne Infrastruktur)			
sonstige Kosten	in v. Hdt.:		Betrag
Planungsreserve	in v. Hdt.:		Betrag:
Kalkulierte Gesamtinvestition		Summe:	

Ich möchte das Ausmaß dieser Überlegung an einem einfachen Beispiel verdeutlichen:

7.7.3.1 Beispiel zur Kostengegenüberstellung von TK-Anlagen zu einfachen Telefonanschlüssen

Eine kleine Firma benötigt 60 Sprechstellen (inkl. Telefon, Fax, Datex-J und DFÜ). Der Betrachtungszeitraum soll fünf Jahre betragen. Ebenso soll die Abschreibungszeit der Telefonanlage über fünf Jahre laufen. Pro Sprechstelle sollen durchschnittlich zehn abgehende interne Verbindungen am Tag geführt werden (Ansatz: 210 Arbeitstage pro Jahr). Eine Telefonanlage reduziert die Anzahl der erforderlichen Leitungen von 60 auf 10.

Ohne Telefonanlage würden für die Bereitstellung der Telefonanschlüsse sowie für die Grund- und Verbindungsentgelte (nur für interne Gespräche) folgende Kosten entstehen:

- Bereitstellung: 60 Anschlüsse * 65 DM/Anschluß = 3900,-- DM
- Monatliches Gerundentgelt: 60 Anschlüsse * 12 Monate/Jahr * 5 Jahre * 24,60 DM/Anschluß = 88.560,-- DM
- Gesprächsentgelte: 10 Gespräche/Anschluß * 0,23 DM/Gespräch * 210 Tage/Jahr * 60/Anschlüsse * 5 Jahre = 144.900,-- DM

Ohne Telefonanlage entstünden dem Unternehmen in fünf Jahren allein für die Telefonanschlüsse und firmeninterne Verbindungen Kosten in Höhe von DM 237.360,--.

Durch den Einsatz einer Telefonanlage ergibt sich die folgende Kostensituation für die Telefonanschlüsse:

- Bereitstellung: 10 Anschlüsse * 65 DM/Anschluß = 650,-- DM
- Monatliches Grundentgelt: 10 Anschlüsse * 12 Monate/Jahr * 5 Jahre * 24,60 DM/Anschluß = 14.760,-- DM
- Gesprächsentgelte für interne Verbindungen entfallen!

Kosten für die Telefonanschlüsse belaufen sich durch den Einsatz einer Telefonanlage im genannten Beispiel nunmehr lediglich auf DM 15.410. Das entspricht einer Einsparung von 221.950,-- DM in fünf Jahren.

Hinzugerechnet werden müssen jedoch die Anschaffungskosten für eine Telefonanlage. Hierbei ist nun zu prüfen,

- ob die Anschaffung der Anlage kostendeckend ist,
- ob sich in Anbetracht der Leistungsmerkmale eine Telefonanlage nicht auch dann rechnet, wenn Sie dem ersten Anschein nach teurer wirkt (bedenken Sie z. B. die Vorteile des automatischen Rückrufes und die sich daraus ergebenen Zeitersparnisse).
- Nicht zuletzt hängt die Wirtschaftlichkeit einer Telefonanlage natürlich auch davon ab, was mit dieser Analge zusammen eingekauft wird. Prüfen Sie, welche Leistungsmerkmale Sie benötigen bzw. in welchen Leistungsmerkmalen Sie echte Vorteile sehen. Eine Konferenzschaltung mit zehn möglichen Teilnehmern würde z. B. so gut wie niemand nutzen. Es lohnt sich also nicht, extra dafür zu bezahlen.

7.7.4   Dimensionierung von TK-Anlagen

Während kleine private Telefonanlagen nach dem "Plug and Play"-Prinzip erworben, installiert und betrieben werden können, erfordern größere Anlagen eine detaillierte Planung. Planungsgrundlage ist in erste Linie die Anzahl der z. Zt. erforderlichen Nebenstellen (hierbei sollen Telefax, Datex-J und DFÜ-Anschlüsse berücksichtigt werden) sowie eine Prognose der zukünftigen Bedarfsentwicklung. Bei einem relativ jungen Unternehmen, in dem noch eine überdurchschnittliche Expansion zu erwarten ist, sollte auf die Erweiterbarkeit der Anlage großen Wert gelegt werden. Die Erweiterbarkeit allein genügt jedoch nicht, denn mindestens genauso wichtig ist es, daß die Anlage mit zukünftigen Innovationen mithalten kann. Für eine eventuelle Erweiterung muß die Telefonanlage also mit den derzeit aktuellen Baugruppen nachrüstbar sein. Ist dies nicht der Fall, müssen unter Umständen erhebliche Kosten für den Austausch der Anlage und gegebenenfalls Konventionalstrafen für einen frühzeitig gekündigten Mietvertrag in Kauf genommen werden.

Die Dimensionierung gliedert sich in folgende Schritte:

7.7.4.1 Welche Grundausstattung?

Unter der Grundausstattung der Anlage versteht man die Anzahl der Systemschränke bzw. -gehäuse, Leistung der erforderlichen Stromversorgung, Verteiler, Verbindungskabel und Potentialausgleich. Für die Auswahl der Grundausstattung sollte die voraussichtlich maximale Beschaltung mit Sprechstellen und Amtsleitungen bekannt sein.

7.7.4.2 Welche Anlage bietet den größten Nutzen?

Auswahl der Anlage selbst: die Anlage muß die geforderten Leistungsmerkmale bieten. Um innovative Anpassungen der Kommunikationsumgebung auch zukünftig vornehmen zu können, sollte die Anlage modular aufgebaut sein. Es können somit z. B. relativ schnell die IKZ-Amtsleitung-Anschlußbaugruppen gegen S_0- oder S_{2M}-Baugruppen - für den Einsatz der Anlage am ISDN - ausgetauscht werden. Die obengenannte beispielhafte Kostengegenüberstellung berücksichtigt lediglich die Einsparungen durch kostenlose interne Gespräche. Eine gute TK-Anlage bietet jedoch erheblich mehr Vorteile, die nicht alle in monetären Werten ausgedrückt werden können und dennoch einen großen Einfluß auf die Produktivität haben. Dies sollte bei der Auswahl einer TK-Anlage stets beachtet werden.

7.7.4.3 Dimensionierung der Amtsleitungen

Die Anzahl der benötigten Amtleitungen ist nicht nur für den Auftrag an Telekom von Bedeutung, sie ist auch die Grundlage für die Anzahl der zu beschaffenden Amtsleitungs-Anschlußbaugruppen. Darüber hinaus muß geklärt werden, welche Signalisierungsart an der Anlage verwendet werden soll. Zur Verfügung stehen das

- HKZ (= Hauptanschlußkennzeichenverfahren), welches jedoch keine Durchwahlfähigkeit bietet (die Anlage wird an einfache Hauptanschlüsse, bestenfalls an einem Sammelanschluß betrieben),
- das IKZ (Impulskennzeichenverfahren) mit Durchwahlfähigkeit bei kommenden Verbindungen bis hin zu den einzelnen Sprechstellen sowie
- digitale Anschlußleitungen (ISDN-/Euro-ISDN-Basisanschluß und ISDN-/Euro-ISDN-Primärmultiplexanschluß).

7.7.4.4 Dimensionierung der Sprechstellen

Die Anzahl der z. Zt. wirklich benötigten Nebenstellen bestimmt, wie viele Anschlußbaugruppen Sie einkaufen müssen. Dabei sollten Sie einige Reserven vorsehen. Die zu bestimmende Zahl von Anschlußbaugruppen liegt in der Regel unter den maximalen Möglichkeiten, denn nur so ist die Anlage erweiterungsfähig.

Bei der Bestückung der einzelnen Sprechstellen mit Telefonapparaten sind Sie in der Regel nicht - wie z. B. bei älteren Reihenanlagen üblich - an bestimmte Systemtelefone gebunden. Ein Systemtelefon ist oft erheblich teurer als ein Standardtelefon mit sogenannter *a/b-Schnittstelle* (vgl. Kapitel 1), bietet jedoch die uneingeschränkte Nutzungsmöglichkeit der in der Telefonanlage verfügbaren Leistungsmerkmale. Standardtelefone mit a/b-Schnittstelle sind preisgünstiger, lassen jedoch nur die Nutzung der Basisleistungsmerkmale wie Rückfrage, Makeln, Rufumleitung etc. zu. Ein Vorteil von Telefonen mit a/b-Schnittstelle ist die Unabhängigkeit vom Hersteller, denn nahezu jedes am Markt erhältliche Telefon - also auch bereits vorhandene Geräte - können verwendet werden. Prüfen Sie bitte, ob das Telefon die Erd- und/oder Flashtastenfunktion unterstützt!

Unabhängig davon, ob Sie alle Telefone vom Hersteller der Anlage erwerben oder nicht, ist eine exakte Kalkulation der Sprechstellenanzahl und Ausstattung für die Beschaffung der jeweiligen Anschlußbaugruppen sehr wichtig. In eine Angebotsanforderung gehört somit die Anzahl von

- Sprechstellen mit analogen Telefonen (a/b-Schnittstelle),
- Sprechstellen mit digitalen Endgeräten (ISDN/Euro-ISDN),
- Sprechstellen mit Systemtelefonen.

7.7.4.5 Ausstattung der Anlage mit Zusatzeinrichtungen

Soll die Anlage als Unteranlage betrieben werden, eine bestimmte Wartemusik oder im Wartefeld eine individuelle Ansage (z. B. Produktinformationen) einspielen, so werden Sie einige Zusatzgeräte benötigen.

Darüber hinaus kann auch eine unterbrechungsfreie Stromversorgung vorteilhaft sein, obgleich mindestens ein Telefon auch bei Stromausfall betriebsfähig bleibt. Ohne eine solche unterbrechungsfreie Stromversorgung (USV) werden u. U. bestehende Verbindungen bei Netzschwankungen und - auch bei sehr kurzen - Stromausfällen abgebrochen.

Für die Belastung einzelner Kostenstellen im Betrieb kann ein rechnergestütztes Abrechnungssystem von Vorteil sein. Ein solches System eignet sich übrigens sehr gut für den Einsatz im Beherbergungsgewerbe (Hotels, Pensionen). Mit der entsprechenden Software werden die Telefonkosten dem Gast automatisch in Rechnung gestellt.

Ein solches System ist "CompactHOT", ein Hotelverwaltungssytem von der Firma Telefon & Technik GmbH in Unterhaching bei München. *CompactHOT* wird für die Telefonanlagen DNA 44 und DNA 100 ausgeliefert. Neben der sehr umfangreichen Anzahl von Leistungsmerkmalen, die die DNA 44/100 bereits von Hause aus bieten, ist mit diesem System eine vollautomatische Hotelverwaltung möglich:

- Check In/Out,
- Weckservice,
- Abrechnung einer Minibar,
- Abrechnung Zimmerservice und Restaurant,
- Pflege der Kundenkartei und natürlich
- Telefonabrechnung.

Ein gutes Hotel serviert dem Gast keinen "Kassenbon" als Rechnung; der Schönschreibdrucker gehört natürlich zur Ausstattung.

7.7.5 Leistungsmerkmale von Telefonanlagen

7.7.5.1 Freie Rufnummernvergabe

Wenn Sie ein Unternehmen mit einer genau definierten Abteilungsstruktur oder einer anderen logischen Organisation mit Rufnummern an einer TK-Anlage versorgen wollen, bietet Ihnen die freie Vergabe der Rufnummern einzelner Nebenstellen innerhalb bestimmter Toleranzen die Möglichkeit, die Unternehmensstruktur zu unterstreichen. Neben einem "Ordnungseffekt" erleichtern Sie den Mitarbeitern auch den internen Überblick. Durch geschickte Planung können Sie dann nämlich anhand der Rufnummer sofort erkennen, welche Position der Anrufer in welcher Abteilung innehat.

7.7.5.2 Durchwahlmöglichkeit

Ein Lieferant oder Kunde kann mit Hilfe der TK-Anlage gezielt seinen gewünschten Gesprächspartner anrufen, da er über eine individuelle Rufnummer verfügt. Es ist dabei auch nicht einmal nötig, daß jeder Anschluß eine eigene Amtsleitung erhält, da die TK-Anlage eine Konzentratorfunktion ausübt.

7.7.5.3 Interne Kommunikation

Ein bedeutendes Leistungsmerkmal von Telefonanlagen ist die interne Kommunikation. Verbindungen innerhalb des Hausnetzes verursachen - im Gegensatz zu Gesprächen über die Amtsleitung - keine Kosten.

7.7.5.4 Ruhe vor dem Telefon

Angenommen, einer der Mitarbeiter des Unternehmens bereitet sich auf eine wichtige Besprechung vor. Weil dieser Mitarbeiter ungestört einige Unterlagen zusammenstellen und lesen muß, sperrt er sein Telefon gegen ankommende Anrufe. Die Anrufe werden von nun an nicht mehr akustisch signalisiert. Er selbst hat jedoch die Möglichkeit, eine abgehende Verbindung aufzubauen.

7.7.5.5 Anrufumleitung

Ruhe vor dem Telefon ist manchmal sehr nützlich, kann jedoch auch unangenehme Folgen haben, wenn etwa ein potentieller Auftraggeber resigniert und sich anderweitig orientiert. Selbst wenn man einmal ungestört sein muß, ist es daher sinnvoll, den ankommenden Anruf auf einen anderen Apparat (den der Sekretärin oder der Zentrale) umzuleiten. Die Erreichbarkeit bleibt gewahrt.

Natürlich eignet sich die Anrufumleitung auch dazu, ankommende Gespräche in den Raum zu verlegen, in dem man sich aufhält (z. B. Besprechungsraum, Büro eines Kollegen etc.).

7.7.5.6 Anklopfen

Der Chef benötigt dringend wichtige Informationen und versucht einen seiner Mitarbeiter telefonisch zu erreichen. Leider hat er Pech, denn der Mitarbeiter führt ein Dauergespräch. Das Leistungsmerkmal "Anklopfen" bedeutet, daß trotz der bestehenden Verbindung ein optisches Signal im Display des gewünschten Gesprächspartners erscheint. Damit das optische Signal auch nicht übersehen wird, unterlegen Anlagen das "Anklopfen" neben dem optischen Signal zusätzlich mit mit einem Hörton.

Der Angerufene erkennt nun, daß ihn jemand sprechen möchte, und kann seine eigenen Prioritäten setzen, indem er den Anrufer abwirft (dieser erhält dann einen Besetztton) oder das laufende Gespräch unterbricht.

7.7.5.7 Automatischer Rückruf

Eine weitere Möglichkeit, zeitraubende Wählversuche zu vermeiden, besteht darin, bei Besetztzustand oder Abwesenheit des gerufenen Teilnehmers einen "automatischen Rückruf" zu programmieren. Das Prinzip ist recht einfach:

Die Chefsekretärin möchte ihre Kollegin in der Lohnbuchhaltung anrufen, stellt jedoch fest, daß diese gerade telefoniert. Da sie viel zu tun hat, programmiert sie durch Nachwahl einer bestimmten Ziffer (oder Ziffernfolge, je nach Anlagentyp) die Rückruffunktion. Wenn nun der Apparat in der Lohnbuchhaltung aufgelegt wird, klingelt bei der Chefsekretärin das Telefon. Sobald diese den Hörer abnimmt, klingelt auch das Telefon in der Lohnbuchhaltung.

Die Rückruffunktion bei "Nichterreichbarkeit" (B-Teilnehmer nimmt den Anruf nicht an) funktioniert ähnlich. Hier wird der Rückruf ausgelöst, wenn durch Betätigung des Telefones die Anwesenheit des vergeblich angerufenen Teilnehmers signalisiert wird.

7.7.5.8 Aufschalten

Ganz hartnäckigen Anrufern, die am dauerbesetzten Telefon verzweifeln, wird, sofern sie die Berechtigung dazu haben, ermöglicht, sich - begleitet von einem Warnton - auf die bestehende Verbindung aufzuschalten.

7.7.5.9 Teamfunktion

Teamarbeit bedeutet nicht nur zusammen arbeiten, sondern auch einander zu vertreten. Nun ist es relativ unüblich, daß jeder sofort zum Schreibtisch eines abwesenden Kollegen "rennt", weil das Telefon klingelt. Eleganter ist es, wenn der Anruf auch von einem anderen Telefon angenommen werden kann.

Bei alten mechanischen Anlagen wurde für solche Zwecke oft eine Reihenanlage beschafft, die als *Unteranlage* fungierte und den speziellen Zugriff auf alle dem Team angehörigen Leitungen ermöglichte.

Eine Unteranlage ist überflüssig, wenn die TK-Anlage eine "Teamfunktion" besitzt. Durch die entsprechende Programmierung der Anlage erhalten alle Teammitglieder ihre eigene Rufnummer und darüber hinaus die Möglichkeit, im Display zu erkennen, wer gerade spricht, wer angerufen wird und welche Leitung frei ist. Wird ein Anruf nicht abgefragt, so kann dies der Kollege im Büro nebenan erledigen.

7.7.5.10 Sammelanschlüsse

Mit Hilfe der Funktion "Sammelanschlüsse" können mehrere Arbeitsplätze, die unter einer einheitlichen Rufnummer erreichbar sein müssen, eingerichtet werden. Die Zuteilung der Anrufe auf die einzelnen Plätze erfolgt innerhalb der TK-Anlage mit einer automatischen Anrufweiterleitung. Diese sorgt nicht nur für eine gleichmäßige Auslastung der Arbeitsplätze, sondern erhebt bei Bedarf auch statistische Daten. Zusätzlichen Komfort bieten die beiden folgenden Leistungsmerkmale, wenn sie in der TK-Anlage vorhanden sind:

7.7.5.11 Wartefeld

Bei Sammelanschlüssen oder stark frequentierten Einzelanschlüssen sorgt ein *Wartefeld* für mehr Kundenservice. Ruft ein Kunde z. B. die Vertriebsabteilung an, obwohl an allen Plätzen gesprochen wird, so gelangt er in ein Wartefeld. Sobald einer der Abfrageplätze sein Gespräch beendet, wird derjenige, der sich am längsten im Wartefeld befindet, auf diesen Platz geschaltet.

Ein Wartefeld sollte grundsätzlich so dimensioniert werden, daß es unter der "Last der Anrufer" nicht zusammenbricht, d. h. dem Anrufer nicht zugemutet wird, mehrere Minuten im Wartefeld zu verweilen, während für ihn Gesprächsentgelte nutzlos aufkommen (denken Sie an eventuelle Ferngespräche). Andererseits sollte ein Wartefeld nicht zu "klein" sein, da sich dann die "Besetztfälle" unzumutbar häufen.

7.7.5.12 Musik im Wartezustand

Wer einen Anrufer, sei es bei einer Rückfrage, Weitervermittlung oder - wie vorangehend beschrieben - bereits beim Anruf, in den *Wartezustand* schaltet, der sollte für eine Geräuschkulisse sorgen, damit der Anrufer weiß, daß er noch nicht "abgehängt" wurde. Neben Hörtönen oder dem berühmten "Bitte warten - please hold the line" schafft die Einspielung einer Wartemusik (eine für den Anrufer angenehme) Abhilfe.

Wer Alternativen hat, sollte die Wartemusik und eventuelle Ansagen sehr sorgfältig auswählen bzw. gestalten. Ansagen und Musik im Wartefeld sind das telefonische Aushängeschild der Firma.

7.7.5.13 Rückfrage

Nicht immer vermag gerade derjenige, der einen Anruf entgegennimmt, dem Anrufer erschöpfende Auskünfte zu dessen Fragen zu geben. Eine nicht besonders kundenfreundliche Geste wäre es, den Kunden die Rufnummer des Kollegen zu geben, der mit dem Thema vertraut ist. Besser ist es, den Anrufer kurz in die Wartefunktion zu schalten (man nennt dies "*Halten*") und beim Kollegen *rückzufragen*. Sind alle Fragen beantwortet, so wird die interne Verbindung mit dem Kollegen getrennt. Mit dem Zeitpunkt der Trennung wird die Verbindung mit dem ursprünglichen Anrufer wieder hergestellt.

Einige TK-Anlagen unterstützen externe Rückfragen. Es sei allerdings vorab erwähnt, daß ein ankommendes externes Gespräch nicht zurück in das öffentliche Netz vermittelt werden kann. Auch wenn es technisch realisierbar wäre (theoretisch), ist dies jedoch aus rechtlichen Gründen unmöglich.

7.7.5.14 Makeln

Ähnlich wie die "Rückfrage" funktioniert das *"Makeln"*. Der Unterschied zur Rückfrage besteht darin, daß sowohl die Verbindung mit dem ursprünglichen Anrufer als auch die mit dem Kollegen gehalten wird. Der "makelnde" Teilnehmer kann nur mit einem der beiden Gesprächspartner gleichzeitig sprechen; allerdings kann er, ohne jeweils eine neue Verbindung aufzubauen, zwischen ihnen hin- und herschalten. Die beiden Gesprächspartner des makelnden Teilnehmers können jedoch untereinander nicht sprechen.

7.7.5.15 Weitervermitteln, Umlegen

Wird festgestellt, daß sich ein Anrufer verwählt hat, jedoch zumindest in der richtigen TK-Anlage aufgelaufen ist, so kann er innerhalb des Hauses zur richtigen Nebenstelle weitervermittelt werden.

Natürlich dient dieses Leistungsmerkmal ursprünglich nicht dazu, Irrläufern den richtigen Weg zu weisen, sondern der sinnvollen Betriebsorganisation. Anrufe für den Chef können z. B. regelmäßig in dessen Vorzimmer auflaufen. Dort wird geprüft, ob der Anruf direkt zum Chef oder zur entsprechenden Abteilung weitergeleitet bzw. sofort am Platz bearbeitet wird. Die klassische Anwendung stellt die Telefonzentrale dar. Auf einer zentralen Rufnummer (z. B. Nebenstelle 0) laufen die meisten Anrufe auf. In der Telefonzentrale wird der richtige Ansprechpartner ermittelt und der Anruf auf dessen Anschluß umgelegt.

Das Weitervermitteln kann auf unterschiedliche Weise geschehen:
* Weitervermitteln aus der Rückfrage: Der Anrufer wird in der Warteposition gehalten, während die Zentrale beim richtigen Ansprechpartner den Anrufer ankündigt. Sobald dieser den Anrufer durch Tastendruck übernimmt, kann die Zentrale auflegen. Der Anrufer ist mit seinem Gesprächspartner verbunden.
* Direktes Weitervermitteln: Die Zentrale schaltet den Anrufer in die Warteposition und wählt den entsprechenden Partner an. Sobald das Freizeichen ertönt, wird der Hörer in der Zentrale aufgelegt. Nimmt der Gerufene den Hörer ab, ist er sofort mit dem Anrufer verbunden.

7.7.5.16 Konferenzschaltung

Konferenzschaltungen sind Mehrfachverbindungen mit mindestens zwei internen oder einem internen und einem externen Gesprächspartner (eine Konferenzschaltung zwischen zwei und mehr externen Teilnehmern ist aus rechtlichen Gründen unmöglich). Bei dieser Schaltungsvariante können alle an der Verbindung Beteiligten miteinander kommunizieren.

Die Dreierkonferenzschaltung gehört schon fast zu den Basisleistungsmerkmalen moderner TK-Anlagen.

7.7.5.17 Gebührenerfassung

Moderne TK-Anlagen sind in Verbindung mit einer elektronischen Datenverarbeitung (im einfachsten Fall ein PC) in der Lage, die Gesprächsdaten jeder einzelnen Nebenstelle zu erfassen. Es können somit folgende Informationen gewonnen werden:

- Datum und Uhrzeit des Anrufes,
- Dauer des Anrufes,
- angewählte Rufnummer,
- Sortierung der Daten nach Orts- und Ferngesprächen,
- Zuweisung von Kostenstellen ist möglich.

Im Vergleich mit Kunden- und Lieferantendaten kann u. a. auch die Zahl der Privatgespräche ermittelt werden. Achtung: Berücksichtigen Sie gesetzliche Regelungen wie das Bundesdatenschutzgesetz und die Bestimmungen des Betriebsverfassungs- bzw. Personalvertretungsgesetzes.

7.7.6   Montage von Telefonanlagen

Zweckmäßiger Weise werden die Leitungen größerer Telefonanlagen über einen eigenen Verteiler geführt. Es empfiehlt sich, Schraubklemm- oder Schneidklemmverteiler in der LSA-Plus-Technik zu verwenden. Während die Schraubtechnik mit einfachen Werkzeugen bearbeitet werden kann, wird für LSA-Plus-Verteiler ein spezielles Anlagewerkzeug benötigt.

Neben einem Hauptverteiler empfehlen sich für große TK-Anlagen Unterverteiler.

Die Telefonanlage sollte über einen eigenen Stromkreis geführt werden. Ein Stromausfall, wie er häufiger an stark frequentierten Stromkreisen mit mehreren Steckdosen auftreten kann (z. B. Überlastung, Anschaltung eines defekten Gerätes), würde den Telefonverkehr lahmlegen. Eine Schutzerde mit ausreichend dimensionierten Schutzleiter zum Potentialausgleich darf nicht fehlen.

Um Störungen bei einem weiteren Ausbau der Telefonanlage zu vermeiden, sollte die Stromversorgung großzügig bemessen sein. Beachten Sie, daß nicht nur die Telefonanlage selbst, sondern auch die angeschlossenen Telefone durch die Stromversorgungsanlage gespeist wird.

Blitzeinschläge und deren Auswirkungen können zur Zerstörung der Telefonanlage führen. Erhebliche Störungen können auch durch Netzschwankungen hervorgerufen werden. Ein Überspannungs- und Blitzschutz sollte mindestens für die Amts- und Stromversorgungsleitungen vorgesehen werden. Sofern außenliegende Nebenstellen betrieben werden, sind diese zweckmäßiger Weise mit in diese Schutzmaßnahme einzubeziehen.

Nicht zu unterschätzen ist der Aufstellungsort, denn die klimatischen Verhältnisse sind von entscheidender Bedeutung für die Funktion und Lebensdauer der Telefonanlage. Direkte Sonneneinstrahlung (Fenster etc.) ist ebenso schädlich wie die Installation der Anlage im Heizungskeller. Eine durchschnittliche Überschreitung der normalen Betriebstemperatur um ca. 10 K halbiert die Lebensdauer der Anlage. Ferner kann es zu Funktionsstörungen kommen, weil sich die Arbeitspunkte der Halbleiter zu stark ändern.

Ein absolutes "Todesurteil mit mittelfristiger Vollstreckung" ist für die Anlage das Abdecken von Lüftungsschlitzen. Die Folge wäre ein Wärmestau, der zur Zerstörung von Baugruppen führen könnte.

Ein nicht unerhebliches Argument für die Auswahl des Aufstellungsortes ist ein leichter Zugang für Montage- und Servicearbeiten. Das Achiv, das nebenbei noch ausgemusterte Büromöbel etc. enthält, ist also im höchsten Maße ungeeignet.

Der Idealfall für die Verkabelung ist eine sternförmige Verteilung der Sprechstellen, wobei die Telefonanlage - räumlich gesehen - im Zentrum installiert wird. Dieser Idealfall kann in der Regel nicht realisiert werden, sollte jedoch soweit wie möglich angestrebt werden. Mit Hilfe von Unterverteilern kann der Installationsaufwand deutlich reduziert werden.

7.8 Übersicht zu einigen Telefonanlagen

Ich möchte Ihnen an dieser Stelle zur Orientierung einige TK-Anlagen mit deren Leistungsmerkmalen vorstellen. Alle genannten Anlagen sind übrigens ISDN-fähig.

7.8.1 KX-TD 816/1232 von Panasonic

*   alphanumerisches Telefonbuch
*   Anrufordnung UCD (zyklisch, aufsteigend, gleichförmig)
*   Berechtigungsumschaltung
*   bis zu acht anschließbare Systemkonsolen
*   Chef-Sekretärin-Funktion
*   Check-in/Check-out integriert
*   exklusives Halten mit Durchsage vor Gesprächsweitergabe
*   externer Zweitwecker anschaltbar
*   optionelle Fernwartung
*   freie Rufnummernzuordnung
*   Gesprächsdatenausdruck, auch mit Kostenstellenzuordnung
*   Hintergrundmusik (zusätzliche Musikquelle erforderlich)
*   MFV-Wahlverfahren auch von Systemtelefonen
*   Nachtschaltung
*   Rufumleitung vom Ziel (Follow me)
*   Sammel- und Gruppendurchsage über eingebauten Systemlautsprecher
*   sämtliche Softwareleistungsmerkmale im Lieferumfang
*   Teamfunktion
*   Türöffnerfunktion manuell/automatisch, bei Nachtschaltung aus
*   Anschalteorgan für Türfreisprecheinrichtung
*   Wartemusik (Music on Hold) Chip on board intern/extern (zusätzliche Musikquelle erforderlich)
*   Zeitumstellung Sommer-/Winterzeit automatisch möglich

7.8.2 TK-Anlage SEL 5625

Die Telekommunikationsanlage SEL 5625, die sogar mehrere Design-Auszeichnungen (u. a. die international anerkannte Auszeichnung "Die gute Industrieform") erhielt, stellt auch sämtliche ISDN-Leistungsmerkmale für jeden Arbeitsplatz zur Verfügung. Selbst wenn die Anlage nur an analogen Amtsleitungen betrieben wird, können Sie zumindest in der "In-House-Kommunikation" die Vorteile der digitalen Kommunikationstechnik nutzen. Richtig ausgenutzt wird das Potential der SEL 5625 jedoch erst dann, wenn die Anlage am ISDN betrieben wird.

Trotz der vielen Leistungsmerkmale ist das Modell der Firma Alcatel SEL räumlich gut unterzubringen. Die Ausmaße der TK-Anlage SEL 5625 betragen bei Vollausbau 544 x 1118 x 478 mm (B x H x T).

7.8.2.1 Maximale Anschlußkapazitäten

* 240 Teilnehmeranschlüsse und
* 40 analoge Amtsleitungen oder
* 20 ISDN-Basisanschlüsse (S_0-Anlagenanschlüsse) oder
* 2 ISDN-Primärmultiplexanschlüsse

7.8.2.2 Leistungsmerkmale der ISDN-TK-Anlage SEL 5625

* Anklopfen,
* Aufschalten,
* Anrufschutz,
* Durchwahlfähigkeit,
* Konferenzschaltung,
* gezielte Belegung von Anschlüssen und Leitungen,
* Einzelkurzwahl,
* Heranholen des Rufes,
* Nachtschaltung,
* Rufumleitung,
* Rückfrage intern und extern über 2. Amtsleitung,
* automatischer Rückruf,
* Umlegen besonderer Art,
* Zielwahltasten,
* Wahlwiederholung,
* Wiederanruf,
* Sammelanschlußfunktion,
* Musik im Wartezustand,
* selbständiger Verbindungsaufbau,
* Parken,
* Rufnummernsperre,
* Ruhe vor dem Telefon, Schutz vor Verbindungen,

- Gebührenerfassung,
- freie Rufnummernbildung,
- Türfreisprecheinrichtung,
- Querübertragungsfunktion,
- Blindenbedienung,
- Mehrdienstebetrieb (nur im ISDN),
- Dienstewechsel während der Verbindung (nur im ISDN),
- transparente Datenkommunikation (nur im ISDN),
- PC-PC-Kommunikation (nur im ISDN),
- Textserver u. v. m.

7.8.3   TK-Anlage SEL 5630

Bei einem mittleren Unternehmen in einer Größenordnung von 200 Mitarbeitern und mehr steht die - ansonsten leistungsstarke - TK-Anlage SEL 5625 vor den Grenzen ihrer Kapazität. Bedenken Sie, daß das Unternehmen expandieren könnte und vergessen Sie nicht die Telefax- und Datenanschlüsse, die über die TK-Anlage laufen. Für große Unternehmen bietet Alcatel SEL die digitale TK-Anlage SEL 5630 an, die - wie auch das kleinere Modell 5625 - mit der modularen Technik "System 12 B" aufgebaut ist. Mit der SEL 5630 lassen sich bis zu 9600 Teilnehmeranschlüsse realisieren, fast soviel wie in einem öffentlichen Anschlußbereich.

7.8.3.1 Maximale Anschlußkapazitäten

- 9600 Teilnehmeranschlüsse und
- 16000 analoge Amtsleitungen oder
- 800 ISDN-Basisanschlüsse oder
- 54 ISDN-Primärmultiplexanschlüsse

7.8.3.2 Leistungsmerkmale der ISDN-TK-Anlage 5630

- Anklopfen,
- Aufschalten,
- Anrufschutz,
- offene Nachtabfrage,
- Durchwahl,
- Konferenzschaltung,

- gezielte Belegung von Anschlüssen und Leitungen,
- Kurzwahl,
- Heranholen des Rufes,
- selbständiger Verbindungsaufbau,
- Teamfunktion,
- Rufnummernsperre,
- Schutz vor Verbindungen,
- Berechtigungsumschaltung,
- Gebührenerfassung,
- freie Rufnummernbildung,
- Kettengespräche,
- Richtungsausscheidung,
- Gestörtschaltung,
- Querübertragungen,
- Blindenbedienung,
- ACD-Funktion (automatische Anrufverteilung),
- Nachtschaltung,
- Rufumleitung,
- Rückfrage intern und extern über 2. Amtsleitung,
- automatischer Rückruf bei Besetzt oder Nichterreichbarkeit,
- Umlegen besonderer Art,
- Zielwahltasten,
- Wahlwiederholung,
- Wiederanruf,
- Sammelanschlußfunktion,
- Rufnummerngeber im System,
- Musik im Wartezustand,
- Mehrdienstebetrieb (im ISDN),
- Dienstewechsel während der Verbindung (im ISDN),
- transparente Datenkommunikation (im ISDN),
- PC-PC-Kommunikation (im ISDN),
- Textserver,
- Vernetzung,
- Sprachserver,
- Text-Fax-Server.

7.8.4   Telekommunikations-Großanlage varix 2000 von DeTeWe

Die Telekommunikations-Großanlage varix 2000 bietet im Vollausbau die Möglichkeit, bis zu 27.500 Anschlußmöglichkeiten für Endgeräte, Amtsleitungen und Querverbindungen zu realisieren. Die Grundelemente stellen die Systemschränke mit jeweils 250 Ports dar. Um Überlastungen zu vermeiden, ist das modular aufgebaute digitale Koppelfeld ausbaufähig.

Die Verbindung der Systemschränke geschieht über das PCM 30-Übertragungssystem (4-Drahtleitung; Koaxialkabel oder Glasfaser). Diese Zusammenschaltung ist nicht nur innerhalb des Hauses möglich, sondern kann auch via digitale Festverbindungen über das öffentliche Netz erfolgen. Auf diese Art und Weise können Querverbindungen zu geografisch abgesetzten Anlageteilen und zu anderen TK-Anlagen innerhalb des Unternehmens realisiert werden.

Die uneingeschränkte Durchwahlfähigkeit ist über ISDN-Basis- und Primärmultiplexanschlüsse sowie über analoge Wählanschlüsse mit Durchwahlübertragungssystemen möglich.

Für die "varix 2000" sind spezielle Systemendgeräte erhältlich, die ich Ihnen in einer Auswahl kurz nennen möchte:

- varix S 30: Standard-Arbeitsplatz,
- varix S 31: spezielles Endgerät für Chef- und Sekretariatsfunktion sowie Teambildung,
- varix S 32,
- varix S 33,
- Datenadapter D 2620 für varix S 30 bis S 32,
- Datenadapter D 2520 für Serveranschaltungen,
- analoges Komforttelefon varix S 5/2,
- analoges Standardtelefon varix S 5/1,
- schnurloses Telefon ST 92,
- diverse Telefaxgeräte (siehe varix content 840),
- Vermittlungsterminal ABP 2000,
- Gebührenerfassung,
- Computeranbindung.

7.8.4.1 Leistungsmerkmale der varix 2000 von DeTeWe

- max. 27.500 Anschlußmöglichkeiten,
- max. 5-stellige Nebenstellenrufnummer,
- Anklopfen,
- Nachtschaltung,
- Alarmanzeige von Systemfehlern am Vermittlungsterminal,
- Wahlwiederholung,
- Makeln,
- Halten einer Verbindung,
- Konferenzschaltung,
- Rückfragefunktion (intern und extern),
- akustische Unterscheidung zwischen internen und externen Anrufen,
- Standardhörer oder Sprechzeug für Vermittlungsterminal,
- regelbare Gesprächslautstärke am Vermittlungsterminal,
- Anzeige von Datum und Uhrzeit am Endgerät,
- Anzeige der Rufnummer eines Anrufers (extern nur innerhalb der Möglichkeiten des ISDN),
- Makeln zwischen zwei externen Verbindungen,
- Gebührenanzeige,
- Rufumleitung,
- Grundberechtigungen, "voll", "halb" und "nicht"amtsberechtigt,
- zusätzliche Berechtigungen: Orts,- Nahbereichs-, Inlands,- eingeschränkte und freie Auslandsberechtigung.

7.8.5 Telekommunikationssystem Meridian 1 von Northern Telecom

Northern Telecom legt mit seinem Telekommunikationssystem Meridian 1 großen Wert auf ein ästhetisches Design, verbunden mit Wartungsfreundlichkeit und Funktionalität. So ist zum Beispiel jedes Schrankmodul hinsichtlich der Kühlung und der Stromversorgung absolut eigenständig.

Das Telekommunikationssystem Meridian 1 ist modular aufgebaut; so können z. B. Komponenten der Steuerung, des Koppelfeldes, Peripheriebaugruppen oder spezielle Anwendungsbaugruppen wie z. B. ein Sprachspeichersystem oder eine automatische Anrufumleitung nachgerüstet und erweitert werden.

Natürlich unterstützt das Telekommunikationssystem Meridian 1 auch alle Möglichkeiten der Vernetzung von TK-Anlagen. So können durchaus private Telekommunikationsnetze mit einigen zehntausend Endstellen realisiert werden, was für große Konzerne lukrativ ist. Die Vernetzung erfolgt über digitale Festverbindungen über die S_{2MFV}-Schnittstelle.

Das Meridian-1-Programm enthält folgende Anlagenmodelle, die natürlich vernetzt werden können:

7.8.5.1 Meridian 1 Modell 11

Die kleine digitale Wählnebenstellenanlage läßt die Anschaltung von maximal 208 analogen oder digitalen Endgeräten zu. Netzseitig können maximal 32 Leitungen angeschaltet werden.

Kleine Betriebe profitieren nicht zuletzt vom modularen Aufbau der TK-Anlage, die eine zeit- und bedarfsgerechte Erweiterung der Kommunikationsinfrastruktur zuläßt, und auch von den kleinen Abmessungen des Chassis. Ein eigener Technikerraum ist somit nicht erforderlich.

Für die Meridian-1-Modell 11-TK-Anlage gibt es diverse Teilnehmerschnittstellen, die sowohl die Anschaltung kostengünstiger analoger Endgeräte mit Impuls- und Mehrfrequenzwahlverfahren als auch digitale Endgeräte zulassen. Es werden digitale Teilnehmerschnittstellen für das 1 TR 6-ISDN (nationales ISDN) und für das E-DSS-1-ISDN (Euro-ISDN) angeboten.

Natürlich ist die Nutzung vorhandener Leistungsmerkmale möglich, auch dann, wenn zu jedem Platz nur eine Kupferdoppelader geführt wird; eine U_{p0}-Schnittstelle macht es möglich, erfordert jedoch ein Network-Terminal (NT) für die Anschaltung des Endgerätes.

Wer kein zusätzliches Network-Terminal installieren möchte, der kann digitale Endgeräte auch direkt an die S_0-Schnittstelle installieren. Beachten Sie jedoch, daß die Leitungsführung vierdrähtig ist und die maximale Entfernung des Endgerätes von der TK-Anlage begrenzt ist.

Sollten Sie sich für die Anschaltung eines digitalen Systemtelefons (mit Datenadapter) entscheiden, so können Sie über diese Geräte gleichzeitig telefonieren und Datenfernübertragungen von Ihrem PC aus vornehmen.

7.8.5.2 Meridian 1 Modell 51/61/71

Die größeren Meridian-1-Systeme unterscheiden sich vor allem in der Art ihrer Koppelfelder. So verfügen die Modelle 51 und 61 nur über ein einstufiges Zeitmultiplexsystem (Modell 51: halbe Netzwerkgruppe, Modell 61: volle Netzwerkgruppe), das Modell 71 dafür sogar über ein mehrstufiges Raum-/Zeitmultiplexsystem mit fünf Netzwerkgruppen.

Wie das Modell 11 sind auch dessen "große Brüder" untereinander über digitale Festverbindungen vernetzbar.

Die Kapazitäten der Modelle 51, 61 und 71 sind bei folgenden Ausbaustufen erreicht:

- Meridian 1 Modell 51: maximal sechs Systemschränke mit maximal 1000 Ports,
- Meridian 1 Modell 61: maximal zwölf Systemschränke mit maximal 2000 Ports,
- Meridian 1 Modell 71: maximal 64 Systemschränke mit maximal 10.000 Ports.

7.8.6 DNA-Line der Firma Telefon & Technik GmbH

Mit einer maximalen Anschaltekapazität von 32 (DNA 44) bzw. 87 (DNA 100) Teilnehmern bei jeweils maximal 12 Amtsleitungen gehören die TK-Anlagen der DNA-Line aus dem bayerischen Unterhaching eher zu den kleinen Anlagen. Mit den Leistungsangeboten brauchen sich die Systeme von der "Telefon & Technik" jedoch keinesfalls zu verstecken.

Selbst die relativ kleinen TK-Anlagen DNA 44 und DNA 100 sind modular aufgebaut und somit schnell an aktuelle technische Innovationen anpaßbar.

Die Anlage kann problemlos an bis zu sechs ISDN-Basisanschlüssen angeschaltet werden. Für Anlagen mit analogen Anschlußbaugruppen besteht die Möglichkeit, ISDN-Anschlußbaugruppen nachzurüsten, sofern deren Herstellungsjahr 1987 oder später ist.

Dank der geringen Abmessungen und der niedrigen Verlustleistung von 18 VA kann die Anlage problemlos und unauffällig in Büroräumen installiert werden.

Sowohl die DNA 44 als auch die DNA 100 verfügen jeweils über eine V.24-Schnittstelle, über die ein kleiner Drucker (z. B. Thermodrucker) angeschlossen werden kann. Mit Hilfe dieses Druckers ist es möglich, individuelle Gesprächskosten zu erfassen. Beachten Sie jedoch auch hier die Vorgaben des Gesetzgebers (Fernmeldegeheimnis, Datenschutz).

7.8.6.1 DNA 44

Die kleine TK-Anlage DNA 44 kann maximal 32 Teilnehmeranschlüsse mit bis zu 12 Amtsleitungen realisieren. Mit Stand Ende 1994 konnten lediglich analoge Telefone mit Impuls- und Mehrfrequenzwahl sowie digitale Systemtelefone vom Typ "Info-Plus" angeschaltet werden. In Kürze sind digitale Teilnehmerbaugruppen vorgesehen, die den Anschluß von ISDN-Endgeräten unter Beibehaltung aller Leistungsmerkmale ermöglichen.

Der Anschluß an das öffentliche Netz kann durch folgende Anschlußarten realisiert werden:
* HKZ (ohne Durchwahlmöglichkeit),
* IKZ (mit Durchwahlmöglichkeit),
* SKZ (mit Durchwahlmöglichkeit),
* ISDN-Basisanschluß nach 1 TR 6.

Sowohl der IKZ, der SKZ als auch der Basisanschluß können durch eine geeignete Baugruppenzusammenstellung im Mischbetrieb mit der HKZ-Signalisierung eingesetzt werden.

7.8.6.2 DNA 100

Der "große Bruder" der eben beschriebenen DNA 44 kann maximal 87 Teilnehmeranschlüsse bereitstellen. Sowohl in der Anzahl der maximal anschaltbaren Amtsleitungen, in der Art der Amtsleitungen als auch bezüglich der Endgerätebestückung gilt das zur DNA 44 Gesagte.

7.8.6.3 Komfortable Zubehörprodukte für die DNA-Line

Die Leistungsfähigkeit der Telekommunikationssysteme DNA 44 und DNA 100 wird durch ein umfangreiches Zubehörsortiment optimiert. Sie haben z. B. die Auswahl zwischen drei verschiedenen Ansagegeräten, die dem Anrufer, der sich im Wartefeld ("Halten") befindet, signalisieren, daß er noch nicht abgehängt wurde.

Für die Erfassung und Verarbeitung von Gesprächskosten stehen Drucker sowie Computer zur Verfügung. Von besonderer Bedeutung sind solche Systeme für die Buchhaltung, die die aufkommenden Gesprächskosten den jeweiligen Kostenstellen zuweisen muß, oder im Hotelgewerbe, wo für jeden Gast eine individuelle Telefonrechnung erstellt werden muß.

Ein Stromausfall ist gewöhnlich sehr ärgerlich, besonders wenn Telefongespräche oder Datenfernübertragungen unterbrochen werden, weil die private Telefonanlage keine Notspeisung für die Nebenstellen liefern kann. Die Firma "Telefon & Technik" hat auch das bedacht und bietet eine unterbrechungsfreie Stromversorgung an, die den Betrieb der TK-Anlage bis zu neun Stunden aufrechterhält.

Abb. 7.15: Das Systemtelefon Info-Plus für die Telefonanlagen der DNA-Familie, Foto: TELEFON & TECHNIK GmbH, Unterhaching

7.8.6.4 Leistungsmerkmale der DNA 44 und DNA 100

- Anfragen (allgemein, gezielt, konzentriert),
- Abwurf zur Abfragestelle,
- allgemeine Klingel,
- Amtsanklopfen,
- Amtsleitungsbündel,
- Amtsleitung mit HKZ, IKZ, S_0,

- Amtsberechtigung (Ort, Nah, Fern und Ausland),
- Amtsreservierung,
- Amt mit individuellen Code holen,
- Amt mit Verrechnungsnummer holen,
- Amt zuweisen von der Abfragestelle,
- Anruf-Berechtigung (Amt, Halbamt oder intern),
- Anrufverteilung über Sammelanschluß,
- Anrufordnung,
- Anrufweiterschaltung für freie Teilnehmer,
- Ansage-Anschaltung mit indirekter Sprache/Musik,
- Ansage vor Melden,
- Apothekerschaltung,
- Bedienerführung über Display,
- Berechtigungsgruppen (Tag/Nacht),
- Betriebsdaten-Übersicht,
- Betriebsdaten-Ausdruck,
- Bündeltrennung abgehender Leitungen,
- Codeschloß,
- Datum-/Uhrzeit-Anzeige,
- Durchwahl-Betrieb,
- Druckeranschluß,
- eingeschränkter Internverkehr,
- Einmann-Umlegen,
- Einzelgebühren-Abrechnung für Hotels,
- Ferndiagnose,
- Freisprechen (automatisch),
- freizügige Belegung der 16er Tastatur,
- freizügig programmierbare Zieltasten,
- Gebührenerfassung und -anzeige,
- Gesprächsdauer-Quittung,
- Gebühren-Rückruf unabhängig von Gebührenimpulsen,
- Geheimnummer für den Chef,
- Geräteanschluß mit V.24-Schnittstelle,
- Hotel-Endabrechnung,
- Internverkehr wahlweise eingeschränkt,
- ISDN,
- Konferenzschaltung,

- Kurzwahl 1000 Ziele zentral,
- 11 x 9 Ziele gemeinsam,
- Kurzwahl neun Ziele je Teilnehmer,
- Lautsprecherdurchsage,
- Makeln mit zwei Amtsleitungen,
- Mischbetrieb IKZ und HKZ,
- Mischbetrieb SKZ und HKZ,
- Mischbetrieb S_0 und HKZ,
- modulare Erweiterung für Leitungen,
- Musik-Aufschaltung,
- Nachtschaltung (Sammel- und Einzelnachtschaltung),
- Nachtschaltung fernsteuern,
- Nachschalten nach Uhrzeit,
- Normalfunktion Rücksetzung mit Code 99,
- Notruf-Priorität,
- Parken von Verbindungen,
- Personensuchanlage,
- prellendes Einhängen verhindern,
- Privatgespräche kennzeichnen,
- Programmierung freizügig über Abfragestelle,
- Programmierung über Nebenstellen,
- Röchelschaltung,
- Rückfrage,
- Rückruf selbsttätig bei freien oder besetzten Teilnehmern,
- Rücksetzen automatisch,
- Rufheranholen allgemein,
- Rufheranholen gezielt,
- Rufnummernsperre,
- Rufkennzeichnung (intern, Amt, Termin, Apotheker),
- Rufumleitung,
- Rufumleitung eingeschränkt,
- Rufüberwachung auf zehn Sekunden verlängert,
- Rufweiterschaltung,
- Sammelanschluß linear oder zyklisch,
- Sammelruf,
- Schlüsselhakenschalter,
- selbsttätige Wahl,

- selbsttätiger Prüfanschluß,
- Sperrnummern,
- Systemapparat Info-Plus,
- Teilnehmersperre für ankommende Anrufe,
- Teilnehmersperre für abgehende Anrufe,
- Terminrufe,
- Türsprecheinrichtungen (2 Schaltungen),
- Türöffner,
- Umlegen von Gesprächen,
- Verbindungsaufbau (selbsttätig),
- Verhindern von Anklopfen/Aufschalten,
- verlängertes Wahlbereit,
- Verrechnungsnummern,
- Vorzimmerfunktion,
- Wahl auf Amtsleitungen mit IWV oder MFV,
- Wahlsperren,
- Wahlwiederholung,
- Warten auf Freiwerden eines Teilnehmers,
- Wächterkontrolle,
- Wiederanruf,
- zentrale Halbamtssperre,
- Zieltasten an der Abfragestelle,
- Zieltasten frei programmierbar,
- Zustandsanzeige der programmierten Leistungen,
- Zweitnebenstellenanlage

7.8.6.5 Komfortsystemtelefon "Info-Plus"

Das Systemtelefon "*Info-Plus*" eignet sich sowohl für den Einsatz in der Telefonzentrale als auch für die Ausstattung der Chefetage. Die Telefon & Technik GmbH legt nicht nur darauf Wert, daß Sie komfortabel telefonieren können, sondern auch ständig innerhalb des Hauses erreichbar und informiert sind. Dazu trägt nicht zuletzt die übersichtliche Anordnung von Display und Tastenfeld bei.

Die wesentlichen Leistungsmerkmale des Info-Plus auf einen Blick:
- Info-Anzeige (Infos zu Anruf- und Sammelrufschutz, Codeschloß etc.),
- alphanumerischer Info-Versand an andere Systemtelefone,

- Info-Ablesung von fremden Telefonen (Nebenstelle) mit speziellem Code,
- Anruferkennung anhand der Rufnummer,
- Besetzt-Anzeige (Status der gesamten Anlage),
- Verrechnungsdaten bei abgehenden Gesprächen mit individuellen Angaben (z. B. Verrechnungsnummer, Datum, Uhrzeit und natürlich der Rufnummer),
- Anruf-Erinnerungsfunktion,
- Multifunktionstaste,
- Sprechanlage/Durchsagefunktion,
- Freisprechen,
- Lauthören,
- Mikrofonstummschaltung,
- Rufumlenkung,
- Anrufweiterschaltung,
- 800 Speicherplätze für Rufnummer, Name und sonstige Angaben,
- Sicherheitskopie (Backup-Möglichkeit in Verbindung mit einem PC),
- Zieltasten und Kurzwahl,
- Teamfunktion,
- Terminerinnerungssystem (optische und akustische Anzeige),
- Hinweistext bei Abwesenheit,
- Sprechgarnitur (Kopfhörer mit daran befestigtem Mikrofon),
- automatische Gesprächsannahme,
- Telefonmarketingfunktion (optionell; in Verbindung mit einem PC und entsprechender Software kann direkt vom PC die Verbindung aufgebaut werden),
- Gebührenanzeige,
- Leitungsbündelerkennung (Werden mehrere Firmen über eine Anlage und eine Telefonzentrale betrieben, so wird in der Telefonzentrale der Name der angerufenen Firma angezeigt. Eine kundenfreundliche Anrufabfrage ist somit garantiert.),

7.8.7   Hicom 100 der Firma Siemens

Die Hicom 100 ist eine kleine TK-Anlage von der Firma Siemens. Die Anlage kann wahlweise an zwei analoge Hauptanschlüsse oder einen ISDN-Basisanschluß angeschaltet werden.

Zu den Grundleistungsmerkmalen der Hicom 100 gehören u. a.:

- Chef-/Sekretärfunktionen,
- Teamfunktion,
- Apothekerschaltung,
- Rufumleitung,
- Anrufweiterschaltung,
- Wahl bei aufliegendem Hörer (abhängig vom angeschalteten Endgerät),
- Lauthören (abhängig vom angeschalteten Endgerät),
- Freisprechen (abhängig vom angeschalteten Endgerät),
- Konferenzschaltung,
- Rückfrage,
- Makeln.

Ferner kann die Komfortabilität der Anlage durch ein umfangreiches Zubehörangebot erhöht werden:

- Wartemusik,
- Türöffner und Türfreisprecheinrichtung,
- Anrufbeantworter,
- V.24-Schnittstelle,
- Entgeltabrechnungssystem,
- Anschlußteil für Lautsprecheranlage.

8 ISDN-Anschlußtechnik

Das diensteintegrierende digitale Netz der Telekom, ISDN (Integrated Services Digital Network) bietet die Möglichkeit, Sprache, Text, Daten, Stand- und Bewegt-Bilder über eine einzige Leitung zu übertragen. Der Vorteil des ISDN besteht neben der universellen Einsetzbarkeit (für jeden Kommunikationsdienst ist bisher ein eigener Anschluß nötig) darin, daß mindestens zwei Verbindungen über eine Leitung gleichzeitig und völlig unabhängig voneinander betrieben werden können.

Beim ISDN werden zwei Varianten mit unterschiedlichen Leistungs-merkmalen angeboten: das nationale ISDN, welches von der Telekom innerhalb der Bundesrepublik Deutschland in Eigenregie eingeführt wur-de und das Euro-ISDN, das europaweit in einem Memorandum of Understanding definiert wurde. Beide Systeme werden häufig auch nach der Bezeichnung der Richtlinie, in der das D-Kanal-Protokoll definiert wird, benannt. So findet man in der Fachliteratur für das

- nationale ISDN häufig "1 TR 6-ISDN" und
- Euro-ISDN häufig "1 TR 67" bzw. "E-DSS-1-ISDN"

Unabhängig davon, ob es sich um einen 1 TR 6-ISDN- oder um einen Euro-ISDN-Anschluß handelt, werden generell zwei Anschlußvarianten angeboten:

- **Ba**sisanschluß (BaAs)
- **Primärm**ultiple**x**anschluß (PMxAs)

Der gravierende technische Unterschied des ISDN zum analogen Tele-fonanschluß an digitalen Vermittlungsstellen besteht darin, daß im ISDN bis hin zum Endgerät nur digitale Informationen übertragen werden. Der analoge Telefonanschluß wird - auch an einer digitalen Vermittlungs-stelle - über eine analoge Anschlußleitung an die Vermittlungsstelle angeschaltet.

8.1 ISDN nach 1 TR 6 und Euro-ISDN

Das bundesdeutsche, nationale ISDN nach der technischen Richtline 1 TR 6 unterscheidet sich vom Euro-ISDN in den möglichen Diensten und den Dienstmerkmalen. Die technischen Bedingungen für die Anschlüsse sind ähnlich. So können Endgeräte des bisher in Deutschland etablierten 1 TR 6-ISDN auch am Euro-ISDN-Anschluß betrieben werden, wenn ein sogenannter *bilingualer NT* (**N**etwork-**T**erminal) verwendet wird. Ein bilingualer NT unterstützt sowohl den Betrieb von 1 TR 6-Endgeräten wie auch den von Euro-ISDN-Endgeräten. Wichtig ist jedoch, daß der netzseitige Anschluß nach E-DSS-1 (Euro-ISDN) ausgelegt ist.

8.1.1 Dienste im 1 TR 6-ISDN

Im ISDN kann man nicht nur telefonieren, denn dieses Netz bietet durch seine digitale Übertragungsform von Endgerät zu Endgerät weitere, sehr hochwertige Möglichkeiten an:

* Standard-Telefonie (300 Hz - 3400 Hz)
* 7-kHz-Telefonie (nur im ISDN möglich!)
* Telefax der Gruppe 3
* Telefax der Gruppe 4 (nur im ISDN möglich!)
* Bildtelefonie
* Datex-J
* transparente Datenübertragung
* Übertragung zu anderen Diensten (Telefax, Telex, Datex-P etc.)

8.1.2 Dienste im Euro-ISDN

Im Euro-ISDN werden ähnliche Dienste wie im 1 TR 6-ISDN angeboten. Es ist lediglich zu beachten, daß nicht in jedem Betreiberland auch tatsächlich alle Dienste realisiert werden.

* 3,1 kHz-Übermittlungsdienste, wie z. B. Standard-Telefonie, Telefax der Gruppen 2 und 3 etc. (Standardfestlegung im Memorandum of Understanding)
* 64 kbit/s-Übermittlungsdienste (Mindestfestlegung im Memorandum of Understanding)
* allgemeine Sprachübertragungsdienste (Mindestfestlegung im Memorandum of Understanding)

- paketvermittelte Datenübermittlung unter Ausnutzung der B-Kanäle und des D-Kanals
- 7-kHz-Telefonie
- Telefax der Gruppe 4
- Datex-J (Btx) mit 64 kbit/s

8.1.3   Dienstemerkmale im 1 TR 6-ISDN

Im ISDN der Telekom haben sich eine Reihe von Dienstemerkmalen bewährt. Es sollte jedoch erwähnt werden, daß diese Dienstemerkmale nicht mehr ausschließlich die Entscheidung für oder wider ISDN beeinflussen sollen, denn teilweise können sie auch im analogen Telefonnetz an digitalen Vermittlungsstellen realisiert werden.

Die Dienstmerkmale des 1 TR 6-ISDN auf einen Blick:
- Rufnummernanzeige des Anrufers (kann vom Anrufer unterdrückt werden),
- Anklopfen an eine bestehende Verbindung,
- Dienstewechsel (nur 1 TR 6-ISDN),
- Endgerätewechsel,
- Parken einer Verbindung am Bus (maximal zwei Minuten),
- Anrufweiterschaltung und Anrufumleitung,
- Entgeltanzeige,
- Halten einer Verbindung (Makeln mit einer zweiten Verbindung ist möglich),
- Dreierverbindungen,
- programmierbare Sperren,
- Einzelentgeltnachweis,
- geschlossene Benutzergruppe,
- semipermanente Verbindungen (nur 1 TR 6-ISDN)
- Durchwahl zu Nebenstellen

8.1.4   Dienstemerkmale im Euro-ISDN

Im Euro-ISDN können einige Leistungsmerkmale, die das nationale ISDN bietet, nicht genutzt werden. Das sind z. B. der Dienstewechsel während einer bestehenden Verbindung und die Möglichkeit, semipermanente Verbindungen zu nutzen. Dennoch bietet auch das Euro-ISDN eine Reihe interessanter Leistungsmerkmale:

- ständige Anrufweiterschaltung,
- Anrufweiterschaltung bei "Besetzt",
- Anrufweiterschaltung, wenn der Anschuß nicht abgefragt wird,
- geschlossene Benutzergruppe,
- Übermittlung der Rufnummer des B-Teilnehmers (angerufener Teilnehmer) zu Kontrollzwecken,
- Unterdrückung der Rufnummer des A-Teilnehmers (anrufender Teilnehmer) auf Wunsch,
- Subadressierung,
- Teilnehmer-zu-Teilnehmer-Zeichengabe beim Verbindungsauf und -abbau,
- Anklopfen an eine bestehende Verbindung,
- Halten einer Verbindung (max. drei Minuten),
- Übermittlung von Tarifeinheiten während der Verbindung,
- Übermittlung von Tarifeinheiten nach der Verbindung,
- Dreierkonferenz,
- Rückfragen,
- Makeln und
- Feststellen böswilliger Anrufer.

Weitere Dienstemerkmale sollen bis zur Jahrtausendwende realisiert werden.

8.2 Anschlußarten im ISDN

Im ISDN werden zwei Anschlußvarianten, der Basisanschluß und der Primärmultiplexanschluß angeboten, die dem Teilnehmer eine unterschiedliche Anzahl von Nutzkanälen, die sogenannten Basiskanäle (B-Kanäle) zur Verfügung stellen. Neben der Anzahl der Nutzkanäle, die, grob betrachtet - beschränkt man den Vergleich auf das einfache Telefonnetz - der Anzahl einzelner Telefonanschlüsse entspricht, unterscheiden sich diese Anschlußarten technisch und in ihrer Anwendung.

8.2.1 ISDN-Basisanschluß (BaAs)

Der ISDN-Basisanschluß (BaAs) stellt zwei Basiskanäle mit jeweils 64 kbit/s und einen Steuerkanal mit 16 kbit/s bereit. Die Versorgung von der Vermittlungsstelle bis hin zum Netzabschluß NTBA (= Network Terminal Basic Access) erfolgt - wie auch beim einfachen Telefonhauptanschluß - über eine Kupferdoppelader. Die Nettoübertragungsrate am Basisanschluß beträgt also 144 kbit/s. Hinzu kommen auch noch Synchronisationszeichen etc. Die Bruttoübertragungsrate beträgt letzten Endes 160 kbit/s. Nun sind die Kupferdoppeladern des Telefonnetzes - die auch für ISDN-Anschlüsse benutzt werden können - nicht unbedingt für die hochfrequente Übertragung ausgelegt, so daß die maximale Leitungslänge deutlich begrenzt ist. Durch die Wahl geeigneter Modulationsverfahren und spezieller Übertragungscodes kann die Schrittgeschwindigkeit auf der Leitung um 25 % reduziert und die maximale Leitungslänge deutlich vergrößert werden.

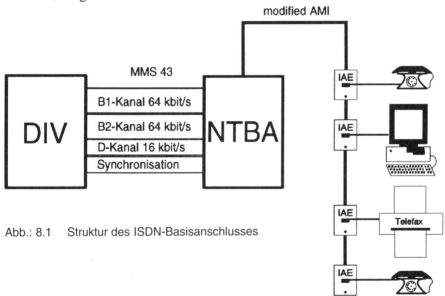

Abb.: 8.1   Struktur des ISDN-Basisanschlusses

8.2.2 Schnittstellen am ISDN-Basisanschluß

Am ISDN-Basisanschluß sind eine Reihe von Schnittstellen definiert, von denen ich ihnen die wichtigsten vorstellen möchte.

Die wichtigste Schnittstelle, die Sie kennen sollten, da es sich hierbei um die Anschlußschnittstelle für die Endgeräte am ISDN-Basisanschluß handelt, ist zweifellos die S_0-Schnittstelle. Die S_0-Schnittstelle wird vom Netzabschluß, dem NTBA bereitgestellt. Sie kann im Anlagenbetrieb (Punkt-zu-Punkt-Betrieb) oder im Mehrgerätebetrieb (Punkt-zu-Mehrpunkt-Betrieb) genutzt werden.

Der S_0-Bus benötigt für beide Übertragungsrichtungen jeweils eine Kupferdoppelader. Der S_0-Bus ist somit *vierdrähtig* ausgelegt. Die Bruttoübertragungsrate auf dem S_0-Bus beträgt 192 kbit/s. Es wird ein modifizierter AMI-Code (**A**lternate-**M**ark-**I**nversion-Code) verwendet.

Wird an die S_0-Schnittstelle nur ein einziges Endgerät, zum Beispiel ein multifunktionales Endgerät oder eine kleine Telekommunikationsanlage (TK-Anlage), angeschaltet, so spricht man vom *Anlagenabschluß* (Definition im Euro-ISDN), der auch als "Punkt-zu-Punkt-Betrieb" (definiert im nationalen ISDN) bezeichnet wird.

Der Punkt-zu-Punkt-Betrieb läßt eine S_0-Buslänge von bis zu 1000 m zu.

Beim Mehrgeräteanschluß können bis zu acht Endgeräte *unterschiedlicher Dienste gleichzeitig* am S_0-Bus angeschaltet werden. Insgesamt können 12 **ISDN-A**nschluß-**E**inheiten (IAE) an den Bus installiert werden. Die maximale S_0-Buslänge reduziert sich in diesem Fall jedoch auf 150 m.

Die ISDN-spezifischen Betriebsmöglichkeiten lassen ein Umstecken der Endgeräte in eine andere IAE, auch während der Verbindung, ohne deren Unterbrechung zu.

Die Entscheidung zur Nutzung des ISDN mit seinen Leistungen bedeutet nicht, daß man ausnahmslos neue Endgeräte benötigt. Über sogenannte Terminaladapter (TA) können die bisher im analogen Netz verwendeten Geräte weiter genutzt werden. Es ist jedoch zu beachten, daß die Nutzung der ISDN-Leistungsmerkmale nur im Rahmen der durch die Endgeräte selbst festgelegten Grenzen möglich ist.

8.2.2.1 Die V_{k0}-Schnittstelle

Die V_{k0}-Schnittstelle definiert die Anschlußbedingungen des Abschlußpunktes der Vermittlungsstelle an das Leitungsendgerät. Das Leitungsendgerät stellt eine Übertragungseinrichtung dar, welche die digitalen

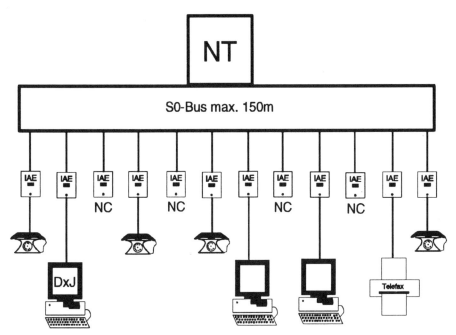

Abb.: 8.2   Am S_0-Bus des ISDN-Basisanschlusses können maximal 12 IAE und daran maximal acht ISDN-Endgeräte angeschaltet werden. Zwei dieser acht Endgeräte können dabei - unabhängig davon, in welcher IAE sie geschaltet sind - gleichzeitig betrieben werden.

Informationen in die Signale umwandelt, die auf der Anschlußleitung bis hin zum Netzabschlußpunkt (Network-Terminal, NT) übertragen werden.

Der Abschluß der Vermittlungsstelle und das Leitungsendgerät werden bei Basisanschlüssen häufig in Form einer einzigen Anschlußbaugruppe realisiert. Die V_{k0}-Schnittstelle hat somit bei Basisanschlüssen nur eine rein theoretische Bedeutung.

8.2.2.2 Die U_{k0}-Schnittstelle

Die U_{k0}-Schnittstelle legt die Anschlußparameter des NT an das Leitungsendgerät in der Vermittlungsstelle fest. Die U_{k0}-Schnittstelle ist nicht international standardisiert.

Die Leitung zwischen der Vermittlungsstelle und dem NT ist eine Kupferdoppelader. Es werden Aderquerschnitte von 0,4 mm, 0,6 mm und 0,8 mm verwendet. Die maximale Entfernung des NT von der Vermittlungsstelle ist abhängig vom verwendeten Aderquerschnitt.

Die Übertragungsrate zwischen der Vermittlungsstelle und dem NT beträgt (brutto) 160 kbit/s. Die Bruttoübertragungsrate enthält neben den beiden Nutzkanälen B_1 und B_2 und dem Zeichengabekanal D noch zusätzliche Service- und Synchronkanäle.

8.2.2.3 Die U_{p0}-Schnittstelle

Bei der U_{p0}-Schnittstelle handelt es sich im eigentlichen Sinne nicht um eine ISDN-Schnittstelle. Die U_{p0}-Schnittstelle wurde vom ZVEI, dem zentralen Verband der Elektrotechnik und Elektronikindustrie, definiert und findet ihren Einsatz in ISDN-TK-Anlagen. Nach anfänglichen Startschwierigkeiten - die meisten älteren ISDN-Endgeräte besitzen lediglich eine ISDN-S_0-Schnittstelle und nur Systemtelefone der TK-Anlagen wurden zusätzlich mit der U_{p0}-Schnittstelle ausgestattet - findet die U_{p0}-Schnittstelle auch in anlagenunabhängigen ISDN-Telefonen Einsatz, allerdings nach wie vor nur an TK-Anlagen.

Die U_{p0}-Schnittstelle hat gegenüber der S_0-Schnittstelle im Inhouse-Betrieb zwei entscheidende Vorteile:

- Die U_{p0}-Schnittstelle wird zweidrähtig geführt, d. h. es werden Leitungskosten gespart.
- Die maximale Reichweite der im Punkt-zu-Punkt-Betrieb geschalteten U_{p0}-Schnittstelle beträgt 3500 m.

8.2.3 ISDN-Primärmultiplexanschluß (PMxAs)

Ein **Primärmultiplexanschluß** (PMxAs) stellt 30 B-Kanäle und einen erweiterten D-Kanal mit 64 kbit/s zur Verfügung. Der PMxAs wird speziell zum Anschluß mittlerer und großer TK-Anlagen verwendet. Bei großen TK-Anlagen können ggf. auch mehrere PMxAs geschaltet werden.

Der PMxAs wird über zwei Kupferdoppeladern oder über zwei Glasfasern zum Netzabschluß, dem **Network-Terminal** (NT), geführt. Die Übertragungsrate beträgt 2048 kbit/s.

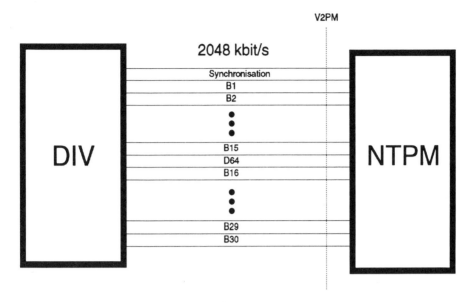

Abb.: 8.3 Der ISDN-Primärmultiplexanschluß bietet 30 Sprechkanäle (B1...B30) und einen Zeichengabekanal (D64). Über zwei Glasfasern oder zwei Kupferdoppeladern) können somit 30 Verbindungen gleichzeitig und völlig unabhängig voneinander hergestellt werden.

8.2.4 Schnittstellen am ISDN-Primärmultiplexanschluß

Auch für den Primärmultiplexanschluß werden eine Reihe von Schnittstellen definiert. Im Gegensatz zum ISDN-Basisanschluß wird der Primärmultiplexanschluß ausschließlich als Anlagenanschluß (Punkt-zu-Punkt-Verbindung) betrieben.

8.2.4.1 Die S_{2M}-Schnittstelle

Der Netzabschlußpunkt des Primärmultiplexanschlusses beim Teilnehmer, der NT_{2PM} bzw. NTPM (beide Bezeichnungen sind in der gängigen Fachliteratur gebräuchlich), stellt die endgerätebezogene S_{2M}-Schnittstelle zur Verfügung. Im Gegensatz zur S_0-Schnittstelle ist die S_{2M}-Schnittstelle lediglich als Anlagenanschluß (Punkt-zu-Punkt-Verbindung) vorgesehen. Das Endgerät ist im allgemeinen eine Telekommunikationsanlage (TK-Anlage).

Der S_{2M}-Bus wird, wie der S_0-Bus, vierdrähtig geführt. Es steht für jede Übertragungsrichtung jeweils eine symmetrische Kupferdoppelader zur Verfügung. Die Brutto-Bitrate auf dem S_{2M}-Bus beträgt 2048 kbit/s. Abzüglich Synchron- und Servicezeichen verbleiben für die 30 B-Kanäle und den D_{64}-Kanal als Netto-Bitrate 1984 kbit/s. Für die Codierung auf dem S_{2M}-Bus wählte man den HDB3-Code. Ohne Zwischenregeneratoren kann der S_{2M}-Bus eine Länge von bis zu 150 m haben.

8.2.4.2 Die V_{2M}-Schnittstelle

Die V_{2M}-Schnittstelle beschreibt die Anschlußparameter zwischen der digitalen Vermittlungsstelle und dem Leitungsendgerät für den Primärmultiplexanschluß. Das Leitungsendgerät wandelt die digitalen Informationen der 30 B-Kanäle und des D_{64}-Kanals in Signale um, die entweder über zwei Kupferdoppeladern oder über zwei Glasfasern zum NTBA übertragen werden.

Abhängig von der Übertragungsstrecke nach dem Leitungsendgerät unterscheidet man Leitungsendgeräte für Kupferübertragungsstrecken und für Glasfasern.

8.2.4.3 Die U_{2M}-Schnittstelle

Die Schnittstelle zwischen dem NT und der Vermittlungsstelle wird als U_{K2M} beim Einsatz zweier Kupferdoppeladern bzw. als U_{G2M} beim Einsatz von zwei Glasfasern bezeichnet. Dementsprechend gibt es zwei Ausführungen des Netzabschlusses für den Primärmultiplexanschluß. Unterschiedliche Bezeichnungsformen für die U_{2M}-Schnittstellen sind eine Folge der fehlenden internationalen Standardisierung. Für die Anbindung des NT an die Vermittlungsstelle über eine Glasfaser werden in der gebräuchlichen Literatur auch Bezeichnungen wie U_{GF}, U_{G2} etc. verwendet. Dementsprechend gibt es auch für die kupfergeführte Schnittstelle unterschiedliche Bezeichnungen, wie z. B. U_{K2} etc.

8.3 Der Netzabschluß im ISDN

Den Netzabschluß beim ISDN-Teilnehmer bildet ein sogenanntes Network-Terminal (NT). Die maximale Entfernung des NT von der digitalen Vermittlungsstelle hängt von unterschiedlichen Parametern, wie zum Beispiel Aderdurchmesser und Leitungsqualität, ab. Generell kann der NT ca. 6 km von der Vermittlungsstelle entfernt sein. Der Einsatz von Zwischenregeneratoren erhöht die maximale Reichweite, jedoch können höchstens sechs Regeneratoren eingesetzt werden, wenn die Übertragungsgüte gewährleistet sein soll. Mit dem Einsatz von Zwischenregeneratoren können Entfernungen von bis zu 20 km bei einer guten Übertragungsqualität erzielt werden. Die Schnittstelle zwischen dem NT und der Vermittlungsstelle wird teilnehmerseitig als U_{k0}-Schnittstelle bezeichnet.

Der NT stellt am Basisanschluß die international definierte S_0-Schnittstelle zur Verfügung. An die als Bus vierdrähtig ausgeführte S_0-Schnittstelle können zwölf Anschlußdosen installiert werden. Am S_0-Bus können bis zu acht Endgeräte gleichzeitig angeschaltet werden. Er bietet die Möglichkeit, maximal zwei dieser Endgeräte über die beiden B-Kanäle des Basisanschlusses gleichzeitig mit unterschiedlichen Kommunikationspartnern zu betreiben.

8.3.1 Funktion des NT

Der NT stellt im Prinzip eine Art "Dolmetscher" zwischen der U_{k0}-Schnittstelle und dem S_0-Bus (im übertragenen Sinne: der S_{2M}-Schnittstelle eines Primärmultiplexanschlusses) dar. Ferner liefert er in der Regel über einen Anschluß an das 220 V~ Netz den Speisestrom für die S_0-Schnittstelle. Eine Ausnahme hiervon ist der Einschub-Netzabschluß, der in TK-Anlagen oder speziellen Modulgehäusen mit zentraler Stromversorgung zum Einsatz kommt, denn dieser verfügt über kein eigenes Netzteil.

Die Verbindung des NT zur Vermittlungsstelle wird vom U_{k0}-Interface realisiert, in der das 4B3T-Format übertragene Signal in einen digitalen Datenfluß umgesetzt wird. Dieser Datenfluß wird auf dem NT-internen IOM-Bus (=ISDN Oriented Modular) zum S_0-Interface gesendet. Im S_0-Interface wird der NT-interne digitale Datenfluß nach dem Protokoll der S_0-Schnittstelle aufbereitet. Im Falle eines ISDN-Primärmultiplexanschlusses sprechen wir natürlich vom S_{2M}-Interface, das Prinzip ist jedoch ähnlich.

Die Betrachtung ging davon aus, daß der NT Signale von der Vermittlungsstelle empfängt. Natürlich arbeiten ISDN-Anschlüsse im Vollduplex-Betrieb, d. h. alle Schnittstellen funktionieren bidirektional. Der beschriebene Vorgang verläuft somit im Sendebetrieb - natürlich in umgekehrter Richtung - völlig identisch.

Wie bereits angedeutet, verfügen Beistell- und Wandgeräte über eine eigene Stromversorgung (AC-Power-Supply). Eine spezielle Notspeiseschaltung im NTBA stellt sicher, daß auch bei einem lokalen Stromausfall ein ISDN-Telefon eingeschränkt funktionsfähig ist. Der Speisestrom wird in diesem Fall der Anschlußleitung entnommen.

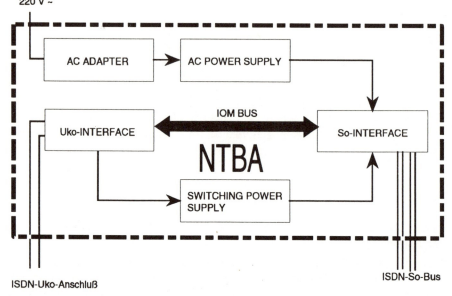

Abb.: 8.4   Blockschaltbild eines Netzabschlußgerätes für den ISDN-Basisanschluß (NTBA), Quelle: ECI Telecom GmbH

8.4   Anschlußdosen und Installationstechnik

Ältere ISDN-Anschlüsse wurden mit Telekommunikations-Anschluß-Einheiten (TAE) realisiert. Es wurden Systeme vom Typ TAE 8 + 4 verwendet, die neben dem eigentlichen S_0-Bus auch eine vierdrahtige Y-Schnittstelle bereitstellen können.

Heute wird die Installation eines S_0-Bus-Systems mit sogenannten IAE (ISDN-Anschluß-Einheiten) oder mit UAE (Universal-Anschluß-Einheiten) mit Normalbeschaltung ausgeführt. Der S_0-Bus wird vierdrähtig geführt. Dieses ist auch bei im Punkt-zu-Punkt-Betrieb (Anlagenabschluß) geführten S_0-Schnittstellen der Fall.

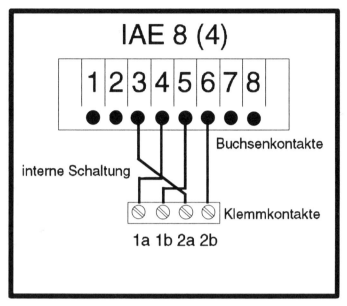

Abb.: 8.5   Interne Verdrahtung einer ISDN-Anschluß-Einheit (IAE)

8.4.1   Die ISDN-Anschluß-Einheit (IAE)

Die Standard-Anschalteeinrichtung, die auch von der Telekom verwendet wird, ist die ISDN-Anschluß-Einheit (IAE). Die IAE hat vier Anschlußklemmen (2a, 1a, 1b und 2b). Diese Anschlußklemmen werden aus der Sicht des NT folgendermaßen belegt:

- 1a = Sendeader (NT-Klemme: a1)
- 1b = Sendeader (NT-Klemme: b1)
- 2a = Empfangsader (NT-Klemme: a2)
- 2b = Empfangsader (NT-Klemme: b2)

Bei der Installation des S_0-Busses werden die einzelnen Dosen in "Reihe" geschaltet. Beachten Sie bitte, daß in die *letzte* IAE zwei 100-Ω-Anschlußwiderstände eingebaut werden müssen. Je ein 100-Ω-Widerstand wird zwischen die Klemmen 2a und 2b sowie 1a und 1b geschaltet. Werden diese Widerstände vergessen, so müssen Sie mit erheblichen Funktionsstörungen rechnen. Alternativ zur IAE können Universal-Anschluß-Einheiten (UAE) mit Normbeschaltung verwendet werden.

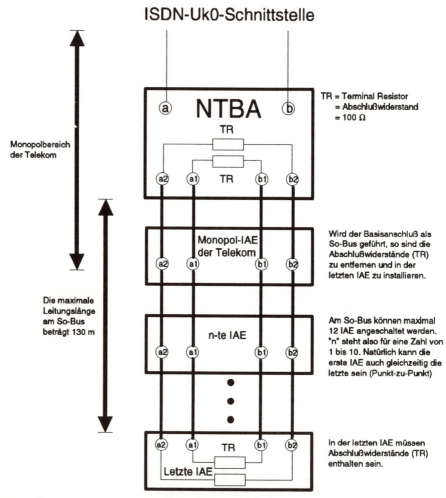

Abb.: 8.6   Es können maximal 12 ISDN-Anschlußeinheiten am S_0-Bus in Reihe geschaltet werden. Es ist zu beachten, daß die Abschlußwiderstände generell in die
letzte IAE am Bus geschaltet werden. Gegebenenfalls müssen diese zuvor aus der
ersten IAE entfernt werden. Hier liegt eine häufig festgestellte Fehlerquelle bei Feh-
funktionen am S_0-Bus.

Für die Installation des S_0-Busses sind weitere Randbedingungen zu
beachten:

- Es dürfen maximal 12 Dosen angeschaltet werden.
- An die 12 Dosen können maximal acht ISDN-Endgeräte gleichzeitig
  angeschlossen werden.

• Die maximale Leitungslänge (Bus-Länge) darf 130 m nicht überschreiten.

8.4.2 Kabel für den ISDN-S$_0$-Bus

Für die Installation des S$_0$-Busses werden Installationskabel mit sogenannten Sternvierern verwendet. Es kommen zum Beispiel folgende Typen in Frage:

• J-Y(St)Y 2x2x0,6 Lg
• A-2Y(St)2Y 2x2x0,6 St III Bd
• J-2Y(St)Y 2x2x0,6 St III Bd

8.5 Installationsprüfung

Für die Installationsprüfung können einfache elektrische Parameter einen ersten Aufschluß über die Richtigkeit der Beschaltung geben. Prüfungen dieser Art lassen sich schnell und einfacher mit einem Multimeter oder einen Durchgangsprüfer durchführen, wenn noch keine ISDN-Baugruppen (NT oder Endgeräte) angeschaltet sind. Bessere Ergebnisse liefern spezielle Installationsprüfgeräte.

8.5.1 Einfache Installationsprüfung

Wird ein neuer ISDN-Anschluß installiert, so wird zweckmäßigerweise die Installation *vor* dem Anschluß an das öffentliche Netz geprüft. Prüfkriterien sind natürlich in erster Linie Unterbrechungen und Verschaltungen, aber auch Leitungsimpedanzen, Leitungssymmetrie, Isolation und Fremdspannung.

Für eine einfache Installationsprüfung genügt (ohne aktive ISDN-Komponente, wie z. B. NT oder ein Endgerät) ein Vielfachmeßgerät und gegebenenfalls ein Durchgangsprüfer. Auch ein analoger Prüfhandapparat in Verbindung mit einem Suchtongenerator kann wertvolle Dienste leisten. Beachten Sie jedoch, daß weder das NT noch ein ISDN-Endgerät oder eine andere Baugruppe an die zu prüfende Leitung angeschaltet werden darf, denn die verwendeten Prüfspannungen könnten diese zerstören!

329

8.5.2 Installationsprüfung am bestehenden Basisanschluß

Am bestehenden Basisanschluß werden spezielle Prüfgeräte wie z. B. das S_0-Bus-Prüfgerät und das S_0-Installationsgerät eingesetzt. Bei Prüfungen am S_0-Bus genügt in der Regel das S_0-Installations-Prüfgerät, um korrekte Ergebnisse zu erzielen. Leider gibt es jedoch Fälle, in denen diese Möglichkeiten nicht ausreichen, z. B. bei allgemeinen hochfrequenztechnischen Problemen. Solche Fehlerquellen können mit einem "erweiterten" S_0-Installations-Prüfgerät erkannt werden, nämlich mit dem S_0-Bus-Prüfgerät. Die erweiterten Meßmöglichkeiten des S_0-Bus-Prüfgerätes können Stoßstellen auf den Leitungen (z. B. schlechte Verbindungen, die zu Reflexionen und somit zur Reduzierung des Nutzleistungspegels führen) sowie Unsymmetrien erkennen.

Allgemein bleibt festzustellen, daß sowohl das S_0-Installations- als auch das S_0-Bus-Prüfgerät lediglich Installationsfehler, nicht jedoch Fehler im Endgerät, im NTBA oder gar in der Vermittlungsstelle lokalisieren können. Die grundlegenden Prüfmöglichkeiten beider Gerätetypen sind:

- Aderunterbrechungen;
- Adervertauschung: Eine Vertauschung von Adern am S_0-Bus kann durch falsche Polarität zur Zerstörung der Endgeräte und/oder des NTBA führen. Eine Funktion ist natürlich auch bei Vertauschung von Sende- und Empfangsadern völlig unmöglich.
- Prüfung der Abschlußwiderstände. In die letzte IAE am S_0-Bus müssen 100 -W-Abschlußwiderstände in beide Aderpaare eingeschaltet werden. "Beliebte" Fehler sind: a) die Abschlußwiderstände werden ganz vergessen, b) die Widerstände werden nicht aus dem Monopolabschluß entfernt. Der Sinn dieser Abschlußwiderstände ist in den Grundlagen von Hochfrequenz- und Leitungstechnik zu suchen. Dies soll hier jedoch nicht ausgeführt werden.
- Fremdspannungsprüfung der Adern gegen Erde: Die Einkopplung fremder Störspannungen kann zu Fehlinformationen und sogar zur Zerstörung der Endgeräte und des NTBAs führen. Werden stärkere Fehlerspannungen eingekoppelt, so können diese sogar eine Gefahr für Menschen darstellen. Fremdspannungen können durch direkte Berührung von stromführenden Teilen oder durch Induktion in die Leitung eingekoppelt werden. Ungeachtet der Höhe der Fremdspannung sind solche Fehler immer genau zu lokalisieren.

- Prüfung des Isolationswiderstandes (Adern untereinander und Ader gegen Erde);
- Prüfung der Phantomspeisung.

Während die S_0-Bus- und die S_0-Installationsprüfgeräte lediglich Installationsfehler am S_0-Bus und die netzseitigen Schicht-1-Prüfungen nur das Vorhandensein eines Endgerätes feststellen können, ist zur Untersuchung der Bitfehlerrate ein spezielles Meßgerät, nämlich das sogenannte Bitfehlerratenmeßgerät nötig.

Das S_0-Bitfehlerratenmeßgerät besitzt einen Sender, der Prüfbitmuster erzeugt, die vom Empfänger, der sich ebenfalls in dem Gerät befindet, wieder empfangen und verglichen werden. Das S_0-Bitfehlerratenmeßgerät ist sowohl für kurzzeitige als auch für Langzeitmessungen vorgesehen.

Die Durchführung der Messung kann ausschließlich mit dem zu testenden Basisanschluß, also auch mit Hilfe eines Prüfanschlusses vorgenommen werden.

Die Messung erfolgt durch einen "Selbstanruf", d. h. der Sender schickt seine Prüfsignale über einen B-Kanal zur Vermittlungsstelle, wo diese wieder über den 2. B-Kanal zum Empfänger übertragen werden. Mit Hilfe dieser Messung ist es also möglich, die Bitfehlerhäufigkeit des gesamten Basisanschlusses zu messen.

Eine weitere Möglichkeit für den Einsatz des S_0-Bitfehlerratenmeßgerätes besteht darin, einen zweiten ISDN-Basisanschluß mit einzubeziehen. In diesem Fall bezieht sich die Messung auf beide Anschlüsse. Zwei Varianten bieten sich an:
- An jedem Anschluß wird ein S_0-Bitfehlerratenmeßgerät angeschaltet, wobei eines als Sender, das andere als Empfänger dient. Voraussetzung für eine korrekte Messung ist allerdings, daß beide Geräte auf das gleiche Prüfbitmuster eingestellt sind.
- In einer Endeinrichtung am zweiten Anschluß wird intern eine Meßbrücke vom Empfänger zum Sender geschaltet, wodurch das Prüfbitmuster wieder zum S_0-Bitfehlermeßgerät zurück übertragen wird.

Konnte bisher ein Fehler nicht exakt lokalisiert werden, so kommt netzseitig das U_{K0}-Meßgerät zum Einsatz. Mit dem U_{K0}-Meßgerät werden einzelne Leitungsabschnitte auf dem gesamten Übertragungsweg geprüft. Wird festgestellt, daß Störungen aufgrund mangelhafter Leitungsqualitäten aufgetreten sind, bleibt meistens nur die Umschaltung auf ein anderes Kabel.

8.5.3 Installationsprüfungen am Primärmultiplexanschluß

Primärmultiplexanschlüsse werden ausschließlich im Punkt-zu-Punkt-Betrieb betrieben. Das NTPM wird in der Regel direkt mit der TK-Anlage verbunden. Wenn sich das NTPM nicht direkt in der TK-Anlage (Einschubbauweise) befindet, muß lediglich eine maximale Leitungslänge und eine entsprechende Leitungsgüte eingehalten werden. Aus diesem Grunde sind keine S_{2M}-Installationsprüfgeräte vorgesehen. Für die Fehlersuche am Primärmultiplexanschluß verwendet man komplexere Meß- und Prüfgeräte, wie z. B. Primärmultiplexanschlußtester und -monitore. Neben reinen Installationsprüfungen sind mit diesen Geräten auch Bitfehlerratenmessungen möglich.

8.5.4 Protokollanalyse

Die anspruchsvollste Tätigkeit bei der Fehlersuche im ISDN ist die Auswertung der Übertragungsprotokolle. Zu diesen Zweck gibt es die sogenannten D- und B-Kanal-Monitore, mit denen die übertragenen Informationen im Klartext dargestellt werden können. Nun ist die Auswertung der Protokollinformationen nicht besonders einfach. Sie richtig zu interpretieren erfordert eine gute Ausbildung auf diesem Gebiet. Es kann dem Servicetechniker vor Ort daher eine gute Hilfe sein, wenn die Protokollinformationen an einem entfernten Meßplatz ausgewertet werden. Die Voraussetzung hierfür ist jedoch, daß die Daten direkt dorthin übertragen werden.

Die Datenfernübertragung der D-Kanal-Protokollinformationen läßt sich recht elegant mit einer sogenannten *D-Kanal-Anpassung* realisieren. Sie wird zwischen dem zu testenden Endgerät und dem NTBA direkt an den S_0-Bus geschaltet.

Die D-Kanal-Anpassung realisiert die Übertragung der D-Kanal-Informationen über einen der beiden B-Kanäle. Über den zweiten B-Kanal wird das Endgerät betrieben.

Neben der Fernübertragung zur Protokollanalyse können mit der D-Kanal-Anpassung ferngesteuerte Simulationen des D-Kanals zum Endgerät übermittelt werden. Mit solchen Simulationen kann die Reaktion der

Endstelle auf normale, außergewöhnliche und fehlerhafte D-Kanal-Informationen getestet werden.

9 Glossar

In den vorangegangenen Kapiteln wurden Fachbegriffe - soweit dies möglich war - in einer allgemeinen Form umschrieben und leicht verständlich eingeführt. Zur weiteren Verständnisunterstützung - auch bei weiterführender Literatur - soll Ihnen dieser Glossar mit einer Auswahl wichtiger Schlagworte eine Hilfe bieten.

A

A-Teilnehmer

Begriff aus der Terminologie der Fernmeldetechnik: Bezeichnung für den Verbindungspartner, der die Verbindung durch Wahl der Rufnummer begonnen hat (rufender Teilnehmer).

A-Tln

->A-Teilnehmer

a/b-Schleife

Beim Abheben des Hörers wird über die internen Schaltkreise des Telefones (vgl. Kapitel 1) und den Adern (La und Lb) der Anschlußleitung sowie über die Baugruppen in der Vermittlungsstelle eine Gleichstromschleife geschlossen. Die Baugruppen der Vermittlungsstelle erkennen anhand der Änderung des Leitungswiderstandes nun den Gesprächswunsch. Mit Hilfe von Schleifenunterbrechungen mit einem genau definierten Puls-Pausen-Verhältnis können zudem Wahlinformationen (IWV, vgl. Wahlverfahren) übertragen werden.

A2-Schaltung

Bezeichnung für das Zusammenschalten zweier Sprechstellen (->) an einem Telefonanschluß. Dieses kann mit Hilfe eines AWADo (->) oder AMS 1/2 (->AMS) erfolgen. Die Parallelschaltung der Sprechstellen ist verboten (->unerlaubte Parallelschaltung).

A3-Schaltung

Bezeichnung für das Zusammenschalten von bis zu vier Sprechstellen (->) an einem Telefonanschluß. Hierfür bietet sich u. a. ein AMS 1/4 (->AMS) an. Die Parallelschaltung der Sprechstellen (->) ist verboten (->unerlaubte Parallelschaltung).

Abschlußpunkt des allgemeinen Liniennetzes

->APL

ACD

Automatic call distribution; ->automatische Anrufverteilung

ADo

Kürzel für Anschlußdose; die Anschlußdose kann vierpolig (ADo 4) für den Einsatz in Dosenanlagen (->) sowie achtpolig für die Anschaltung von Zusatzgeräten (->) und zur Verwendung in Dosenanlagen ausgeführt sein.

Die ADo wird allmählich von der TAE (->) verdrängt.

ADo 4

->ADo

ADo 8

->ADo

Akustikkoppler

Ein Gerät zur Umwandlung digitaler Signale in Tonfrequenzsignale für die Übertragung im analogen Telefonnetz. Die Ankopplung erfolgt auf akustischen Wege über den Hörer des Telefones.

AMS

Automatischer Mehrfachschalter; der AMS bietet die Möglichkeit, zwei (->AMS 1/2) oder vier (->AMS 1/4) Sprechstellen an einen Telefonanschluß anzuschalten. Bei der Anschaltung ist gewährleistet, daß eine unerlaubte Parallelschaltung (->) vermieden wird. Der AMS kann mit Telefonen ohne W-Ader betrieben werden.

AMS 1/2

->AMS mit der Möglichkeit, zwei Telefone anzuschalten.

AMS 1/4

->AMS mit der Möglichkeit bis zu vier Telefone anzuschalten.

analog

Analoge Vorgänge haben zeitlich abhängig einen kontinuierlichen Verlauf.

Anklopfen

Während einer bestehenden Verbindung kann der Gesprächswunsch eines Dritten mittels eines Signaltones oder einer optischen Anzeige angemeldet werden. Der Angerufene hat nun die Möglichkeit, das Gespräch entgegenzunehmen (aktueller Gersprächspartner wird abgehangen oder in Warteposition gelegt) oder den Anruf zu ignorieren (der Anrufer erhält nach einiger Zeit den Besetztton).

Anrufumleitung

->Rufumleitung

Anschlußbereich

Versorgungsbereich einer Orts- bzw. Teilnehmervermittlungsstelle

Anschlußdose

->ADo

Anschlußschnur

Flexible Anschlußleitung zwischen Anschlußdose (->) und Endgerät (->).

APL

Abschlußpunkt des allgemeinen Liniennetzes bzw. Abschlußpunkt der Linientechnik; hierbei kann es sich z. B. um einen Endverzweiger (->) handeln. Der APL stellt formell gesehen den Übergabepunkt zum Endleitungsnetz dar.

APPLI/COM

Kürzel für Application/Communication; die APPLI/COM ist eine Schnittstelle zur Anpassung der jeweiligen Anwendungssoftware an die entsprechende Kommunikationssoftware.

Ausnahme-Hauptanschluß

Ein Telefonanschluß, der von einer anderen als der nächstliegenden Vermittlungsstelle bereitgestellt wird.

Automatic call distribution

->automatische Anrufverteilung

automatische Anrufverteilung

Eingehende Anrufe werden gleichmäßig auf alle vorgesehenen Abfrageplätze verteilt. Durch diese Maßnahme und durch eine zusätzliche Bereitstellung eines Wartefeldes (->) werden dem Anrufer Besetztfälle weitestgehend erspart.

automatische Mehrfachschalter

->AMS

automatische Wechselschalter in einer Anschlußdose

->AWADo

automatischer Rückruf

Tritt während eines internen Verbindungsversuches innerhalb einer Nebenstellenanlage (->) ein Besetztfall auf oder wird die gewünschte Nebenstelle nicht abgefragt, so kann an Nebenstellen ein Rückruf programmiert werden. Sobald die gewünschte Nebenstelle wieder frei ist oder das Telefon bedient wird, löst die Nebenstellenanlage den automatischen Rückruf aus. Dabei wird zuerst der ursprünglich rufende Teilnehmer und dann die gewünschte Nebenstelle angewählt.

AWADo

Automatischer Wechselschalter in einer Anschlußdose; ein AWADo bietet die Möglichkeit, zwei Sprechstellen an einem Telefonanschluß zu betreiben. Die Anschaltung verhindert dabei, daß Nachteile wie z. B. eine unerlaubte Parallelschaltung entstehen: AWADo sind in unterschiedlichen Ausführungen für unterschiedliche Zwecke auf dem Markt: AWA-

Do 1 ohne Bevorrechtigung, AWADo 2 mit Bevorrechtigung einer Sprechstelle und AWADo 1/2 mit der Möglichkeit wahlweise das Verhalten des AWADo 1 oder AWADo 2 zu programmieren.

Der große Nachteil des AWADo: er funktioniert nur mit Telefonen, die eine W-Ader herausführen!

AWADo 1

->AWADo ohne Bevorrechtigung

AWADo 2

->AWADo mit Bevorrechtigung einer Sprechstelle

B

B-Teilnehmer

Im Gegensatz zum A-Teilnehmer (->) ist der B-Teilnehmer der angerufene Teilnehmer.

B-Tln

->B-Teilnehmer

BaAs

->ISDN-Basisanschluß

Basisanschluß

->ISDN-Basisanschluß

Baud

Nach E. Baudot; Maßeinheit für die Schrittgeschwindigkeit, in der jeweils eine bestimmte Menge von Informationen übertragen wird.

Bell, Alexander Graham

Alexander Graham Bell (1847 - 1922) war ein schottischer Taubstummenlehrer. 1876 erfand er den ersten brauchbaren Fernsprecher. Bell gilt offiziell als Erfinder des Telefones, da er - im Gegensatz zu Philipp Reis (->Reis) - seinen Fernsprecher patentieren ließ.

bilingual

zweisprachig, zwei Sprachen betreffend, auf zwei Sprachen bezogen

bilinguale Sperreinrichtung

Sperreinrichtung (->) zur Unterdrückung der Wahlinformationen sowohl im IWV (->) als auch im MFV (->).

bilingualer NT

ISDN-Netzabschluß, an dem sowohl ISDN-Endgeräte des nationalen ISDN (nach 1 TR 6) als auch Euro-ISDN-Endgeräte (1 TR 67 bzw. E-DSS 1) angeschaltet werden können. Netzseitig ist ein Euro-ISDN-Anschluß erforderlich.

bilinguales Endgerät

Ein Endgerät (->) im analogen Telefonnetz, daß sowohl das IWV als auch das MFV (->Wahlverfahren) beherrscht.

binär

Abgeleitet von vom lateinischen "binarius": aus zwei Teilen bestehend.

binäres Zahlensystem

Ein nur aus den Ziffern "0" und "1" bestehendes Zahlensystem.

Bit

Kleinste Informationseinheit in der Digitaltechnik, die lediglich die Werte 0 und 1 annehmen kann.

Bit per second

->bps

Bit pro Sekunde

->bps

Bitfehlerhäufigkeit

Anzahl fehlerhaft übertragener digitaler Grundinformationen (ein Bit = 0 oder 1) in einem bestimmten Meßzeitraum.

Bitfehlerrate

->Bitfehlerhäufigkeit

bps

Bit per second, Bit pro Sekunde: Maßeinheit für den Datendurchsatz (->)

Brechzahl

Die Brechzahl ist das Verhältnis der Lichtgeschwindigkeiten im Vakuum zu der in einem transparenten Stoff.

Btx

->Datex-J

Bundesamt für Zulassungen in der Telekommunikation

->BZT

BZT

Bundesamt für Zulassungen in der Telekommunikation mit Sitz in Saarbrücken. Das BZT ist eine hoheitliche - von der Telekom unabhängige - Behörde für die Prüfung und Zulassung aller Telekommunikationseinrichtungen. Auch Personengenehmigungen für die Errichtung, Änderung und die Instandhaltung von Telekommunikationsanlagen werden vom BZT erteilt.

C

CAPI

->Common ISDN Application Programmable Interface

Code

Vorschrift zur Verschlüsselung von Informationen. Eine solche Verschlüsselung kann zur Geheimhaltung und/oder zur besseren bzw. schnelleren Übertragbarkeit der Informationen nötig sein.

Common ISDN API

->Common ISDN Application Programmable Interface

Common ISDN Application Programmable Interface

Auch CAPI oder Cammon ISDN API, standardisierte Schnittstelle zwischen Kommunikations- und Protokoll-Schnittstelle. Sie ermöglicht es, eine nahezu beliebige ISDN-Kommunikationssoftware mit einer ebenso beliebigen ISDN-Adapterkarte zu betreiben.

Die Definition der CAPI ist in der Version 2 überarbeitet worden.

D

Datendurchsatz

Maß für die tatsächlich übertragene Datenmenge, angegeben in Bit (->) pro Sekunde. Der Datendrucksatz ist nicht mit der Schrittgeschwindigkeit zu verwechseln.

Datenfernübertragung

Digitale Informationen können mit Hilfe eines Modems über die Telefonleitung, dem ISDN (->) oder spezielle Datennetze über große Entfernungen hinweg übermittelt werden. Ein Maß für die Qualität einer Übertragung stellt die Bitfehlerhäufigkeit (->) dar. Geschwindigkeitsangaben sind der Datendurchsatz (->) und die Schrittgeschwindigkeit (->).

Datex-J

Preisgünstiges Dialogsystem der Telekom. Das umfangreiche Leistungsangebot umfaßt "Homebanking", "eletronisches Telefonbuch", Absenden von Cityrufmitteilungen, Telefax- und Telex-Mitteilungen und stellt eine günstige Mailbox bereit.

Gemessen am Preis-Leistungsverhältnis stellt Datex-J einen hervorragenden Telekommunikationsdienst dar. Leider muß sich der Betreiber auch eine grobe Kritik bieten lassen, denn mit den Suchhilfen wie Schlagwortsuche und Anbieterverzeichnis ist nicht besonders viel anzufangen. Die gewünschten Informationen erhält man - wenn überhaupt - nur nach ärgerlichen Exkursionen im aktuellen Erotikangebot!

DBT-03

Anschlußbox der Telekom für den Datex-J(->)-Dienst. Das DBT-03 ist ein Modem (1200 bit/s + 75 bit/s) mit integrierten Datex-J-Dekoder. Das DBT-03 wird nur noch vereinzelt an bestehenden Datex-J-Anschlüssen vorgefunden.

DEV

->Wahlverfahren

DFÜ

->Datenfernübertragung

Dibit

Zusammenfassung zweier Bits (->) zu einer Informationseinheit, dem Dibit

digital

Abgeleitet vom lateinischen "Digitus" = Finger, Zahl, Finger zum Zählen; in der Technik versteht man unter digital eine "wert- und zeitdiskrete" Darstellung und Umsetzung der jeweiligen Größen.

Dioden-Erd-Verfahren

->Wahlverfahren

Doppelader

->Kupferdoppelader

Doppelanschluß

Zwei Telefonanschlüsse im gleichen Raum (Wohnung oder Büro), die von einem Telefonkunden genutzt werden. Doppelanschlüsse werden z. Zt. (mindestens bis 31.12.94) noch mit einem Sondertarif angeboten. Sie sind nicht mit den Zweieranschlüssen (->) zu verwechseln.

DTMF

->Wahlverfahren

Dual-Tone-Multifrequency

->Wahlverfahren

Durchwahl

Werden von der Vermittlungsstelle Wahlinformationen in eine Nebenstellenanlage übertragen und dort weiter ausgewertet, so spricht man von
der Durchwahl. Die Wahlinformationen werden dabei auf der gleichen
Leitung übertragen, auf der anschließend auch die Verbindung abgewickelt wird.

DuWa

->Durchwahl

DxJ

->Datex-J

E

Elektrodynamische Wandler

->Wandler

Elektretwandler

->Wandler

Endgerät

Allgemeine Bezeichnung für Telefone, Telefaxgeräte, Geräte zur Datenfernübertragung (->) etc. in Telekommunikationsnetzen.

Endverzweiger

Letzter Verteiler des allgemeinen Liniennetzes; oftmals gleichbedeutend
mit dem APL (->). Der Endverzweiger (EVz) wird in dem Gebäude
installiert, in dem der/die Telefonanschluß/-anschlüsse geschaltet werden.

Erdtaste

->Signaltaste

EVz

->Endverzweiger

EWSD

Von der Firma Siemens entwickeltes digitales Vermittlungssystem.

F

Flackerschlußzeichen

Legt der B-Teilnehmer (->) vor dem A-Teilnehmer (->) auf, so wird in analogen Vermittlungsstellen vom Leitungswähler das sogenannte Flackerschlußzeichen zum ersten Gruppenwähler gesendet, der nach dessen Empfang die Verbindung auslöst. Blockaden durch den A-Teilnehmer - ob nun als Telefonterror oder einfach nur aus Versehen - werden vermieden.

Flashtaste

->Signaltaste

Frequenz

Maß für Schwingungen; die Frequenz gibt die Anzahl der Schwingungen in einer Sekunde an. Maßeinheit ist Hz (->Hertz).

G

GEDAN

Gerät zur dezentralen Anrufweiterschaltung; unter der angegebenen Rufnummer wird das GEDAN erreicht. Vom GEDAN erhält der Anrufer eine Hinweisansage. Gleichzeitig wählt das GEDAN eine zuvor programmierte Rufnummer an und verbindet diesen Anschluß - wenn die Verbindung steht - direkt mit dem Anrufer. Der Vorteil: der Anrufer zahlt lediglich die Gesprächsentgelte bis zum GEDAN, die übrigen bezahlt der angerufene Teilnehmer.

Gemeinschaftsübertragung

Gegenstück zum Gemeinschaftsumschalter (->) in der Vermittlungsstelle beim Zweieranschluß (->).

Gemeinschaftsumschalter

In Anschlußbereichen (->) mit einem sehr schlecht ausgebauten Kabelnetz (ländliche Gebiete, verschiedene Regionen in den neuen Bundesländern etc.) können unter Umständen nicht genügend Adern für eine ausreichende Versorgung bereitgestellt werden. Um dem abzuhelfen werden die Anschlußleitungen in solchen Gebieten für die Versorgung von jeweils zwei Teilnehmern genutzt (->Zweieranschluß).

Es ist in diesem Fall erforderlich, eine Zuordnungsschaltung zu verwenden, die eine gleichzeitige Belegung der Leitung von beiden Partnern ausschließt. Diese Zuordnungsschaltung besteht aus dem Gemeinschaftsumschalter (GUm), der sich in unmittelbarer Nähe des Anschlusses (im APL, in der Anschlußdose (->) oder sogar im Telefon selbst) befindet und der Gemeinschaftsübertragung (->) in der Vermittlungsstelle.

Gerät zur dezentralen Anrufweiterschaltung

->GEDAN

Gesprächsbandbreite

Differenzbetrag der höchsten minus der niedrigsten sinnvoll übertragbaren Frequenz. Die Angabe erfolgt in Hz (->Hertz).

Glasfaser

Hauchdünner Glasfaden, bestehend aus zwei Glasschichten (Mantel und Kern) mit unterschiedlicher Brechzahl (->) zur Informationsübertragung.

Die Übertragung der Informationen, die zuvor über einen Halbleiterlaser in Licht umgesetzt werden, erfolgt ausschließlich im Kern der Glasfaser. Der Mantel der Faser wirkt, bedingt durch die unterschiedlichen Brechzahlen (->) wie ein sehr hochwertiger Spiegel und reflektiert das Licht innerhalb der Faser, so daß Abstrahlverluste nahezu ausgeschlossen sind.

GUm

->Gemeinschaftsumschalter

H

Handapparat

Hörer des Telefones

Hertz

Heinrich Hertz, deutscher Physiker, nach ihm wurde die Maßeinheit für die Frequenz (->) benannt.

Hörton

Bezeichnung für akustische Zeichen, die die Teilnehmer über den Status der Verbindung informieren (Wählton, Freizeichen, Besetztton und Aufschalteton).

I

IAE

->ISDN-Anschluß-Einheit

Impulswahlverfahren

->Wahlverfahren

ISDN

Abkürzung für Integrated Digital Services Network (diensteintegrierendes digitales Netz).

ISDN wird in zwei Anschlußvarianten, dem ISDN-Basisanschluß (->) und dem ISDN-Primärmultiplexanschluß (->) angeboten. Es ist möglich mehrere Verbindungen über einen ISDN-Anschluß (zwei über den Basisanschluß, 30 über den Primärmultiplexanschluß) gleichzeitig zu betreiben. Dabei können die Verbindungen durchaus unterschiedlicher Art wie z. B. Telefon, 7 kHz-Telefonie (->), Telefax (->), Telex (->), Datenfernübertragung (->) etc. sein.

Innerhalb des ISDN gelten die Verbindungstarife des öffentlichen Telefonnetzes.

ISDN-Anschluß-Einheit

Standardisierte ISDN-Anschlußdosen der Telekom mit herausnehmbaren Abschlußwiderständen. Die IAE ähnelt äußerlich der UAE 8, jedoch unterscheidet sie sich in der Belegung der Anschlußklemmen und in den vorhandenen Abschlußwiderständen. Die UAE (->) kann dennoch am S_0-Bus des ISDN-Anschlusses eingesetzt werden, wenn die Abschlußwiderstände der ersten IAE in die letzte Dose des S_0-Busses installiert und die schaltungstechnischen Unterschiede beachtet werden.

ISDN-Basisanschluß

ISDN-Anschluß mit zwei Nutzkanälen (B1 und B2) mit jeweils 64 kBit/s sowie einem 16 kBit/s-Steuer- und Zeichengabekanal (->), D_{16}. Der Basisanschluß (BaAs) wird über eine Kupferdoppelader (->) geschaltet. Teilnehmerseitig kann der ISDN-Basisanschluß an einer TK-Anlage (->Nebenstellenanlage) angeschaltet oder als S_0-Bus (->) ausgeführt werden.

ISDN-Primärmultiplexanschluß

ISDN-Anschluß mit 30 Nutzkanälen ($B_1...B_{30}$) mit jeweils 64 kBit/s sowie einem 64 kBit/s-Steuer- und Zeichengabekanal (->), D_{64}. Der Primärmultiplexanschluß (PMxAs) wird entweder über zwei Kupferdoppeladern (->) oder zwei Glasfasern (->) geschaltet. Der Primärmultiplexanschluß wird in der Regel an TK-Anlagen (->Nebenstellenanlagen) betrieben.

IWV

->Wahlverfahren

K

Kabelverzweiger

Verteilerkasten im öffentlichen Straßenland zur Verteilung der Kapazitäten sehr hochpaariger (->Kupferdoppeladern) Kabel auf Straßenabschnitte, Grundstücke etc.

Kompanderkennlinie

Regel für die Quantisierung der PAM-Signale im PCM-System

Konferenzschaltung

Eine - nicht nur in Telefonanlagen realisierbare Möglichkeit, mehrere Telefone mit unterschiedlichen Standorten an einer Verbindung zu beteiligen. Konferenzschaltungen im öffentlichen Telefonnetz können bei der Telekom bestellt werden.

Kupferdoppelader

Für die Schaltung eines Telefonanschlusses, ISDN-Basisanschlusses (->) etc. werden zwei Adern benötigt. In der Telefontechnik wird ein solches zusammenhängendes Aderpaar als Doppelader bezeichnet. Das allgemein verwendete Leitermaterial ist Kupfer.

KVz

->Kabelverzweiger

L

linearer Sammelanschluß

->Sammelanschluß; der Anruf wird stets - beginnend mit der schaltungstechnisch ersten Leitung - der ersten freien Leitung zugeordnet.

M

Makeln

Makeln ist das Hin- und Herschalten zwischen zwei Telefonverbindungen über ein Telefon. Dabei kann lediglich mit einem der beiden Gesprächsparter gesprochen werden. Der verbleibende Partner wird jeweils in den Wartezustand (->) geschaltet. Der Wechsel zwischen den beiden Gesprächspartnern wird durch die Signaltaste (->) vollzogen.

Dem wartenden Teilnehmer kann eine Ansage oder Musik (Music on Hold ->) eingespielt werden, wodurch ihm der fortbestehende Wartezustand (->) signalisiert wird.

Mehrfrequenzwahlverfahren

->Wahlverfahren

MFV

->Wahlverfahren

Mikrofon

->Wandler

Modem

Kunstwort aus Modulator und Demodulator; Gerät zur Datenfernübertragung (->) über das Telefonnetz. Die digitalen Daten werden in Tonfrequenzen umgesetzt und umgekehrt. Die Modulationsgrößen können die Frequenz (->), der Phasenwinkel und die Signalamplitude sein.

Modular-Anschlußtechnik

->Universal-Anschluß-Einheit

Music on Hold

Musikalische Untermalung des Wartezustandes. "Music on Hold" dient dazu, dem wartenden Teilnehmer auf angenehme Weise den intakten Zustand der Leitung zu signalisieren.

N

Nebensprechen

Leitungsbedingte Übertragung eines Gesprächs auf eine andere Leitung. Das Nebensprechen wird durch besondere Schaltungsformen der Adern eines Telefonkabels (->Sternvierer) weitestgehend unterdrückt.

Nebenstellenanlage

Eine Nebenstellenanlage, heutzutage allgemein als Telekommunikationsanlage (TK-Anlage) bezeichnet, gestattet die Anschaltung vieler Telefone an relativ wenigen Amtsleitungen. Nebenstellenanlagen konzentrieren jedoch nicht nur den über Amtsleitungen laufenden Telefonverkehr, sie bieten auch eine Reihe nützlicher Leistungsmerkmale für den internen Telefonverkehr (Rückfrage ->, Makeln ->, Konferenzschaltungen ->, Umlegen von Gesprächen ->, automatischer Rückruf -> etc.).

Neben den Grundgebühren für jeden überflüssigen Hauptanschluß, werden bei internen Gesprächen auch die Gesprächsentgelte bei der Verwendung einer Nebenstellenanlage gespart.

O

Optisches Übertragungssystem

Statt der Verwendung von Kupferdoppeladern (->) können auch Glasfasern (->) eingesetzt werden. Glasfasern erlauben eine bedeutend schnellere, störungs- und abhörsichere Informationsübertragung als Kupferkabel (zweipaarige Adern oder Koaxialkabel). Das gesamte System aus Laser, Glasfaser, Repeater (->) und Empfänger sowie optische Verteiler etc. wird als optisches Übertragungssystem bezeichnet.

P

PAM

Puls-Amplituden-Modulation; Ergebnis der Abtastung eines analogen Signals sind zeitdiskrete und wertkontinuierliche Abtastproben.

passiver Prüfabschluß

Reihenschaltung aus einem 470 kΩ-Widerstand und einer Diode. Der passive Prüfabschluß ermöglicht - auch bei unbeschaltetem Telefonanschluß (kein Endgerät -> gesteckt) eine Prüfung der Anschlußleitung auf Leitungsunterbrechungen und Vertauschung. Die Diode wird von La nach Lb geschaltet. Dies ist technisch gesehen eine Schaltung in Sperrichtung, da La negatives Potential gegenüber Lb führt.

PCM

Puls-Code-Modulation; Ergebnis der Quantisierung des PAM(->)-Signals

Piezoelektrische Wandler

->Wandler

PMxAs

->ISDN-Primärmultiplexanschluß

Port

Unter einem Port versteht man eine Anschlußmöglichkeit für eine externe Leitung oder eine Baugruppe. An Nebenstellenanlagen (->) kann an einem Port entweder eine analoge oder digitale Endstellenleitung bzw. eine digitale oder analoge Amtsleitung angeschaltet werden.

PPA

->Passiver Prüfabschluß

Primärmultiplexanschluß

->ISDN-Primärmultiplexanschluß

Q

Quantisierung

Codierung eines PAM(->)-Signals in einem Binärcode.

R

Redundanz

Unter Redundanz ist ein zumeist ungenutzer Überschuß zu verstehen. Eine Codierung ist redundant, wenn auf die Darstellung eines oder mehrere Zeichen bei der Definition des Codes verzichtet wird, obwohl es die Möglichkeit dazu gäbe.

Reis, Philipp

Philipp Reis (1834 bis 1874), deutscher Physiker. Phillip Reis war der eigentliche, wenn auch nicht offizielle Erfinder des Telefones. Sein 1861 entwickelter Fernsprecher setzte sich jedoch nicht durch und geriet wieder in Vergessenheit.

Repeater

"Verstärker" auf einer optischen Übertragungsstrecke; der Repeater empfängt das ankommende Signal, bereitet es auf und sendet die Informationen zum Empfänger oder zum nächsten Repeater weiter.

Rückfrage

An einer Nebenstellenanlage (->) kann ein Gesprächspartner durch Betätigung der Signaltaste (->) in einen Wartezustand (->) geschaltet werden, während der andere über sein Telefon eine zweite Verbindung aufbaut, um z. B. bestimmte Informationen einzuholen. Wird diese zweite Verbindung beendet, so wird automatisch die ursprüngliche Verbindung wieder hergestellt. Dem wartenden Teilnehmer kann eine Ansage oder Musik (Music on Hold ->) eingespielt werden, wodurch Ihm der fortbestehende Wartezustand (->) signalisiert wird.

Ruforgan

Anrufe werden akustisch mit Hilfe mechanischer (z. B. Summer, Einschalenwecker, Zweischalenwecker, Klangstabwecker etc.) oder elektronischer Ruforgane (Drei-Ton-Rufmodul etc.) signalisiert.

Auch optische Signalisierung über Blitzleuchten sowie die Signalisierung mittels Geräten mit einer eigenen Stromversorgung über ein Starkstromanschalterelais (->) ist denkbar.

Rufstromkreis

Besteht aus einem Kondensator (Gleichstromabriegelung) und einem Ruforgan (->). Durch die Gleichstromabriegelung wird der Rufstromkreis nur bei einem ankommenden Rufsignal (Rufwechselspannung) aktiv. Die Rufwechselspannung beträgt ca. 60 V und deren Frequenz 25 Hz (in Österreich: 50 Hz).

Rufumleitung

Wird eine Rufumleitung von Apparat A auf Apparat B programmiert, so laufen alle an Apparat A gerichteten Anrufe bei Apparat B auf. Abgehend kann jedoch von Apparat A aus eine Verbindung aufgebaut werden.

Das Leistungsmerkmal ist an Nebenstellenanlagen (->) und im ISDN (->) nutzbar.

S

Sammelanschluß

Mehrere Telefonanschlüsse, die unter ein und derselben Rufnummer (Sammelrufnummer) erreichbar sind. Die Anschaltung erfolgt entweder direkt auf Sprechstellen, die zu einer Aufgabengruppe gehören oder an einer Nebenstellenanlage mit automatischer Anrufverteilung (->). Man unterscheidet den linearen (->) und den zyklischen Sammelanschluß (->).

SAR

->Starkstromanschalterelais

Schrittgeschwindigkeit

Maß für die Anzahl der Zustandswechsel bei der Datenübertragung auf der Leitung. Die Schrittgeschwindigkeit, die in Baud (->) angegeben wird, ist nicht zu verwechseln mit dem Datendurchsatz (->), da während eines Taktintervalls mehrere Bit (->) übertragen werden können.

seriell

hintereinander, fortlaufend

Signaltaste

Für die Nutzung bestimmter Leistungsmerkmale an Nebenstellenanlagen (->), wie z. B. Makeln (->), Rückfrage (->), Umlegen von Gesprächen (->) etc. wird eine Signaltaste am Telefon benötigt, mit deren Hilfe der Gesprächspartner in den Wartezustand (->) gebracht wird und das Telefon für weitere Aktivitäten freigeschaltet wird.

Die Signaltaste kann mit Erdtastenfunktion (Bei Betätigung wird Erdpotential an die a-Ader gelegt.) oder Flashtastenfunktion (kurze Unterbrechung der a/b-Schleife -> für einen Zeitraum von ca. 80 ms) betrieben werden. Während viele moderne Telefone eine Umschaltefunktion anbieten, beherrschen ältere Geräte lediglich die Erdtastenfunktion, die eine zusätzliche Ader in der Anschlußschnur (->) erfordert.

Die eingesetzte Nebenstellenanlage gibt in der Regel vor, auf welche Signaltastenverfahren die Telefone eingestellt werden müssen.

S_0-Bus

Als Bus geführte Anschlußdosen sind parallel geschaltet. Der S_0-Bus ist die Standardschnittstelle für den Anschluß der Endgeräte an den ISDN-Basisanschluß (->) nach dem Netzabschlußpunkt (->NT). An den S_0-Bus können maximal 12 Anschlußdosen - in der Regel IAE (->), UAE (->) oder TAE 8 (->) bzw. TAE 8 + 4 (->) angeschaltet werden. Von diesen 12 Anschlußdosen können an maximal acht Dosen zur gleichen Zeit Endgeräte angeschaltet sein.

SpE

->Sperreinrichtung

Sperre

Beabsichtigte Außerbetriebnahme oder Einschränkungen von Wählverbindungen am Telefonanschluß. Die Sperre kann in der Vermittlungsstelle (Teil- oder Vollsperre auf Wunsch des Anschlußinhabers oder wegen Zahlungsrückständen) oder am Ort des Telefonanschlusses selbst mit Hilfe von Schlössern oder Sperreinrichtungen (->) geschaltet werden.

Sperreinrichtung

Zusatzgerät (->) zur Unterdrückung der Wahlinformationen (keine abgehenden Gespräche möglich, Anrufe können entgegengenommen werden). Sperreinrichtungen sind unter Umständen abhängig vom Wahlverfahren. Ältere Geräte können den Anschluß nur gegen Impulswahl (->IWV) sperren. Wer jedoch an einer digitalen Vermittlungsstelle angeschaltet ist, benötigt eine bilinguale Sperreinrichtung.

Sprechstelle

Eine Sprechstelle besteht mindestens aus einem Telefonanschluß und einem daran angeschalteten Telefon. Zusätzlich kann die Sprechstelle zum Zusatzgerät (->) erweitert werden. Bei der Erweiterung gilt es zu beachten, daß maximal vier Rufstromkreise (->), inkl. dem Ruforgan des Telefones, am Telefonanschluß betrieben werden dürfen.

Starkstromanschalterelais

Durch den Rufstrom gesteuertes Relais zur Schaltung externer Ruf- und Signalgeräte mit eigener Stromversorgung (vgl. Ruforgan).

Stephan, Heinrich von

Heinrich von Stephan (1831 bis 1897) war Generalpostmeister der Kaiserlichen Reichspost. Er führte 1877 das Telefon in Deutschland ein.

Sternvierer

Die abwechselnde Anordnung der einzelnen Adern zweier Kupferdoppeladern (->), die schaltungstechnisch wie eine abgeglichene kapazitive Brückenschaltung wirken, wird als Sternvierer bezeichnet. Mit Hilfe dieser speziellen Anordnung wird das sogenannte Nebensprechen (->) reduziert.

System 12

Von der Firma Alcatel SEL hergestelltes digitales Vermittlungssystem.

T

TA

->Terminaladapter

TAE

Telekommunikations-Anschluß-Einheit, in Deutschland standardisiertes Anschlußsystem für Telefone (->TAE 6 F) und Zusatzgeräte (->TAE 6 N). Ferner existiert ein TAE-System für die Anschaltung serieller Datenübertragungsschnittstellen (->TAE 6 Z) und - wenn auch nicht mehr gebräuchlich - für die Anschaltung von ISDN-Endgeräten (-> TAE 8 und -> TAE 8 + 4).

Während die Buchstaben (F, N und Z) den Typ der TAE definieren, gibt die Zahl davor die Anzahl der Kontakte in der Steckbuchse wieder (sechspolig, achtpolig und 16polig).

TAE 6 F

Sechspolige TAE (->) für die Anschaltung von Telefonen (F wie Fernsprechgeräte).

TAE 6 N

Sechspolige TAE (->) für die Anschaltung von ->Zusatzgeräten (N wie nicht-Fernsprechgeräte)

TAE 6 Z

Sechspolige TAE (->) für die Anschaltung von Schnittstellenbaugruppen zur seriellen Datenübertragung.

TAE 8

Älteres Anschaltesystem (achtpolige ->TAE) für den Anschluß von ISDN-Endgeräten (->ISDN).

TAE 8 + 4

Älteres Anschaltesystem (achtpolige ->TAE) für den Anschluß von ISDN-Endgeräten mit Y-Schnittstelle (->ISDN).

TDo

Kürzel für österreichische Telefonsteckdose (->)

Telefax

Fernkopie über das Telefonnetz oder das ISDN (->). Die Vorlagen werden abgetastet und als einzelne Bildpunkte per Modem über das Telefonnetz übertragen. Mit Hilfe von Datenkompressionsalgorithmen kann die Übertragungszeit dabei erheblich verkürzt werden.

Telefondoppelanschluß

->Doppelanschluß

Telefonie (7 kHz)

Die Technik des ISDN (->) ermöglicht es, durch Datenkompression in der digitalen Datenübermittlung eine Gesprächsbandbreite (->) von bis zu 7 kHz anzubieten. Voraussetzung ist, daß die Endgeräte (->) beider Verbindungspartner diese Technologie beherrschen.

Telefonsteckdose

1. Allgemeiner Begriff der Umgangssprache für den fest installierten Teil eines Telefonanschlußsystems mit steckbarer Anschlußschnur (ADo ->, TAE->, etc.)

2. Bezeichnung für das österreichische Telefonanschlußsystem am einfachen Telefonhauptanschluß (zehnpolige Telefonsteckdose, ähnlich der ->TAE in Deutschland).

Telekommunikationsanlage

->Nebenstellenanlage

Telekommunikationsnetz

Sammelbegriff für Telefon-, Text und Daten- sowie Bildübertragungs-
netze.

Telex

Telex ist die Abkürzung für Telemetrie Exchange. Es handelt sich
hierbei um das schon beinahe historische Fernschreiben. Trotz der geringen Übertragungsrate von 50 Baud und des knappen Zeichenvorrates
hat der Telexdienst - wenn auch rückläufig - immer noch eine große
Bedeutung: ein Telex gilt als dokumentenecht und außerdem ist Telex
ein weltweit - auch in Ländern der dritten Welt - verbreiteter Telekommunikationsdienst.

TEMEX

Telemetrie-Exchange, Fernwirken, -messen und -steuern über Telefonleitungen. Der TEMEX-Dienst wird zukünftig von der Telekom eingestellt.

Terminaladapter

Anschaltegerät für analoge Endgeräte am ISDN(->)-Anschluß

TK-Anlage

-> Nebenstellenanlage, Abkürzung für Telekommunikationsanlage

Tonruf

->Ruforgan

Tonrufzweitgerät

Zusätzliches Ruforgan (->) für die externe Anschaltung

U

UAE

->Universal-Anschluß-Einheit

Umlegen besonderer Art

Ähnlich wie beim Umlegen von Gesprächen (->) wird ein Anrufer von einer ggf. irrtümlich angewählten Nebenstelle weitervermittelt. Beim Umlegen besonderer Art wird dabei jedoch nicht abgewartet, daß die Zielnebenstelle abgefragt wird, sondern der Hörer nach der Wahl der Zielnebenstelle bei Erhalt des Ruftones sofort aufgelegt.

Wird nun die Zielnebenstelle abgefragt, so ist diese sofort mit dem wartenden Teilnehmer verbunden. Wird nicht abgefragt, so wird der wartende Teilnehmer wieder auf die vermittelnde Nebenstelle zurückgeschaltet.

Umlegen von Gesprächen

Wird ein Anruf an einer Nebenstelle entgegengenommen und stellt sich heraus, daß ein anderer Gesprächspartner gewünscht wird, so kann das Gespräch weitervermittelt - man sagt: "umgelegt" werden.

Der Anrufer wird zu diesem Zweck durch Betätigung der Signaltaste (->) in den Wartezustand (->) geschaltet. Nun kann am mittlerweile wieder freien Telefon die gewünschte Nebenstelle angewählt werden. Nachdem das Gespräch an der Zielnebenstelle angenommen wurde (Hörer abgehoben) stellt der Weitervermittelnde den wartenden Teilnehmer durch das Auflegen seines Hörers durch.

unerlaubte Parallelschaltung

Der gleichzeitig direkte Anschluß mehrerer Telefone an einem Telefonanschluß oder einer Nebenstelle wird als unerlaubte Parallelschaltung bezeichnet. Eine Parallelschaltung liegt hierbei rein schaltungstechnisch vor, unerlaubt ist diese Anschlußvariante, weil die Dämpfungsgrenzen überschritten werden könnten, die Vermittlungsstelle mehr Speiseenergie bereitstellen müßte bzw. nicht genügend Speiseenergie bereitstellen könnte, die Möglichkeit der Impulsverzerrung bei der Wahl nach dem IWV (->) durch die nunmehr großen Einflüsse frequenzabhängiger Bauelemente besteht (Ergebnis: Falschwahl!), das Fernmeldegeheimnis nicht mehr garantiert werden kann und interne Gespräche zwischen den einzelnen Sprechstellen (->) zu Lasten der Vermittlungsstelle möglich sind.

Universal-Anschluß-Einheit

International hat das Universal-Anschlußsystem bereits eine große Bedeutung: so stellt es in den USA den Standard im Bereich der Telefonanschlußtechnik dar. Auch in Europa etabliert es sich immer mehr, obwohl keine Öffnerkontakte in Universal-Anschluß-Einheiten (UAE) vorgesehen sind und die UAE somit nicht für den Einsatz in Dosenanlagen geeignet ist. Leider sind nur die mechanischen Parameter der UAE genormt; die Belegung für einen einfachen Telefonanschluß wird nicht nur international, sondern auch national von den Telefonherstellern individuell definiert.

Universal-Anschluß-Einheiten sind auch unter der Bezeichnung "Western"- oder "Modular"-Anschlußtechnik bekannt.

V

Verbinder- und Verteilerdose

Telefonverteiler in der Größe einer Montagedose mit einer Kapazität von - je nach Ausführung - zwei bis zehn Doppeladern (->Kupferdoppelader). Verbinder- und Verteilerdosen (VVD) werden für die Verwendung innerhalb (VVDi) und außerhalb von Gebäuden (VVDa) angeboten.

VVD

->Verbinder- und Verteilerdose

VVDa

->Verbinder- und Verteilerdose für Außenmontage

VVDi

->Verbinder- und Verteilerdose für Innenmontage

W

Wählgeräusche

Mechanische Wahlsysteme geben die Wahlimpulse durch Öffnen und Schließen von Schaltelementen der Vermittlungstechnik (Relais- und Wählerkontakte) an die nächste Wahlstufe weiter. Beim Öffnen der Kontakte wird ein nicht völlig unterdrückbarer Abreißfunke erzeugt. Er enthält nicht erwünschte hochfrequente Signalanteile, die auf andere Leitungen übertragen werden können. Wird auf einer solchen Leitung gerade telefoniert, so ist ein Knacken im Takt der Wahlimpulse zu hören.

Wahlverfahren

Damit eine Telefonverbindung zustande kommen kann, muß in einer Auswahl aus Tausenden von Schaltpunkten der richtige Leitungsweg geschaltet werden. Es ist dabei völlig egal, ob der Sprechweg mechanisch oder elektronisch realisiert wird, denn in jedem Fall wird eine Art "Adresse", nämlich die Rufnummer des gewünschten Gesprächspartners für die Auswertung benötigt. An analogen Telefonhauptanschlüssen hat sich neben dem Impulswahlverfahren (IWV), nach dem die Wahlinformationen durch die Unterbrechung der a/b-Schleife (->) übertragen werden, das Mehrfrequenzwahlverfahren, MFV (neuerdings auch offiziell oft als Tonwahl und international als Dual-Tone-Multi-Frequency, DTMF bezeichnet), etabliert. Im MFV werden die Wahlinformationen mit Hilfe zweier überlagerter Tonfrequenzen - nach dem Prinzip einer Angabe in einem Koordinatensystem - übermittelt. MFV kann nur an digitalen Vermittlungsstellen oder Nebenstellenanlagen eingesetzt werden.

Ein weiteres Wahlverfahren, das jedoch technisch an Bedeutung verloren hat, ist das Dioden-Erd-Verfahren (DEV). Die Wahlinformationen werden durch Zuweisung bestimmter Potentialzustände an der a- und b-Ader übertragen. DEV kommt möglicherweise noch an einigen älteren Nebenstellenanlagen zum Einsatz.

Wandler

Für die Umsetzung von Schallwellen in elektrische Signale (Mikrofon) und umgekehrt (Lautprecher, Hörkapsel) werden Schallwandler eingesetzt. In der Telefontechnik kommen neben den älteren Kohlemikrofonen auch elektrodynamische Wandler (Membran mit Spule, durch die der Sprechwechselstrom fließt mit einem magnetischen Gegenstück, einem

Permanentmagneten), Piezoelektrische Wandler (Wandlung durch Piezo-
Kristall, das abhängig von einer anliegenden Spannung mit Oberflächen-
änderungen regagiert bzw. Verformungen auch umgekehrt in Spannungen
wandelt) und Elektretwandler (Einsatz als Mikrofon; funktioniert nach
dem Prinzip eines Kondensatormikrofones. Die erforderliche Polarisa-
tionsspannung stellt das Mikrofon, welches wie ein galvanisches Element
arbeitet, selbst bereit) zum Einsatz.

Wartefeld

Eingehende Anrufe werden, wenn alle in Frage kommenden Abfrageplätze "besetzt" sind, von der Nebenstellenanlage (->) automatisch angenommen und gehalten. Damit der Anrufer weiß, daß er sich in einem
Wartefeld befindet, wird ihm eine Ansage oder Musik (->Music on
Hold) eingespielt.

Wartezustand

Durch Betätigung der Signaltaste (->) an einer Nebenstelle einer Telekommunikationsanlage (->Nebenstellenanlage) wird der aktuelle Gesprächspartner in den Wartezustand geschaltet. Dabei bleibt die Verbindung zur Nebenstellenanlage (->) bestehen, jedoch fehlt dem wartenden
Teilnehmer ein Gesprächspartner. Um dem Eindruck entgegenzuwirken,
der wartende Teilnehmer sei völlig getrennt worden, werden Ansagetexte
oder Musik (->Music on Hold) eingespielt.

Wecker

->Ruforgan

Western-Anschlußtechnik

->Universal-Anschluß-Einheit

X

X-Schnittstelle

ISDN-Schnittstelle für analoge Zusatzgeräte wie z. B. Zusatzhörer oder
Anrufbeantworter, die direkt am ISDN-Endgerät abgegriffen werden
kann. Die X-Schnittstelle ist nicht international standardisiert.

Y

Y-Schnittstelle

ISDN-Schnittstelle für Zusatzgeräte wie z. B. einen separaten Gebühren-anzeiger. Die Y-Schnittstelle wird in älteren Bus-Systemen vierdrähtig parallel zum S_0-Bus geführt. Die Y-Schnittstelle ist nicht international standardisiert.

Z

Zeichengabekanal

Für die Übertragung von Wahl- sowie Steuerinformationen werden in digitalen Systemen eigene Steuer- und Zeichengabekanäle verwendet. Diese sind unabhängig von den Nutzkanälen in denen beispielsweise die Sprachinformationen übertragen werden. Beispiele solcher Zeichengabe-kanäle stellen im ISDN (->) der D-Kanal und in der Vermittlungstechnik das zentrale Zeichengabesystem nach CCITT Nr. 7 dar.

Zusatzeinrichtung

Zusätzliche Geräte, die Bestandteil des Endstellenleitungsnetzes werden (Tonrufzweitgerät, AWADo, private Telefonanlage etc.)

Zusatzgerät

Anrufbeantworter, Telefaxgeräte, Modem etc.; Geräte für den Anschluß an das Telefonnetz, die nicht für die interaktive spontane Sprachüber-tragung von beiden Endstellen vorgesehen sind.

Zusatzwecker

Zusätzliches Ruforgan (->) für die externe Anschaltung

Zweieranschluß

Der Begriff "Zweieranschluß" ist nicht mit dem Doppelanschluß (->) zu verwechseln. Beim Zweieranschluß wird eine Anschlußleitung für zwei Teilnehmer bereitgestellt. Von diesen beiden Teilnehmern kann jedoch stets nur einer alleine telefonieren. Zweieranschlüsse kommen heute nur noch relativ selten vor. Sie sind vor allem in ländlichen Gebieten und einigen Regionen der ehemaligen DDR zu finden.

An Gemeinschaftsanschlüssen gilt eine allgemeine Anschalteerlaubnis übrigens nur begrenzt. Wenn die Funktion des Gemeinschaftsschalters (->) beeinträchtigt wird, darf auch ein zugelassenes Endgerät trotz allgemeiner Anschalteerlaubnis nicht an den Telefonanschluß angeschaltet werden.

zyklischer Sammelanschluß

->Sammelanschluß; der Anruf wird jeweils der ersten freien Leitung zugewiesen, die schaltungstechnisch nach der liegt, die den letzten Anruf zugeteilt bekam.

Abkürzungsverzeichnis

A

A-Tln = A-Teilnehmer

Abel = Abschlußelement in ostdeutschen Anschlußdosen

ACD = automatic call distribution

ADo = Anschlußdose

ADoK = Anschlußdosenkupplung

ADo w = wetterfeste Anschlußdose

ADoS = Anschlußdosenstecker

AGB = Allgemeine Geschäftsbedingungen der Deutschen Bundespost Telekom

AMI-Code = Alternate-Mark-Inversion-Code

AMS = automatischer Mehrfachschalter

AO = Anrufordner

AP = auf Putz

APL = Abschlußpunkt des allgemeinen Leitungsnetzes bzw. Abschlußpunkt der Linientechnik

APPLI/COM = Application/Communication

AS = Anrufsucher

ASg = Anrufsucher für den Grundverkehr

ASM = Anschlußteile für analoge Teilnehmer

ASM-ABX = Anschlußteile für Anschlüsse mit Durchwahlmöglichkeit

AWADo = automatischer Wechselschalter in einer Anschlußdose

B

B-Tln = B-Teilnehmer

BaAs = ISDN-Basisanschluß

bps = bit per second, Bit pro Sekunde

BZT = Bundesamt für Zulassungen in der Telekommunikation

C

CAPI = Common ISDN Application Programmable Interface

CCITT = Comité Consultatif International Télégraphique et Téléphonique

CNG = Calling Tone

CP = Coordination-Processor

CTS = Clear to Send

D

DA = Doppelader

DEE = Datenendeinrichtung

DEV = Dioden-Erd-Verfahren

DFÜ = Datenfernübertragung

DIN = Deutsches Institut für Normung

DIV = digitale Vermittlungsstelle

DSR = Data Set Ready

DT = Datentaste

DTMF = Dual Tone Multifrequency

DTR = Data Terminal Ready

DÜE = Datenübertragungseinrichtung

E

EBD = Empfangsbezugsdämpfung

EIB = europäischer Installationsbus

EMD = Edelmetall-Motor-Drehwähler

EVU = Energieversorgungsunternehmen

EVz = Endverzweiger

EZTGO = elektronischer Zeittaktgeber für den Ortsdienst

F

FAG = Gesetz über Fernmeldeanlagen

FBO = Fernmeldebauordnung

FeAp = Fernsprechapparat

FTA = Familientelefonanlage

FTZ = Fermeldetechnisches Zentralamt bzw. Forschungs- und Technologiezentrum

G

GBD = Gesamtbezugsdämpfung

GEDAN = Gerät zur dezentralen Anrufweiterschaltung

GrVSt = Gruppenvermittlungsstelle

GUm = Gemeinschaftsumschalter

GW = Gruppenwähler

H

HKZ = Hauptanschlußkennzeichenverfahren

HS = Halteschaltung

HÜP = Hausübergabepunkt

HVt = Hauptverteiler

I

IAE = ISDN-Anschluß-Einheit

IKZ = Impulskennzeichenverfahren

IOM = ISDN Oriented Modular

ISM = Anschlußteil für ISDN-Basisanschlüsse

ITM = Anschlußteil für ISDN-Primärmultiplexanschlüsse

IWV = Impulswahlverfahren

K

KVz = Kabelverzweiger

L

LSA = löt-, schraub- und abisolierfreies Kontaktsystem

LTG = Line/Trunk Group

LVz = Linienverzweiger

LW = Leitungswähler

LW55ve = Leitungswähler für Einzelanschlüsse

LW55ve = Leitungswähler für Sammelanschlüsse

M

MFV = Mehrfrequenzwahlverfahren

MSB = Most Significant Bit

MSV = Mikrosteckverbinder

N

NStAnl = Nebenstellenanlage

NT = Network-Terminal

NTA = Network Termination Analog

NTBA = Network Terminal Basic Access

NTPM = Network Terminal Primary Rate Access

O

OLÜ = Ortsleitungsübertrager

OVSt = Ortsvermittlungsstelle

P

PAM = Puls-Amplituden-moduliert

PCM = Puls-Code-moduliert

PE = Protection Earth

PMxAs = ISDN-Primärmultiplexanschluß

PPA = passiver Prüfabschluß

PTA = private Telefonanlage

PTrE = Posttrenneinrichtung

R

R-Relais = Rufrelais

RTS = Request to Send

RSM = Ruf- und Signalmaschine

RxD = Receive Data

S

SAR = Starkstromanschalterelais

SBD = Sendebezugsdämpfung

SN = Switching Network

SpE = Sperreinrichtung

SvDo = Steckverbinderdose

T

T-Relais = Trennrelais

TA = Terminaladapter

TAE = Telekommuniktations-Anschluß-Einheit

TCE = Terminal Control Element (Modulsteuereinheit)

TDo = Telefonsteckdose

TDS = Telefon-Dosen-Sicherung

TK-Anl = Telekommunikationsanlage

TS = Teilnehmerschaltung

TWB = Tastwahlblock

TWG = Telegrafenwegegesetz

TxD = Transmit Data

TZG = Tonrufzweitgerät

U

UAE = Universal-Anschluß-Einheit

ÜPL = Übergabepunkt

UGrVSt = Untergruppenvermittlungsstelle

UP = unter Putz

USV = unterbrechungsfreie Stromversorgung

V

VDE = Verband Deutscher Elektrotechniker e. V.

VDo = Verbinderdose

VK = Verteilerkasten

VKA = Verteilerkasten, auf Putz

VKU = Verteilerkasten, unter Putz

VSt = Vermittlungsstelle

VVD = Verbindungs- und Verteilerdose

VVDa = Verbindungs- und Verteilerdose (außen)

VVDi = Verbindungs- und Verteilerdose (innen)

Z

ZPr = private Zusatzeinrichtung

ZVEI = Zentraler Verband der Elektrotechnik und Elektronikindustrie

ZZS = Zählzusatz

Quellennachweis

Literaturnachweis

Altehage, Digitale Vermittlungssysteme für Fernsprechen und ISDN, R.v.Deckers Verlag, 1991

Amtsblatt 10, 7.2.1991, Verwaltungsvorschrift über den Netzanschluß für Endeinrichtungen des Telefondienstes (BMPT 2002/1991)

Besier/Heuer/Kettler, Digitale Vermittlungstechnik, R.Oldenbourg Verlag, 1981

Das System EWSD, L.T.U.-Vertriebsgesellschaft, Bremen, 1990

Das System 12, L.T.U.-Vertriebsgesellschaft, Bremen, 1990

Das Telekom-Buch 1993/94

Dietrich/Endres, Lexikon der Nachrichtentechnik, VDE-Verlag, 1986

Frey, Alles über Telefone und Nebenstellenanlagen, Franzis-Verlag 1992

Frey/Schönfeld, Mehr über das Telefon und seine Zusatzgeräte, Franzis-Verlag, 1993

Funkschau 15/1994, Franzis-Verlag, Poing b. München

Gesetz über Fernmeldeanlagen (FAG) vom 01.07.1989

Grundlagen der digitalen Fernsprechvermittlungstechnik, L.T.U.-Vertriebsgesellschaft, Bremen, 1990

Jörn, Der Telefon-Ratgeber, Franzis-Verlag 1992

Kabatt/Krummrich, Das Hilfsbuch für Entstörer, 4. Auflage, Georg Heidecker-Verlag, 1997

Kabatt, Das Hilfsbuch für Enstörer, 5. Auflage, Georg Heidecker-Verlag, 1989

Kahl, ISDN - Das neue Fernmeldenetz der Deutschen Bundespost Telekom, R.v.Deckers Verlag, 1990

Paul, Analoge Vermittlungstechnik für den Telefonverkehr,
R.v.Deckers Verlag, 1990

Plate, Das Telefon-Handbuch, Pflaum-Verlag, 1994

Retzlaff, Lexikon der Kurzzeichen für Kabel und isolierte Leitungen,
VDE-Verlag, 1993

Rolle, Sicherheit in der Fernmelde- und Informationstechnik,
VDE-Verlag, 1991

Schlüter, ISDN-fähige Telekommunikationsanlagen,
R.v.Deckers Verlag, 1987

Schoblick/Gommolla, ISDN im prakischen Einsatz, 1. und 2.Auflage,
1992/94, Franzis-Verlag, Poing b. München

Verordnung über die Personenzulassung zum Errichten, Ändern und
Instandhalten von Telekommunikationsendeinrichtungen (Personenzulassungsverordnung - PersZulV) vom 19.07.1994

ZVEI-Dokumentation "Forum 10": "Installation von Endeinrichtungen;
Hinweise, Beispiele, Material und Stand der Technik", ZVEI Fachver-
band Kommunikationstechnik, 1993

Nachweis der verwendeten FTZ-Richtlinien

FTZ 1 TR 2, Technische Forderungen an analoge Endeinrichtungen

FTZ 1 TR 800, Richtlinie für die übertragungstechnische Planung des
öffentlichen Fernsprechnetzes der DBP

FTZ 12 R 7, Bestimmungen für Wahlverfahren auf Amtsleitungen
zwischen Teilnehmereinrichtungen und den Einrichtungen der Vermittlungsstelle

FTZ 123 D 5, Rahmenregelungen für mittlere und große Wählanlagen
nach Ausstattung 2

FTZ 123 D 6, Rahmenregelungen für kleine Wählanlagen nach
Ausstattung 2

FTZ 123 D 7, Rahmenregelungen für mittlere und große
Wählunteranlagen nach Ausstattung 2

FTZ 123 D 8, Reihenanlagen für Reihenanlagen nach Ausstattung 2

FTZ 123 D 9, Rahmenregelungen für Vorzimmeranlagen nach Ausstattung 2

FTZ 123 R1, Bestimmungen für die Zusammenarbeit von Nebenstellenanlagen mit den Einrichtungen der Vermittlungsstellen

FTZ 14 D 3, Das Ortswählsystem 55v der Deutschen Bundespost

FTZ 731 TR 1, Rohrnetze und andere verdeckte Führungen für Fernmeldekabel in Gebäuden

Bestimmungen des österreichischen Fernmeldetechnischen Zentralamt (FZA):

FZA-Dbh III 0210, Technische Bestimmungen für private Zusatzeinrichtungen zur Anschaltung an das analoge Fernsprechnetz

Herstellernachweis

Albert Ackermann GmbH + Co. KG, Postfach 100151, 51601 Gummersbach

Alcatel SEL AG, 70430 Stuttgart

Betefa GmbH, Sonnenallee 228, 12057 Berlin

BTR TELECOM Albert Metz, Postfach 1320, 78172 Blumberg

Bundesamt für Zulassungen in der Telekommunikation, Talstraße 34, 66119 Saarbrücken

DeTeWe Deutsche Telefonwerke AG & Co., Zeughofstraße 1, 10997 Berlin

Dr. Eugen Sasse Elektronik GmbH, Mühlenstraße 4, 91126 Schwabach

Dr.-Ing. Sieger Electronic GmbH, Albert Einstein-Straße 34, 63322 Rödermark

ECI TELECOM GmbH, Büropark Uberursel, In der Au 27, 61440 Oberursel

FMN-Fernmeldetechnik Nordhausen GmbH, Postfach 268, 99724 Nordhausen

Fritz Kuke KG, An der Spreeschanze 10-12, 13599 Berlin

Hagenuk GmbH, Westring 431, 24118 Kiel

Hans Widmaier, Koppstraße 4, 81379 München

HELOS, Herweck GmbH, Im Driescher 10, 66459 Kirkel-Neuhäusel

Kräcker AG Telekommunikationstechnik, Nahmitzer Damm 30, 12277 Berlin

Krone AG, Beeskowdamm 3-11, 14167 Berlin

Loewe Binatone GmbH, Robert-Bosch-Straße 5, 63225 Langen

LOEWE OPTA GmbH, Industriestraße 11, 96317 Kronach

MARLEY WERKE GmbH, Postfach 1140, 31513 Wunstorf

Nothern Telecom GmbH, Leopoldstraße 236-238, 80807 München

Österreichische Post- und Telegrafenverwaltung, Fernmeldetechnisches Zentralamt, Postfach 111, A-1103 Wien

Panasonic Deutschland GmbH, Winsbergring 15, 22525 Hamburg

Quante AG, Uellendahler Straße 353, 42109 Wuppertal

Rhode und Schwarz Vertriebs GmbH Zweigniederlassung Berlin, Postfach 100620, 10566 Berlin

Rittal-Werk, Rudolf Loh GmbH & Co. KG, Auf dem Stützelberg, 35745 Herborn

Robert Bosch GmbH, Postfach 1162, 38300 Wolfenbüttel

Sanyo-Büro-Elektronik Europa-Vertrieb GmbH, Truderinger Straße 13, 81677 München

Siemens AG, Private Kommunikationssysteme, Hofmannstraße 51, 81379 München

SWISSPHONE SYSTEMS GmbH, Philipp-Reis-Straße 3, 31832 Springe

Telefon & Technik GmbH, Ziehrerstraße 13, 82008 Unterhaching

Telekom, Generaldirektion, Postfach 2000, 53105 Bonn

TipTel AG, Halskestraße 1, 40880 Ratingen

Wilhelm Rutenbeck GmbH & Co. KG Fernmeldetechnik, Niederworth, 58579 Schalksmühle

ZETTLER GmbH, Holzstraße 28-30, 80469 München

Sachverzeichnis

Q

R

S

T

X

Y

Z

Notizen

Notizen

Notizen

Notizen

Notizen

Notizen

Notizen

Notizen